宴會管理
理論與實務

3rd Edition

Banquet Management:
Theory and Practice

許順旺◎著

序

　　踏入餐旅界已二十多個年頭，這些年來不論在顧客服務或是個人專業技術上，力求盡善盡美並持續精進，虛心努力地堅守崗位，更是時刻提醒自己，想在顧客之前，給予顧客最完善的服務與照顧。在國際觀光旅館這二十多年，本著「取之於社會，用之於社會」的愚志，期望結合理論與實務，能有機會貢獻自己的經驗與專長，交付給下一代正向能量以及啟發。抱持這樣的教學與研究熱忱，對我們的社會盡一份微薄的心力，於是在民國九十一年開始轉任至學術領域，擔任輔仁大學餐旅管理學系副教授一職。

　　在輔大餐旅系的教學生涯中，教授餐飲服務、餐飲成本控制及餐飲與宴會經營管理等課程，研究多年，擬將先前編著完成的《宴會管理》再次重新整理再版，將業界之實戰經驗與學界之理論基礎來互相結合，並以完整且有條理之架構將宴會管理各項事務予以清楚呈現及詳細的解析論述，在長時間的規劃下，除憑藉自己二十多年來點點滴滴之實務工作經驗及近年來在學界與各大飯店宴會廳建教合作，也善用截至目前在學術界發表六十餘篇餐旅及宴會相關期刊論文的經驗，更參考各類相關文獻資料，期使本書更臻完善。這本書自2000年出版以來，修改數次，過程中雖備感疲憊與困難，但秉持著一份對教育的熱忱，仍兢兢業業的恪守職務完成此書再次再版。

　　旅館形如一社會縮影，各來自不同的國籍、地方和文化背景，每個人皆扮演不同的角色。故不論前場或後場，服務或技術，其中細節繁複，故更需要累積豐富的實戰經驗，不得半點馬虎。而就旅館餐飲部門而言，宴會廳牽繫部門財務營收甚鉅，因此宴會管理在旅館整體經營上實占有舉足輕重的地位。

　　本書內容總括十二章，第一章概略說明宴會部組織架構、工作執掌及宴會服務安排等；第二章介紹包括宴會器皿、營業器材及檯布等宴會廳設備，以實務經驗說明各基本設定量；第三章以實例講述宴會成本控制、宴會廳預算支出編列以及各式促銷活動；第四章說明宴會作業流程的十二個步驟；第五章及第六章則分別敘述中式及西式宴會的擺設、服務、舞台的設計與宴會場地的布置；第七章介紹宴會中常見之酒會與自助餐會的菜單設計、擺設及服務技巧；第八章簡介宴會菜單的起源與重要性、安排方式與設計原則；第九章為觀光旅館餐飲部門外燴服務安排之說明；第十章從認識婚禮顧問為開端，讓讀者理解婚禮顧問之職掌與任務，以及婚紗與攝影之挑選；第十一章認識葡萄酒之保存及飲用溫度、葡萄酒與食物之搭配以及葡萄酒開瓶與服務技巧；第十二章講解宴會中應注意之餐飲禮儀。全書以深入淺出的方式，配合圖片及範例的說明，闡述宴會管理與經營，希望綜合學術及實際操作，滿足學界、業者及讀者之需要。

　　本書再版得以順利完成，非常感謝輔仁大學教授宴會管理的蘇紅文老師以及翰品酒店郭宇欣經理的幫忙，也謝謝寒舍艾麗酒店宴會廳張庭瑞經理、台北萬豪酒店宴會廳陳正賢副協理、台北文華東方酒店宴會廳謝瑩婕副理及台北喜來登大飯店黃信元主任所提供寶貴圖片，最後更感謝漢來美食林淑婷總經理、企劃部王雅綺副協理及禮賓接待許淑芬經理的鼎力相助，得令此書早日順利完成，再次致上誠摯的謝忱！

　　在此誠摯的盼望拙作《宴會管理》一書再次再版，能於教學或實務的應用上提供學生實質上的幫助，也能對欲踏入餐飲業的工作者，有著按圖索驥、查閱方便的功能。惟編者才疏學淺，本書內容雖經再三校對，錯誤或疏漏之處深恐難免，故《宴會管理》一書若有不盡之處，尚祈各界先進與專家學者不吝指正。

許順旺　謹識

2018年8月

目　錄

 第4章　宴會作業流程　**139**

 第5章　中式宴會擺設與服務　**187**

 第6章　西式宴會擺設與服務　**235**

 第11章　葡萄酒類之認識、開瓶及服務技巧　**379**

 第12章　餐飲禮儀　**407**

第1章

導　論

　　由於人們生活型態的改變，宴會產業儼然已成為二十一世紀發展最快速的服務產業。人口的變化和政府的政策為宴會產業帶來龐大之經濟效益，雙薪家庭、週休二日以及老年人口之增加為影響這趨勢的原因。造成小至大型聚會或特殊型態的活動對於專業餐飲管理及宴會經營服務的需求大量增加。宴會服務的場所可於飯店、餐廳、會議中心、豪華郵輪等各種型態的設施中進行，然而不論何時何地或何種餐宴類型，簡若平常式之菜餚，豐盛富貴如皇家國宴，無一不為餐飲之精華所在，且身處競爭激烈、不斷求新求變的市場中，宴會服務管理之重要性自然不可言喻。本章將導引讀者對於宴會之基本概念、組織架構、工作職掌、宴會服務的安排與服務人員及臨時工讀生之工作守則有所瞭解。

 # 第一節　宴會之基本概念

一、宴會的定義

何謂宴會？簡而言之，宴會乃指以餐飲為中心的餐會，其特色為透過訂席，使多數人共聚一堂，採用同一款菜單、飲用相同飲料。然則，目前使用宴會廳所舉辦之活動，並非僅侷限於餐會，其他如下述十七類各式各樣之活動，皆為宴會廳服務的對象，可知宴會形式的多樣化。

1. 喜宴：以結婚、訂婚為主（宴會廳約以60%的業績來自喜宴）。
2. 國宴：國家的重要慶典或歡迎外國元首來訪所舉行的正式宴會。
3. 商務宴會：洽談商務、聯絡感情建立友誼的餐會。
4. 雞尾酒會：如開幕酒會、週年慶酒會、結婚酒會等。
5. 節慶宴會：如聖誕晚會、過年前後的尾牙與春酒為主的餐會。
6. 生日宴：一般主要以「壽宴」為主，另外有嬰兒出生滿月的彌月酒。
7. 迎賓、歡送宴：宴請遠道而來賓客及歡送離職、退休或遠行的朋友。
8. 同學會、謝師宴、畢業餐會：每年的4月至6月是謝師宴及畢業餐會的旺季。
9. 外燴：離開飯店（餐廳）以外的場所，所舉辦的各類型的宴會、茶會或酒會。
10. 服裝發表會：配合季節性推出的各種服裝設計發表，如泳裝、內衣、婚紗等。

11.各類型慶功宴：如升官、上榜、得獎或順利完成各種值得慶祝的事件。

12.歌友會及各式演唱會等：如發片時歌友簽唱會或小型演唱會。

13.記者招待會：政府機關或民間企業、團體公開發布訊息所舉辦的記者說明會。

14.新產品發表會：如電腦、球鞋、化妝品、電信器材、家電器材、各種酒類及品酒等。

15.展示會：如鐘錶珠寶展示會、蘇富比拍賣預展、留學教育展、婚紗大展、電腦展及汽車大展等。

16.各類型會議：如公司行號之會員大會、主管會議、座談會、說明會、訓練會、講習會及各種國際性會議等。

17.其他：如選美選拔、圍棋賽、簽約大典、國際標準舞大賽及選舉餐會等。

二、宴會的經營單位

宴會之經營單位並不只限於大型餐廳或五星級飯店，小型餐廳同樣可以從事宴會生意的經營。一般餐廳所設置之貴賓室（VIP Room）或廂房設計即可作為小型宴會舉辦的場地。而在規模較大的飯店中，宴會廳通常獨立於餐廳部門之外，另行成立宴會部，負責一切宴會事宜。由於宴會形式不一，有些宴會需要豪華的裝飾與布置（如婚宴、慶功宴、雞尾酒會、發表會、各類展示會等），有些則只需一般桌椅陳設及視聽器材即可（如說明會、訓練會等）。因此，一般宴會廳之基本裝潢通常較為典雅樸素，若遇特殊需求，例如國宴、婚禮、壽宴等場合，則再配合顧客需要，增設舞台、紅地毯、花卉、盆栽、汽球、燈光、特效、樂團及背板等，營造出宴會的華麗氣氛。

三、宴會廳與飯店之經營

　　當宴會屬於大型餐會時,對飯店來說無疑是大量銷售。不僅替宴會部門帶來豐厚營收,同時有助於飯店內其他餐廳的廣告宣傳,吸引顧客前往餐廳消費,甚至替飯店客房帶來住宿的商機。因為就宴會本體而言,一次美好的宴會經驗可能令顧客印象深刻,增加日後到飯店內餐廳消費的頻率,甚至影響其將來在該宴會廳舉辦宴會的意願。至於與飯店內其他部門配合方面,以國際會議為例,假使有一國際會議於飯店宴會廳召開,其與會代表大部分便會住宿於該飯店客房,對客房部營收大有裨益。同時,這些房客也可能會至飯店內餐廳用餐或消費,增加飯店內餐廳的營業額。可見宴會廳的業務,對飯店整體經營影響甚鉅。

四、宴會之行政部門

　　一般小型餐廳備有貴賓室或包廂以作為宴會場地,而各大飯店則通常成立宴會廳,獨立於餐廳之外,專司宴會之舉辦。有些飯店甚至成立宴會部門,分為業務單位與執行服務單位,由兩單位互相配合,執行宴會部門的工作。台北市第一個成立宴會部門的飯店為希爾頓飯店(目前更名為台北凱撒大飯店),其他國內飯店如漢來、喜來登、君悅、晶華、福華、艾美、W飯店、文華東方及萬豪等,也都設置有宴會部門,負責所有宴會活動。其他一些中型飯店,便無宴會部門的編制,而將宴會事宜列入中餐廳的業務範圍,如台北老爺、西華及亞都等飯店。一般而言,規模較大且較有制度的宴會部門,基本上皆設有專人負責業務與服務之執行。以漢來大飯店為例,該宴會部門即設置宴會業務訂席組與宴會餐飲服務組兩個單位。宴會業務訂席組負責各項宴會之接洽,宴會餐飲服務組則負責宴會的擺設、布置和服務的執行，兩單位必須密切配合，使宴會業務順利推行。身為宴會業務訂席組人員，首先必須對宴會流程有完整的認識，同時應全盤瞭解宴會之各項細節，舉凡宴會廳最大容納顧客數、舞台尺寸、場地面積、器材設備、宴會菜單及飲料費用等，都需具備足夠的認知，方能在接洽宴會時，與客戶維持良好的溝通，並且避免對無法達成之要求做出過度的承諾。因此，宴會業務訂席組人員最好能有實際的宴會外場服務經驗（或是業務訂席組人員須調派到外場實習，實際瞭解外場服務的運作方式）。唯有具備實際規劃及執行宴會之實際經驗，才能徹底瞭解宴會廳，也才能為客戶提供最有效的建議與服務。

 ## 第二節　宴會部門組織架構

　　國際觀光旅館宴會部門的營業額在整個飯店財務營收中，占有相當大的比例，為使宴會部門能維持高效率的運作以應付繁雜的宴會業務，首先要著手制訂合理的組織架構，培養高素質的管理人員和工作人員，並且訂定嚴格的管理制度與工作責任制度。本節將說明宴會部門的組織架構原則，並分別於第三、第四、第五節中，就宴會部門工作職掌、宴會服務的安排與工作守則等部分作詳細介紹，期使讀者能真正瞭解宴會部門的運作情況。

一、宴會部門組織架構

　　組織（organizing）是指單位的設立或成員工作的分配與組合，意即單位與成員權責關係的配置工作。宴會部門主要負責的業務大致為中、西餐、雞尾酒會、茶會、外燴、展示會及各類型會議等，雖然工作內容差異不大，但其組織架構的設計仍須視部門規模大小而定。組織架構敘述部門中的各個層級，包括管理階級與非管理階級，以及決

策制定的通路。各宴會部門可依以下兩項基本原則，再配合本身部門的營運特點，設定出適當且兼具特色的組織架構。

(一)業務的需求

由於各飯店餐飲部的經營狀況不一，宴會在餐飲銷售中所占之比重相對也互有差異。儘管各宴會部門的組織架構與崗位職責不盡相同，但其工作內容大體上仍然十分相似，通常包括有宴會業務訂席、宴會餐飲服務以及廚房烹調等業務活動。每一項目都必須有專人負責執行，而組織中每一個職務位置的設立也應具備充分的理由。總而言之，任何宴會部門的組織架構，都必須依據各自的實際情況和需要進行設置，例如規模、性質和市場業務情況等因素，皆為用以決定組織架構的參考指標。

(二)分層負責並統一指揮

一個成功的宴會，乃由各項小細節堆砌而成，其運作過程中的每一個細節，又需透過各單位員工的分工合作，共同努力才能完成。因此，組織架構應確保各種業務活動能在統一的指揮之下步調一致，共同克服困難，並且保持宴會部門內部與其他部門之間訊息交流的暢通，避免摩擦，使各種宴會皆能順利完成。在組織方面，需確保一位員工只接受一位上司的管理，而不可同時受多人指揮；在權責方面，則要做到逐級授權、分層負責及權責分明，以使各項業務活動有條不紊地進行。

二、宴會部門組織架構的設置

由於小型宴會並未設置專門的宴會餐廳管理，因此各類宴會實務，均由餐飲部大型餐廳去落實。至於大型宴會部，便歸屬餐飲部領導，但它仍應設有自己的結構體系，其組織架構如**圖1-1**。

圖1-1 宴會部門組織架構圖

 第三節 宴會部門工作職掌

　　宴會工作是由一群人來執行，這群人必須實施分工，並彼此合作，才能有效達成其預定目標。職此之故，宴會部門有其組織面，形成一種職務配置及權責分配的體制或結構。換言之，宴會部門組織是職位（position）、單位（unit）、層級（hierarchy）、任務（task）、

責任（responsibility）及權力（authority）的適當配置，以分工合作的方式完成宴會工作的執行。上節已約略介紹宴會部門的組織架構，本節僅針對宴會部工作人員的職稱、所屬部門、服務單位、直屬上司、工作區域以及職責任務，作進一步說明。要得知每一飯店的運作，須從整體組織架構來看，因為高階主管之職稱可能依各飯店而異，像是副理、經理或協理的編制，可從組織架構中看出其所真正負責的工作，然而雖目前業界都將員工職級提高，以提升其與顧客或對外接洽時的身分顯現，因此本書採取之職稱乃使用目前業界最常使用的編制。

一、宴會部協理

所屬部門：餐飲部門
服務單位：宴會部
直屬上司：餐飲部門副總
工作區域：宴會部辦公室
基本職務：宴會部協理之職務關係所有宴會活動方面的作業及協調，負責制定與落實營運目標，並進行成本控制，使其符合飯店已設定之餐飲政策。
職責任務：

1. 每天需將職責分派予下屬，以確保下列事項符合要求：
   (1)食物品質及服務水準。
   (2)所有人員的服裝儀表。
   (3)前、後台的清潔衛生。
   (4)所有設備的清潔與維護。
2. 指導宴會業務經理、服務經理及所屬員工，並負責督導下列之部門訓練：
   (1)履行及督導訓練課程。

(2)視需要訂定新的服務標準。

(3)檢討技術訓練守則及作業政策守則。

3.評鑑部門人員年度表現。

4.與行銷業務部同仁保持聯繫。

5.協調處理一切宴會娛樂方面之需求。

6.每週參與餐飲會議及部門主管會議。

7.參加維修、節省能源及消防安全會議。

8.觀摩同業並與市政會議部門保持良好關係。

9.參與構想季節性之餐飲促銷案並協助促銷。

10.參與人員的僱用，並適時的完成試用期滿報告。

11.依市場情況隨時檢討並更新工作概述及營運政策。

12.協助餐飲部副總做報告、預算、政策及升遷方面的建議。

13.督導客戶資料保存準確性之維持，以配合季節性之餐飲促銷活動。

14.準備宴會部門之資本預算，並參與製作營運設備及生財器具設備的預算。

15.負責宴會部所屬廚房、餐廳、訂席業務及辦公室之物資、設施及設備的管理。

16.需具創作性，不斷尋求新想法及開發新市場以增加營運收入，並提高服務品質與提高營運聲望。

17.與飲務部經理、主廚、成本分析師及餐飲部門副總共同擬定宴會菜單、酒類、飲料明細及價目表等。

18.制定部門人員編制，安排員工培訓，並根據業務需要，合理調整組織架構及調配人員，以提高工作效率。

19.安排及參加每月的溝通會議，並與宴會部業務經理、服務經理和人事訓練經理一起討論部門之訓練事宜。

20.與部門員工維持良好關係，並確保與其他部門之間關係的和諧，取得上、下級和其他部門的支持與配合。

21.授權批准所有宴會菜單價格,以及宴會會議室租金、設備之租金折讓,而一切重要決定須由餐飲部門副總簽認。

22.每週定期與主廚、餐務部經理、宴會部業務經理、宴會部服務經理、飲務部經理及所有相關部門人員召開宴會會議。

23.加強宴會部收支情況、維修情況和設備保養。檢查與督促開源與節流的情況,以不斷提高經濟效益,最大限度的降低損耗與浪費。

24.與賓客保持良好關係,建立完整之顧客檔案。徵詢客人意見,處理客人投訴、抱怨,彙整以分析宴會部服務品質與管理之問題,隨時提出改正措施。

二、宴會部秘書

所屬部門:餐飲部門
服務單位:宴會部
直屬上司:宴會部協理
工作區域:宴會部辦公室
基本職務:協助宴會部平順營運,使其行政作業程序流暢,並負責協助部門主管及其他業務人員處理每日事宜。

職責任務:

1.整理主管會議用資料。

2.維持辦公室之整齊、清潔及秩序。

3.提醒部門主管及人員相關的追蹤事項。

4.代表宴會部門與其他部門聯絡、溝通相關事宜。

5.協助宴會廳處理臨時工作人員之申請及請款事宜。

6.妥善保存辦公室財產,需採購時應獲主管同意,填寫請購單。

7.晨會、週會及部門會議記錄,並將會議記錄寄發給各相關單位。

8.整理宴會訂席資料並詳實記錄內容，再輸入電腦印發予相關單位。

9.將各類檔案依系統分類，依類歸檔，並建立追蹤系統，按時追蹤。

10.收發每日內部文件及外來文件，依序編列日期後，轉交當事人處理。

11.負責宴會部員工考勤彙總，統計部門員工福利款項及福利金發放等工作。

12.有客人前來拜訪時應歡迎問候，並需問明來意後方介紹予相關人員處理。

13.幫忙接聽、回答部門之電話，並交由適當人選處理，若當事人不在則應協助留話。

14.協助宴會部主管處理每日文書工作，如確認函、書信及合約書的製作，或是傳真、電報的發送等。

三、宴會部業務經理

所屬部門：餐飲部門
服務單位：宴會部
直屬上司：宴會部協理
工作區域：宴會業務辦公室及訂席中心
基本職務：全面負責宴會部之銷售工作，包括訂定銷售計畫以及承辦宴會訂席接待等。制定確實可行的銷售措施，確保宴會銷售任務的完成，以達年度所設定之預算收入及目標。
職責任務：

1.維持辦公室行政及營運程序之正常。
2.督導並負責宴會業務人員之每日作業。

3. 定期審核業績，以求達到所設定之營業額。

4. 出席餐飲部及宴會部定期舉行之溝通會議。

5. 審核合約書並確認其條款內容及價目之正確性。

6. 瞭解員工需求，並呈報上級給予適當之在職訓練。

7. 參與計畫季節性促銷並全力協助促銷活動之進行。

8. 彙總宴會部業務週報與月報告，並呈核部門主管。

9. 主持每日宴會業務人員之早晚簡報，並作重點提醒。

10. 參與業務人員拜訪重要客戶，以鞏固所有可能的生意機會。

11. 以飯店人事標準為依據，對本單位人員之甄選作初步面試。

12. 協助上級制定報告、年度預算，以及擬訂方針策略和目標。

13. 評鑑本單位員工年度績效，並提報主管以為日後升遷之參考。

14. 指導督促業務人員開發新客源，並與現有客戶維持良好關係。

15. 監督客戶資料之保存及更新，以便配合季節性之餐飲促銷活動。

16. 與其他廠商及異業洽談合作事宜，包裝獨特且吸引客戶之專案。

17. 提列年度計畫方案，以為業務人員促銷及開發市場遵循之準則。

18. 負責本單位營運成敗之責，達成公司責任中心制度所訂之目標。

19. 每日查核宴會訂席記錄及所有進出待辦文件，以維持業務之正確性與時效性。

20. 針對客人需求及市場訊息，提供上級諮詢以訂定策略及重新包裝不同之促銷專案。

21. 發信追蹤可能之生意，並發函感謝已舉辦過宴會之顧客並詢問其滿意度，以爭取下次合作的機會。

四、宴會部業務副理

所屬部門：餐飲部門
服務單位：宴會部
直屬上司：宴會部業務經理
工作區域：宴會業務辦公室及訂席中心
基本職務：對內負責與相關部門溝通、協調，協助上級監督部門之日常營運狀況。對外接洽推展宴會訂席業務以及承辦宴會訂席接待等，並藉由業務活動及市場訊息，協助制定確實可行的銷售措施，確保宴會銷售任務的完成，以達年度所設之預算收入及目標。

職責任務：

1. 參加每日宴會業務人員之早晚簡報。
2. 協助維持辦公室行政及營運程序之正常。
3. 出席餐飲部及宴會部定期舉行之溝通會議。
4. 定期審核業績，以求達到所設定之營業額。
5. 處理業務經理及部門主管所交代之每日事宜。
6. 審核合約書並確認其條款內容及價目之正確性。
7. 瞭解員工需求並呈報上級給予適當之在職訓練。
8. 積極開發新客源，並與現有顧客維持良好關係。
9. 參與季節性促銷計畫並全力協助促銷活動之進行。
10. 參與業務人員拜訪重要客戶，以鞏固所有可能的生意機會。
11. 負責保存和更新客戶資料，以便配合季節性之餐飲促銷活動。
12. 與其他廠商、行業洽談合作事宜，以包裝更獨特且吸引客戶之專案。
13. 每日查核宴會訂席記錄及所有進出待辦文件，以維持業務之正

確性與時效性。

14.針對客人需求及市場訊息，提供資訊給上級訂定策略及重新包裝不同促銷專案之參考。

15.發信追蹤可能之生意，並發函感謝已舉辦過宴會之顧客並詢問其滿意度，以爭取下次合作的機會。

五、宴會部訂席主任

所屬部門：餐飲部門

服務單位：宴會部

直屬上司：宴會部業務經理

工作區域：訂席中心

基本職務：對內代表宴會部負責與其他部門溝通、協調，並協助上級監督部門之日常營運狀況。對外負責接洽及推展宴會訂席作業，並藉由業務活動和市場訊息，協助擬定策略，以達飯店所設之年度計畫與預算收入及目標。

職責任務：

1.對飯店季節性促銷活動，作全力配合及促銷。

2.追蹤取消宴會生意之原因，以爲下次生意機會之改進方向。

3.定期協助上級審核預定業績進度，以確定達成所設之目標。

4.每日固定查訪及拜訪潛在客戶，以爭取任何可能之生意機會。

5.綜合整理顧客反應與同業訊息，供部門主管參考，以擬定策略。

6.經由媒體及報章雜誌、世貿展覽會刊等，搜尋任何可能之生意機會。

7.與現有客戶維持良好關係，並協助開發新客戶，以增加客源及生意量。

8.追蹤訂席客人進行簽約及訂金交付，以確定訂席紀錄之準確性與時效性。

9.務必確定宴會通知單於宴會一週前完成，並確定其內容以分發各相關單位。

10.協助注意及監督訂席組員工工作出席率和工作態度，並報告單位主管知曉處理。

11.處理業務經理及部門主管所交代之每日事項，並協助督導宴會廳之作業流程。

12.出席部門定期舉行之業務溝通會議、每日早晚簡報，以及所有指定出席之會議。

13.每週繳交工作重點摘要報告，包括已確定與待追蹤之生意，並需每月繳交業績報告。

14.蒐集市場訊息及客戶反應，協助上級策劃新策略、包裝新產品，以求新求變並發揮最大之經濟效益。

15.協助與客戶作最後的宴會內容安排與細節確定，並及早通知相關單位準備，若遇困難，應報告主管代為協調。

16.負責接待，帶領來訪賓客參觀飯店，同時介紹飯店宴會廳之設施，並將重要顧客介紹予部門主管認識，以爭取生意。

17.宴會開始前，檢查及確認所有宴會安排。宴會開始時，應於現場監督並招呼顧客與其寒暄，尤其是主辦人及聯絡人，以確定進行程序之平順。

六、宴會部婚企專員

所屬部門：餐飲部門
服務單位：宴會部
直屬上司：宴會部業務經理
工作區域：訂席中心

基本職務：協助宴會部婚宴營運運作及瞭解婚宴市場趨勢之訊息，提供主管做包裝組合之參考，並對婚宴新人提供場地、設計、流程安排等諮詢服務，追蹤宴會場地保留狀況，宴會結束後詢問主家及賓客對此次婚宴的滿意度。

職責任務：

1. 協助婚宴主家賓客飯店住宿安排與款項支付確認。
2. 瞭解各式婚禮儀式習俗，提供顧客儀式內容與安排諮詢。
3. 留意市場趨勢與同業方案，並比較其優劣作為飯店婚宴專案修訂參考。
4. 喜宴最新進度，若桌數落差過大，須及時修正場地或給予配套方案建議。
5. 追蹤場地保留狀況，與確認保留場地之顧客簽訂合約書，後續持續追蹤。
6. 宴席結束後聯繫顧客追蹤主家與賓客滿意度，並將須改進之地方彙整後提出以利改進。
7. 協助顧客喜宴菜色試菜，並於當天或後續追蹤試菜菜色滿意度，依顧客需求與師傅協調內容修正。
8. 追蹤婚宴相關細節，並整理喜宴確認書讓顧客逐一檢視細節，若顧客有另請婚禮顧問亦須同時與婚禮顧問、布置廠商等保持良好的互動。
9. 參與部門會議，說明婚宴個案業務概況，協調各部門須配合之特殊事項（訂製花卉、大型場地布置）與提醒相關單位該婚宴須留意之重點。
10. 介紹婚宴專案與場地，詳細解說專案內容與提供的服務並依預估桌數給予顧客適當建議，明確讓顧客瞭解飯店婚企專員與一般婚禮顧問服務面向的差別。
11. 婚宴當日事先巡視會場擺設，並與當天現場負責人或總招待做細節最後確認：婚宴當天介紹主家及總招待與當天飯店現場負責人認識，隨時掌握婚宴進行狀況。

七、宴會部訂席專員

所屬部門：餐飲部門
服務單位：宴會部
直屬上司：宴會部業務經理
工作區域：訂席中心
基本職務：代表飯店宴會部對外接洽宴會及訂席之業務事宜。並負責拓展、開發宴會業務，以求達到飯店所設之年度計畫及預算收入及目標。
職責任務：

1. 促銷飯店現有之宴會產品、場地、設施與餐飲。
2. 將客戶資料系統化存檔，並保持完整性及正確性。
3. 與現有客戶維持良好關係，並應同時開發新客戶。
4. 與單位主管所指派之客戶聯繫，並處理客戶之問題與需求。
5. 將客戶反映的意見及同業之間的評語予以記錄，並報告上級以求改進。
6. 由單位或部門主管指派至飯店外拜訪客戶、接洽業務或勘查外燴場地。
7. 負責填寫訂席、訂位之表格，並待相關主管核定後，再與顧客進行確認。
8. 對飯店宴會廳、餐廳及各項設施應詳細瞭解，以便對顧客作完善的介紹。
9. 需隨時保持積極服務的態度招呼顧客，並注意個人服裝儀容及保持端莊。

10. 每週繳交工作重點報告，包括已確定及待追蹤之生意，每月尚需繳交業績報告。

11. 依值班表所排定之時間上下班，遇業務繁忙及人手不足時，應機動性予以協助。

12. 出席部門定期舉行之業務溝通會議，參加每日早、晚業務簡報或任何指定出席之會議。

13. 追蹤任何有潛力之生意來源，對市場資訊保持高度警覺性並及時知會主管以謀策略。

14. 負責帶領來訪賓客參觀並介紹飯店宴會廳設施，必要時委由主管處理，以爭取生意。

15. 於當班時間內及其他餐廳尚未營業前，負責接洽並幫忙各餐廳之訂位事宜（但設有餐廳訂位中心的飯店除外）。

八、宴會部業務助理

所屬部門：餐飲部門
服務單位：宴會部
直屬上司：宴會部協理
工作區域：宴會部辦公室
基本職務：協助宴會部營運、處理行政作業，並與宴會部秘書共同協助單位主管及其他業務人員處理每日事宜。
職責任務：

1. 宴會通知單（event order）之派發。
2. 維持辦公室之整齊、清潔及秩序。
3. 處理領料、請購、零用金等事宜。
4. 負責與其他部門聯絡溝通、協調工作。
5. 提醒部門主管及人員欲追蹤之相關事項。

6.繪製場地圖，製作海報及卡片（如桌卡、菜卡等）。

7.協助顧客場地諮詢答覆與系統場地訂位保留或候補。

8.各式報表列印與核對（VIP、Pick up、Lost、Waiting等）。

9.將各類檔案依系統分類，依類歸檔並建立追蹤系統，定時追蹤。

10.整理宴會訂席資料並詳實記錄內容，再輸入電腦印發予相關單位。

11.收發每日內部文件及外來文件，依序編印日期後再轉交當事人處理。

12.有客戶前來拜訪時應歡迎問候，並於問明來意後，介紹予相關人員處理。

13.協助單位主管及單位人員處理每日文書工作，如確認函、書信及合約書製作，或是傳真、電子郵件的發送等。

14.幫忙接聽、回答單位之電話，並交由適當人員處理，若當事人不在則應協助解決本身能力可解決之問題或留言。

九、宴會部服務經理

所屬部門：餐飲部門

服務單位：宴會部

直屬上司：宴會部經理

工作區域：宴會廳前場、相關之後場區域及外燴場所

基本職務：秉持國際觀光旅館服務準則，透過計劃、組織、指導及控制餐飲操作，達成顧客最高滿意度。

職責任務：

  1.財務項目：

    (1)嚴格控管並執行營業費用之開銷。

(2)參與年度預算之編制，執行FF&E（家具類器材）需求及綜合編成年度生財計畫。

2.執行運作：

(1)建立部門服務準則。

(2)協助執行忙碌時段之工作。

(3)檢查下屬各時段責任區之表現。

(4)每日例行與廚房及飲料部協調溝通。

(5)督導外場人員結帳過程須符合公司規定。

(6)建立客戶往來記錄表，維持良好客源關係。

(7)處理顧客對餐飲服務之各項抱怨、要求及建議之改進事項。

(8)就工作執行上所需器皿之倉管數量，建立管理及充足供應之控制。

(9)每天例行（分項備餐、擺設、服務、茶餚）分時段向員工做說明及介紹。

3.經營管理：

(1)報告「遺失或尋獲」項目表。

(2)設立布告欄傳達飯店各項訊息。

(3)彙總顧客或員工意外事件報告。

(4)參加主管會議、餐飲部門會議及其他各項會議。

(5)安排員工每週作息表，確保人力資源符合生意量需求。

(6)將每天記錄之工作日誌、營業收益報告及顧客反應等事項呈報宴會部協理。

4.員工管理：

(1)指定訓練專員，充實課程內容。

(2)確保員工能提供熱忱專業之服務。

(3)實施員工年度考核，作為升遷依據。

(4)落實員工貫徹及執行飯店員工守則。

(5)規劃訓練課程與安排員工訓練項目。

(6)訓練員工得到服務所需之技巧和能力。

(7)確定員工執勤時須著制服並配戴名牌。

(8)確定員工高標準之儀表和衛生條件的維持。

(9)主持每月員工溝通會議並舉辦員工教育訓練課程。

(10)協助員工謀求福利、安全與發展等各項需求與活動。

(11)落實員工遵循飯店政策所制定有關防火、衛生、健康與安全各項規定。

5.一般事項：

(1)瞭解員工手冊內容並遵循規定。

(2)保持個人高水準之儀表及衛生。

(3)隨時提供顧客熱心且專業之服務。

(4)與員工、同事及其他部門保持良好工作關係。

6.臨時責任：

(1)實踐任何臨時分派且合理之任務。

(2)實踐一年度、二年度、三年度營運設備之財產規劃。

十、宴會部服務副理

所屬部門：餐飲部門

服務單位：宴會部

直屬上司：宴會部服務經理

工作區域：會議室、宴會廳前場、相關之後場區域及外燴場所

基本職務：協助宴會部管理。秉持國際觀光旅館高水準格調，透過計劃、組織、指導及控制餐飲之操作，達成客人最高滿意度。

職責任務：

1.財物項目：

(1)參加年度預算之編制，執行FF&E需求，並協助編成年度生財計畫。

(2)協助經理控管、操作費用開銷。

2.執行運作：

(1)檢查部門服務準則之實行。

(2)協助忙碌時段工作之執行。

(3)檢查下屬各時段責任區之表現。

(4)每日例行與廚房及飲務部協調溝通。

(5)督導外場人員結帳過程須符合公司規定。

(6)建立客戶往來記錄表，維持良好客源關係。

(7)確保所需器皿的充足供應和倉管數量的控管。

(8)處理顧客對餐飲服務之各項抱怨、要求及建議之改進事項。

(9)每天例行（各項備餐、擺設、服務及茶餚等）分時段向員工說明及介紹。

3.經營管理：

(1)記錄工作日誌報告。

(2)協助製作年度生財規劃。

(3)報告「失物招領」項目表。

(4)設立布告欄傳達飯店各項訊息。

(5)彙總顧客或員工意外事件報告。

(6)經理休假時，代理其職務參加或主持各項會議。

(7)協助規劃員工每週作息表，確保人力資源配合生意量需求。

4.員工管理：

(1)舉辦員工訓練。

(2)落實飯店守則並貫徹執行。

(3)確保員工能提供熱忱專業之服務。

(4)確定員工執勤時著制服及配戴名牌。

(5)規劃訓練課程和安排員工訓練項目。

(6)協助員工專業訓練及充實訓練課程。

(7)實施員工年度考核，作為升遷參考依據。

(8)確定員工高標準之儀表和衛生條件的維持。

(9)協助員工謀求福利、安全與發展等各項需求與活動。

(10)落實員工遵循飯店政策所制定有關防火、衛生、健康與安全
之各項規定。

5.一般事項：

(1)接受臨時指派之任務。

(2)瞭解員工手冊內容並遵循規定。

(3)保持個人高水準之儀表及衛生。

(4)隨時提供顧客熱心且專業之服務。

(5)與員工、同事及其他單位保持良好工作關係。

(6)瞭解飯店有關防火、衛生、健康與安全之政策。

6.臨時責任：

(1)實踐一年度、二年度、三年度營運設備之財產規劃。

(2)實踐任何臨時分派且合理之任務。

十一、宴會部領班

所屬部門：餐飲部門

服務單位：宴會部

直屬上司：宴會部服務經理、副理

工作區域：會議室、宴會廳前場、相關之後場區域及外燴場所

基本職務：負責協助監督服務人員，以提供有禮貌、有效率之餐飲服
務以滿足顧客為目標。

職責任務：

1.執行運作：

(1)遵循外場作業流程。

(2)與顧客建立良好關係。

(3)維持倉管物品之供應數量。

(4)協助控管餿水及廢棄物處理。

(5)協助新進員工進行在職訓練。

(6)確保服務檯和周遭環境之清潔。

(7)督導員工執行各類型宴會器皿之擺設。

(8)確實遵照宴會單（Event order）上之指示。

(9)具備餐飲知識，並瞭解當地風俗習慣、菜餚特色。

(10)處理顧客對餐飲服務之各項抱怨、要求及建議之改進事項。

(11)遵照各種SOP流程操作，執行各種不同宴會型式之擺設標準。

(12)瞭解每天宴會安排狀況，並向本班組員傳達布置任務和工作分配。

2.一般事項：

(1)遵照員工手冊準則。

(2)接受飯店之職務調動。

(3)參加員工相關活動及會議。

(4)隨時提供熱忱與專業的服務。

(5)與員工及各單位維持良好關係。

(6)參加經理或訓練員的訓練課程。

(7)保持個人高水準之儀表及衛生。

(8)檢查員工制服、名牌配戴及出勤狀況。

(9)當班結束之後應與下一班做好交接工作。

(10)負責執行該服務區域內設備保養與清潔之維護。

(11)遵循飯店規定有關防火、衛生、健康與安全之政策。

3.員工運作：

(1)督導員工遵循飯店員工手冊。

(2)確保員工提供熱忱及專業的服務。

(3)確定值勤員工穿著制服並配戴名牌。

(4)協助員工謀求福利、安全與發展等各項需求與活動。

(5)帶領並指揮服務員完成餐前各項準備工作，檢查落實各種服務用具。

(6)協助員工增進服務技巧並加強專業能力訓練，使服務工作順暢進行。

(7)教導員工瞭解及遵循飯店依政策所制定有關防火、衛生、健康與安全等規定事項。

4.臨時責任：

(1)協助落實年度生財器具之財產控制。

(2)接受責任區的分配。

十二、宴會部服務員

所屬部門：餐飲部門

服務單位：宴會部

直屬上司：宴會部服務經理、副理以及領班

工作區域：會議室、宴會廳前場、相關之後場區域及外燴場所

基本職務：負責提供有禮貌、有效率之餐飲服務，以及備置宴會廳各項擺設。

職責任務：

1.執行操作：

(1)熱忱的接待顧客。

(2)熟悉宴會菜單內容。

(3)準備餐具及服務用品。

(4)空閒時段，協助折口布備用。

(5)減少廢棄物品，注意資源回收。

(6)根據宴會訂席單提供各項餐飲服務。

(7)保持宴會服務餐檯及宴會廳環境清潔。

(8)負責執行宴會廳各項宴會訂席之擺設。

(9)報告餐飲擺設用品及一般用品之需要量。

(10)宴會前／後送洗及整理檯布、口布、圍裙等。

(11)為顧客提供高效率、高品質之餐飲服務。

2.一般事項：

(1)遵照員工手冊準則。

(2)接受飯店職務之調動。

(3)接受飯店調派之工作。

(4)接受訓練課程之安排。

(5)隨時提供熱忱及專業的服務。

(6)保持個人高水準之儀表與衛生。

(7)與同事及各單位維持良好關係。

(8)執勤時務必穿著制服並配戴名牌。

(9)接受飯店領班、副理、經理責任區之分配。

(10)遵循飯店有關防火、衛生、健康與安全之規定。

(11)當班結束後應與下一班做好交待工作，並於宴會結束後，做好收尾工作。

3.臨時責任：

(1)協助財產控管。

(2)接受臨時工作指派。

第四節　宴會服務的安排

一、宴會人員的安排

(一)人員分工

　　人員分工必須根據宴會型態，作備餐、傳菜、酒水、服務桌、敬酒、區域負責人等工作之分配。宴會部主管並應於宴會二星期前，計算該天所需服務人員的總數，若有人數不足的情形，宜提早申請臨時工讀生。為確保臨時工讀生能及時遞補服務人員的匱乏，飯店需預先尋求安排臨時工讀生的來源，比如從社會人士、學校（高中職、技專院校及大學等不同學制，避免學生集中在某學制上，以防止學校同時考試的狀況）或飯店其他部門作人員培訓的工作，並應隨時保持聯繫以應不時之需。

(二)人員安排

　　在人員安排上，備餐、傳菜等較粗重的工作通常宜安排男服務員；服務主桌與敬酒的工作則宜安排經驗豐富且技巧熟練的女服務員；酒水及貴賓桌的招待宜安排較資深的服務員；區域負責人則宜安排經驗足、有能力處理突發狀況並且領導能力強之領班級以上的幹部。至於大型宴會，則常因服務人員不足而聘請臨時工讀生（簡稱PT），但因臨時工讀生的經驗大多較為缺乏，所以往往會造成服務人員素質不一的窘況。有鑑於此，宴會服務在人員安排上便應作資深服務員與臨時工讀生穿插安排的調整，使技巧較熟練之服務人員帶領技

巧較爲生疏的PT人員。至於PT人員則應加強訓練，並訂定規則與服務流程須知，使服務品質維持一定標準。完成服務人員分工以及人員安排之後，最後尚需將宴會場地圖形 以及宴會人員分工情況標示在圖形上，使所有服務人員皆能清楚知道個人的職責與服務區域。至於宴會現場，則由主管負責督導指揮工作進度，使擺設、餐具回收、倉庫整理、檯布及口布之數量清點並送至洗衣部清洗等所有宴會工作，皆能在限定時間內完成。

二、宴會前的檢查與集合

所謂「好的開始是成功的一半」，所以一場宴會事前的準備工作是否完善、澈底，攸關宴會成敗。試想當宴會主人到達宴會會場時，看到一切準備工作已然就緒，其心情必定是歡愉且滿意的；一旦留有完美的第一印象，宴會人員便可順利地與其接洽其餘細節。待一切設備、擺設等事前檢查完成後，緊接著於賓客到達之前集合員工召開宴會前會議，告知該場宴會的注意事項。集合時，時間應儘量簡短，敘述內容亦應講求重點，以維持高工作效率。確記所有宴會場地必須於宴會開始前三十分鐘完成，包括燈光、音樂、裝飾、空調冷氣設備等細節。有關宴會開始前所必須完成的檢查工作，以及宴會前會議的詳細內容，分述如下：

(一)宴會前之檢查項目

1.維護服務區域與工作檯之清潔。
2.接待桌的位置及所需物品是否備妥。
3.餐具、家具、地毯是否合乎衛生標準。
4.檢查房間窗簾和服務檯是否整潔美觀。
5.檢查檯布及口布是否有破損，並確保其乾淨衛生。

6.檢查宴會廳燈光是否符合宴會型態的氛圍及氣氛。

7.檢查服務人員是否隨身攜帶筆及開罐器等必備物品。

8.設備,如燈光、音響、冷氣、電器等運作是否正常。

9.宴會指示牌、宴會廳別與內容文字、圖形是否正確無誤。

10.宴會廳門口之海報及指示牌內容與宴會訂席單是否相符。

11.檢視盆花是否新鮮以及玻璃轉台、杯皿碗盤是否擦拭光亮。

12.宴會廳內之擺設及型態是否與宴會訂席單上之合約內容一致。

13.燈光、音響、背景音樂備妥與否,並於宴會開始前半小時,將空調冷氣設備開啓。

14.宴會通知單之注意事項、客數、器材設備、檯布顏色等是否與宴會現場擺設相符。

15.會場上所需物品及使用器材之準備是否齊全並維持在良好狀況下。例如,喜宴時會場上之喜燈、喜燭、花門等是否準備妥當;會議時所需之器材,如講桌、電腦、單槍投影機、麥克風等設備是否備妥並功能完善。

(二)宴會前會議之內容

1.集合員工點名以確認人員是否到齊,一旦有缺席便應立刻調派人員遞補。通常若缺席者爲服務桌席人員,應先調後場之傳菜、備餐或酒水的人員來補齊服務桌席人員。

2.告知服務方面有待加強的地方。

3.宴會中若安排有出菜秀,應事先彩排。

4.告知今日宴會之菜單、服務方式以及所提供的酒水。

5.告知今日訂席情形,包括是否有VIP客人需特別加強服務。

6.若有兩家以上不同的宴會酒席,應注意菜單的內容以免上錯菜色。

7.告知今日宴會所需配合客人的事項,譬如進行乾杯儀式時的服務時機、酒水選擇及備置。

8.告知今日宴會與會來賓性質及所需注意事項。例如該宴會來賓若為回教徒，則需配合其不喝酒、不吃豬肉的特性，進行服務工作。

9.進行人員集合後、宴會開始前的工作區域及負責事項之分配，譬如檢查餐具、掛喜幛、分喜糖、引導客人等。

10.分配並安排宴會結束後的工作事項，譬如拆桌子、疊椅子、送檯布、回收餐具等工作。

11.告知宴會結束後所需擺設的圖形及負責人。

　　大型宴會時，分秒必爭，故領班須於有限的時間內，將該宴會之注意事項清楚明白地告知員工，並將宴會結束後的工作進行妥善的安排，使整個宴會得以圓滿完成且有效率地做場地善後工作。為使宴會流程順利、有效率，人員集合的內容應以重點式的告知方式為主。至於其他服務上應注意的細節，則可斟酌於集合後，時間許可時再行告知。

三、宴會現場的接洽

　　活動負責的業務經理或聯絡人須在現場迎接活動的主辦者，向他們介紹宴會負責主管，並確保所有的細節到位，負責該場宴會的主管須與主辦者討論該場宴會所需配合的事項及流程，所討論的重點於宴會前集合時告知員工。一般而言，喜宴中宴會的主管需和顧客確認的事項較多，程序上亦較繁瑣。以下僅就較常見的四種宴會型態：(1)喜慶宴會；(2)酒會或茶會；(3)自助餐；(4)會議，敘述宴會現場接洽時之注意要點與確認事項。

(一)喜慶宴會

　　負責喜宴主管及同仁應於喜宴活動前至現場與參加喜宴的賓客打招呼致意，喜宴主管首先要確認宴會顧客的負責人與結帳人，因此需由業務訂席（或業務）人員介紹雙方認識取得信任。某五星級大飯店曾出現不知名人士冒充飯店主管跟客人結帳，並於收取現金後逃逸，為避免此情況發生，宴會廳負責主管應事先與宴會喜宴負責人彼此互相認識，並確認雙方結帳人員的步驟絕對不容忽略。確認雙方負責人後，宴會廳負責主管需與喜宴負責人確認喜宴開席的桌數及酒水的數量（如酒水是由宴會廳無限供應就沒有這個問題），以免結帳時有所爭議，確認後雙方接著商討宴會流程與所需配合的事項（如飯店有配置婚顧或新娘秘書時也須一同參與討論），例如有無觀禮程序、致詞時間、出菜秀與上菜的時間、燈光與音樂的配合等事宜。 一般而言，飯店宴會廳會提供宴會程序表及宴會進行時所需相關資訊給婚宴主人參考，以便掌握宴會進行流程，以下提供文定程序表（**圖1-1**）及婚禮程序表（**圖1-2**）供參考，**圖1-3**則為婚禮進場位置圖，宴會部門可視情況提供顧客以為參照。

(二)酒會或茶會

酒會或茶會負責主管及同仁應於酒會或茶會活動前至現場與參加的賓客打招呼致意，如同喜慶宴會般，酒會或茶會於宴會開始前，負責主管亦需先確認酒會的主辦人與結帳人員，接著需確認開始與結束服務飲料的時間，並留意有無需配合之特殊事項，如致詞時服務員宜暫停服務動作、致詞後的乾杯儀式需每位賓客手上皆有飲料可供敬酒等事宜。此外，由於酒會或茶會為較隨性的宴會形式，賓客可隨意去留，而常造成與會賓客人數難以確認的情況，所以酒會或茶會負責主管最好於酒會或茶會開始之前或進行至一半時，與主辦人員確認來客數人數，以免宴會結束後產生不必要的糾紛。通常，客數若採取買斷的方式，則可順利地避免客數無法計量的困擾。

文定之喜

―――――― 文定程序表 ――――――

準備
- 女方11:00前抵達飯店會場，準備迎接男方賓客到來。
- 將訂婚儀式六件或十二件禮，擺放於女方禮品桌上呈現。
- 男方納采人群抵達會場，媒人介紹雙方家長及親友認識，並講些吉祥話，增添喜氣。
  (此時男方將聘禮擺放於男方禮品桌上呈現)

踩圓凳
準新娘由媒婆牽至儀式區，坐於廳內沙發上，腳下踩小圓凳。

戴戒指
- 由準新郎準備繫有紅線的婚戒套在準新娘右手中指，代表永結同心。
- 接著由準新娘為準新郎套婚戒於左手中指。
  (準新娘此時仍坐於沙發椅上並踩小圓凳)

勾親儀式
- 準新娘起立，由男方女主婚人為新娘戴上耳環或項鍊。
  (準新娘離座沙發後，不可再入座)
- 由女方女主婚人為準新郎戴上項鍊。

受聘
女方接受男方所帶來之聘禮。

奉茶
準新娘由媒婆或福壽雙全的婦人牽引，捧甜茶獻給新郎及男方前來納聘之長輩。
(媒婆介紹親友給準新娘，男方親友可藉口端詳新娘)

壓茶甌
甜茶飲畢，準新娘再捧出茶盤收杯子，男方來客此時應將紅包與茶杯置於茶盤上。

拍照
由飯店人員協助排設座位並拍攝全家福。

禮成
訂婚儀式至此已大功告成，雙方家長互相道賀結成親家。

漢來大飯店
GRAND HI LAI HOTEL

漢來大飯店 高雄市前金區成功一路266號 No. 266 Cheng-kung 1st Road, Kaohsiung, Taiwan, R.O.C.　　客房專線：07-213-5731 傳真電話：07-215-6042
巨蛋會館 高雄市左營區博愛二路 No. 66, Boai 2nd Rd, Zuoying District, Kaohsiung, Taiwan, R.O.C.　　服務專線：07-555-9126 傳真電話：07-555-9012

圖1-1　漢來大飯店文定程序表

圖片提供：漢來大飯店

婚 禮 程 序 表

- 結婚典禮開始
  新郎、新娘進場，奏結婚進行曲。
  燈光暗，僅留舞臺聚光燈及追蹤燈照射於新人身上。

- 定位就座
  新郎、新娘至主桌前鞠躬後就座。

- 上菜
  漢來大飯店精心準備設計的美酒、佳餚，敬請各位佳賓慢慢品嘗、盡情享用。

- 簡介
  介紹主婚人及新郎新娘背景資料及相識過程。

- 致詞
  請主婚人及各級長官作簡短的致詞。

- 乾杯
  讓我們共同舉杯祝福這對新人XXX先生和XXX小姐白頭偕老、永浴愛河。
  -----請舉杯。

- 入座
  請主婚人入座。謝謝！

- 切蛋糕儀式
  燈光暗，僅留舞台聚光燈。

- 香檳禮秀
  儀式完成，下台更衣。

- 更衣進場
  現在美麗的新娘換了一件衣服再度進場。可以看見新人眼裏喜悅的光彩。
  燈光暗，聚光燈投射在新人身上。

- 逐桌敬酒
  由婚顧帶領新人及雙方家長逐桌敬酒。

- 更衣送客
  感謝各位佳賓今天能撥空參加XXX先生和XXX小姐的婚禮，今後也希望這對新人
  能夠在往後的日子，互敬互愛、相尊重、相扶持。
  想和新郎、新娘照相的親朋好友，我們有最專業的攝影師在出口處可為您留下美好
  的回憶。並備有囍糖歡迎取用。
  並願各位佳賓-----有情人終成眷屬，萬事如意、心想事成。

漢來大飯店
GRAND HI-LAI HOTEL

漢來大飯店 高雄市前金區成功一路266號 No. 266, Cheng Kong 1st Road, Kaohsiung, Taiwan, R.O.C. 訂席專線：07-213-5799 傳真電話：07-215-3012
巨蛋會館 高雄市左營區博愛二路767號 No. 767, Boai 2nd Rd., Zouving District, Kaohsiung, Taiwan, R.O.C. 訂席專線：07-555-9188 傳真電話：07-555-9112

圖1-2　漢來大飯店婚禮程序表

圖片提供：漢來大飯店

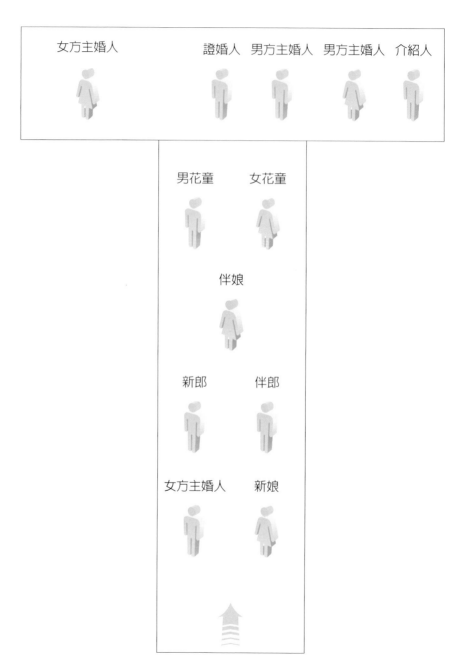

圖1-3　喜宴進場路線位置圖

(三)自助餐

　　自助餐負責主管及同仁應於餐會活動前至現場與參加餐會的賓客打招呼致意，所需注意事項與酒會、茶會相同，但尤其需注意與會人數的清點應會同主辦人員一起進行，以免結帳時發生糾紛。

(四)會議

　　會議負責主管及同仁應於會議活動前至現場與參加會議的賓客打招呼致意，主管亦需確認顧客會議負責人與結帳人，同時告知顧客負責人場地所有視聽設備狀態完美，讓主辦方獲得最佳的音效及視覺效果，並提供無線電或行動電話號碼給予主辦人，以確保視聽人員可在會議活動期間隨時待命。除此之外，若會議中場有茶點的安排時，則需確定茶點的服務時間，以及用餐時的休息時間，有無變更或整理場地的需要等，並於會議活動結束後歡送道別嘉賓。

四、宴會結束後之工作

　　領班等宴會部門主管需於宴會進行中加強巡視，以避免服務上的差錯並及時處理意外事件，此外還需隨時與主辦負責人保持聯繫，以確認整個宴會流程的順暢，宴會負責主管於宴會結束後與顧客結帳時，應注意以下事項：

1. 禮貌地詢問顧客對此次宴會服務的意見與滿意度，以求更好的服務水準。
2. 各項費用在結算前務必先行確認，不可遺漏，金額亦應核對清楚。
3. 確認付款方式及發票的開立方式。

最後，宴會主管人員應監督服務人員按照事前的人員分工，整理宴會場地。

 ## 第五節　服務人員及臨時工讀生之工作守則

承上節所述，宴會前必須根據宴會型態作人員分工，通常為節省飯店人事成本，宴會部門編制有一定的服務人員，而於大型宴會或宴會場次較多時，再視需要增聘臨時工讀生。所以宴會前，分配及計算所需之服務人員乃成為必要工作之一。宴會臨時工讀生分析表，如**表1-1**，便用以估量宴會部所需工讀生之數量。其餘有關宴會部門服務人員及臨時工讀生工作守則、臨時工讀生工作須知及支薪方式詳述如下：

一、宴會部門服務人員及臨時工讀生工作守則

1. 顧客來前一小時，必須按規定檢查自己的工作區，如盆景、音樂、燈光及所需的一切物品，並由領班集合該區服務人員分析工作要點。
2. 當班時不得擅離職守，有顧客時更不可聚集談笑、嚼口香糖、摸頭抓耳或做其他不雅之動作，同時應儘量減低噪音。
3. 傳菜者必須和領班或服務人員聯繫出菜速度，不可過早或過慢。
4. 服務顧客時，隨時注意自己的服裝儀容，讓顧客留下美好的第一印象。
5. 親切誠懇的服務態度，尊重顧客意願及周圍餐桌清潔，並注意安全事項。
6. 空檔時儘量找事做，如加酒、服務菜餚或加茶水等，讓顧客留下好印象。

表1-1　臨時工讀生需求分析表

○○大飯店國際宴會廳臨時工讀生需求分析表

Date	E/O No.	Cover	Function	AVAILABLE STAFF			NO. OF STAFF REQUIRED			Extra Staff Needed	Remark
				Supervisor	Captain	Waiter	Supervisor	Captain	Waiter		

7.從顧客到達餐廳至離開餐廳前，餐廳或廂房內需有人留守，隨時注意服務。

8.飲料要多備，如快要用完時須馬上告訴備餐者，不可讓顧客抱怨沒有酒水。

9.主動與顧客聯繫宴會相關事宜，減少顧客抱怨，並詢問顧客用餐時所需之酒水種類。

10.顧客離去，應立即檢查是否有顧客遺留物品，如有應立即呈交領班送副理簽收。

11.顧客離去後應立即將餐具、杯皿送至餐務部洗滌區，不可留置辦公室或廂房內。

12.菜餚該熱要熱、該冷要冷，以保持原味，菜餚如有剩下，要收掉時必須先詢問顧客是否繼續使用或是要打包。

13.有不瞭解或是有困難的地方，應主動請教主管；若有意外發生，則須立即向主管報告，請主管處理。此外，也須多向資深人員學習及請教服務技巧。

14.打烊後，領班負責鎖門、交帳、關冷氣及燈光；服務人員負責檯布送洗；備餐者負責結算酒單、推車及廚房之清理。如有宴會部物品須物歸原處，不可留置外頭。

二、宴會部門臨時工讀生工作須知

1.登記打工時，不可無故缺席。

2.禁止攜帶剩餘菜餚和飲料回去。

3.上班時禁止在宴會廳範圍內抽菸。

4.宴會廳有顧客時，禁止聚集聊天。

5.穿著制服時禁止使用客用洗手間。

6.物歸原處，保持宴會廳環境整齊及清潔。

7.值班服務顧客時，禁止食用食物或飲料。

8.上班時間要準時，若有特殊情況需事先報備。

9.禁止攜帶任何公司物品或顧客物品離開飯店。

10.禁止使用客用電梯，上、下班時一律經過警衛室並接受檢查。

11.顧客需要任何物品或資訊時，如果不清楚，請通知領班處理。

12.服裝儀容要整齊清潔，男生應穿黑色皮鞋、黑襪子；女生穿黑色包頭皮鞋及黑色絲襪（飯店有規定者依飯店規定），長髮者需將頭髮綁起來。

13.宴會結束後，儘快將現場處理乾淨。

三、工讀生領款方式及其優缺點

(一)銀行匯款

1.實習期間，需到指定銀行開設戶頭。

2.彙總送會計室，每個月兩次由會計室匯款至工讀生個人銀行戶頭。

3.個人有銀行戶頭，年度稅金單寄送方便，同時若有工讀生漏發薪資，也容易追蹤處理。

4.成為正式工讀生後，上班時打卡或簽到、下班時打卡或簽退並填寫領款單，註明工作時數及應領金額並簽名（薪資領款單詳參**表1-2**）。

(二)現金發放

1.上班時打卡或簽到、下班時打卡或簽退。

2.下班時須填寫領款單並註明工作時數及應領金額。

3.現金發放占工讀生下班時間較長。

4.對於不是常來的工讀生發放現金較為方便。

表1-2　臨時工讀生薪資領款單

○○大飯店國際宴會廳臨時工薪資領款單

日期：

姓名	臨時工編號	身分證字號	時薪	時數	津貼	合計金額	簽名

5.預扣稅金，供所得稅申報時退稅憑證。

6.若不違背稅捐法，建議現金發放不要預扣稅金。

7.工讀生有時會因搬家而更改地址，造成年度稅金單不易送達。

第2章

宴會廳設備概述

　　所謂「工欲善其事，必先利其器」，誠如每個行業都有其特殊用具的使用，宴會廳同樣需要必備的設備與器具，以幫助宴會服務工作的完成。由於宴會廳所需設備的備置，不但是一切宴會工作的基礎，也是籌備宴會時成本控制的關鍵，因此宴會廳器皿及用具的規劃與籌備實為一門不可輕忽的學問。本章首先將宴會廳中常用之各式器皿、器材及檯布的概念與使用方式做一完整的介紹，接著再探討這些必備器具、器皿和餐具的籌備事宜與數量設定，期使讀者能對宴會廳各式設備及其基本設定量有概括性的認知。

第一節　宴會廳常用器皿及家具介紹

一、磁器（Chinaware）

(一)西餐用磁製器皿

圖片樣本	器皿名稱	用途說明
	墊底盤 show plate	直徑12～13吋（廠牌不同，尺寸也有所不同），爲西餐墊底用的底盤，主要功能在於裝飾。用餐前先將口布置於墊底盤之上，用餐時再改放盛裝菜餚的餐盤，如此方能使餐桌布置看起來較大方、較有氣派。
	餐盤 dinner plate	直徑10～11吋（廠牌不同，尺寸也有所不同），通常用以盛裝主菜，但有些冷盤類和點心類的餐食亦可使用餐盤來盛裝，看起來會較大方。

點心盤
dessert plate

直徑8吋，用以盛裝點心，有時候餐廳師傅為了盤面的裝飾，可能會採用10～11吋的餐盤，但是一般自助餐中的點心盤仍然以8吋盤的使用為主。此外，主餐中的沙拉同樣可以使用點心盤來盛裝。

麵包盤
b/b plate（bread & butter plate）

直徑6吋，置於叉子左側，盤上盛裝麵包和奶油，通常亦會擺設奶油刀。酒會中較常使用麵包盤，其中在雞尾酒會的使用機會最為頻繁。

湯碗及底盤
bouillon cup & saucer

有雙耳，盛裝湯類用。服務時湯碗的雙耳應置於3點及9點鐘的位置，平行面向顧客。

奶盅
creamer

容量約200ml，用以盛裝調和咖啡及茶的奶精、鮮奶、蜂蜜或冰咖啡、冰紅茶用的糖水。

糖盅
sugar bowl

容量約200公克,用以盛裝調和咖啡及茶的糖包與低糖。若使用散糖或冰糖時,糖盅內則需加置茶匙。

咖啡杯及底盤
coffee cup &
saucer

容量為7盎司(210ml),用以盛裝咖啡,一般西式宴會或茶會場合皆以此種杯子來盛裝咖啡或茶。

茶杯及底盤
tea cup & saucer

容量5盎司(150ml),用以盛裝較特殊的茶類,如柑橘茶。一般較常使用於餐廳中,宴會廳較少用到。

濃縮咖啡杯及
底盤
demitasse cup &
saucer

容量為3.5盎司(105ml),為盛裝特殊咖啡之用,例如義式Espresso便需以此類咖啡杯盛裝。

(二)中餐用磁製器皿

圖片樣本	器皿名稱	用途說明
	圓餐盤 round coupe plate	直徑16吋，在酒席中用以盛裝魚翅或其他大菜、主菜等所使用的大餐盤。
	圓餐盤 round coupe plate	直徑14吋，在酒席中用以盛裝海鮮、烏參等菜餚或是水果及較乾的食物。通常，若最主要的菜餚為魚翅，便會以這種大圓盤來盛裝其他餐點。
	圓餐盤 round coupe plate	直徑10吋，在酒席中用以盛裝四道前菜或為中式自助餐使用的餐盤。

中式墊底盤
show plate

直徑9吋，為中餐墊底用的底盤，主要功能在於裝飾。用餐前先將口布置於墊底盤上方，用餐時再改放盛裝菜餚的餐盤，一般用在比較高級的中式宴會。

橢圓盤
oval rim plate

直徑17吋。在酒席中，主要用來盛裝魚類，但仍需視魚的大小以選定盤子尺寸，通常較大的魚類方以此種17吋橢圓盤盛裝。

橢圓盤
oval rim plate

直徑14吋，在酒席中主要用以盛裝較小的魚類或是雞、鴨等家禽類菜餚。

橢圓盤
oval rim plate

直徑11吋，適合使用於中式餐廳4～6人點用的各式小吃菜餚。

橢圓盤
oval rim plate

直徑9吋，適合使用於中式餐廳點用炒麵、炒飯類的餐盤或盛裝2～3人點用的各式小吃菜餚。

骨盤
side plate

直徑6～7吋，擺置於酒席餐桌上給每位顧客使用，以方便賓客盛裝菜餚。骨盤尺寸須視餐桌大小而定，通常直徑72吋之餐桌以7吋骨盤作為擺設，60吋餐桌則選用6吋骨盤。

醬料碟
oval sauce dish

又稱味碟，直徑3.5吋。為個人使用的圓形小碟，用以盛裝醬油、辣椒醬、芥末等佐料。而放置於轉檯上的公用醬料碟，則為3.9吋。此外，每間飯店所使用的醬油碟尺寸並非完全相同，有些飯店便選用3.7×2.5吋的橢圓小味碟。

湯匙
soup spoon

長度5吋，用以配合小湯碗供客人喝湯。有些湯匙則配有成套的襯碟。

魚翅盅 shark's fin bowl with lid	容量為6盎司（180ml）。在酒席中用以盛裝個盅魚翅或特製湯類。

湯匙／筷架 spoon & chopstick rest	大小為3.2吋×3.7吋，酒席中置於顧客前方骨盤的右側，用以放置磁湯匙及筷子。目前已有許多飯店將湯匙襯碟外側邊緣加長一小段，作為筷架，使湯匙與筷子同置於一磁架上，節省空間。

二、飲料用玻璃器皿（Glassware）

圖片樣本	器皿名稱	用途說明
	直筒杯 highball glass	容量為9～10盎司（270～300ml）。一般用以盛裝不含酒精的飲料，或者提供調酒用酒類加飲料時使用，而酒席中也可使用高腳杯作為飲料用杯子。

可林酒杯
collins glass

容量11～12盎司（330～360ml）。於飲用杜松子果汁酒（Tom Collins）及新加坡果汁甜酒（Singapore Sling）時使用。

傳統酒杯
old fashion glass

容量10～16盎司（300～480ml）都有，為矮小無腳的杯子，用以盛裝加入冰塊的威士忌酒等純酒（straight），即不摻混其他材料或飲品的酒類，服務時並應以約1～2盎司（30～60ml）作為倒酒標準，有人稱它為黑灰杯，一般旅館最常見的容量為10盎司（300ml）。

雪莉酒杯
sherry or port
glass

容量4盎司（120ml），為波特酒及雪莉酒的專用酒杯。酒杯會因廠牌的差異而有多種不同的形狀，但其中以鬱金香形為佳。一般雪莉杯亦可用以代替利口杯（liqueur glass）的設置。

酸威士忌酒杯
whisky sour
glass

容量4.5盎司（135ml），為飲用威士忌加檸檬汁及蘇打時的專用酒杯。

水杯
water goblet

容量為11盎司（330ml）。一般而言，任何形狀的杯子皆可用以當作水杯使用，但若餐桌上另有葡萄酒杯的擺設，則水杯最好能與葡萄酒杯成同一系列。而葡萄酒杯通常為了避免手的體溫影響葡萄酒的溫度，均採用高腳杯。在與葡萄酒杯同系列的考量下，最大號的高腳杯可作為水杯。

紅酒杯
red wine glass

容量8.5盎司（255ml），比高腳水杯小一號。目前許多餐廳已將紅酒杯及白酒杯相互通用，以節省設備成本的耗費。

白酒杯
white wine glass

容量6.5盎司（195ml），比紅酒杯小一號的高腳杯。附帶一提，葡萄酒杯杯壁愈薄者愈佳，因為薄的杯子較方便飲酒者用嘴唇來品嚐酒的風味，也利於視覺上酒水美色的鑑賞。

香檳杯
champagne flute

容量6盎司（180ml）。香檳杯有兩種，一種為如同冰淇淋形狀的淺香檳杯，大部分用以服務氣泡酒，並適用於喜宴或慶功宴等場合；另一種則是深錐狀香檳杯，因其杯口窄而與空氣接觸面較小，倒酒時氣體不易散失，且能將氣泡保持在酒中，適合用來服務較高級的香檳酒。

雞尾酒杯
cocktail glass

容量5盎司（150ml），於飲用雞尾酒時使用。如同香檳杯一般，雞尾酒杯也具有各種不同的形狀。通常雞尾酒杯杯口皆大而淺，有些則呈V字型，外型常因廠牌不同而有所差異。

啤酒杯
beer glass

容量12盎司（360ml），各式啤酒均可採用。啤酒杯具有各種不同的形狀，一般容量正好可倒進10盎司（300ml）罐裝的啤酒一瓶。然而最近開始使用容量較小的杯子來裝盛啤酒，方便一飲而盡，而不至於使新酒、舊酒混在一起，破壞啤酒的原味。

果汁杯
juice glass

容量12盎司（360ml），各種果汁均可使用。除了果汁之外，果汁杯亦可當作冰紅茶以及汽水、可樂等其他非酒精飲料的杯子，而小的5盎司（150ml）杯便常用以作為附餐的果汁杯。

白蘭地酒杯
brandy glass

容量為9～16盎司（270～480ml），可搭配各種白蘭地酒使用。白蘭地酒杯為形狀如同西洋梨的酒杯，因為白蘭地酒杯通常只倒進1～2盎司（30～60ml）的酒，而不將酒倒滿整杯，實際上體積較小的酒杯較為實用。除此之外，較小的杯子不但方便保管，而且不易破裂，不過也有餐廳會使用大型的白蘭地酒杯引人注意。一般旅館最常使用的容量為9～10盎司（270～300ml）。

紹興酒杯
shao-shing wine
glass

容量25～30cc.（25～30ml）。紹興酒杯的標準容量原為1盎司（30 ml）的小酒杯，後來在國人偏好乾杯的影響之下，為了表現出能多喝幾杯的酒國英雄形象，容量1/2或1/3盎司（約15～20ml）的紹興酒杯因應而生。

冰桶
ice bucket
with tong

容量32盎司，裝小冰塊用。冰桶內附有冰塊夾，並放置於餐桌上供客人自行取用（壓克力製品）。

三、銀器類（Silverware）

(一)中空銀器（Hollowware）

圖片樣本	器皿名稱	用途說明

咖啡壺
coffee pot

容量為48盎司（1,440ml）。可將咖啡保溫約半小時，每個咖啡壺大約可倒8～9杯咖啡。

水壺
water pitcher

容量48盎司（1,440ml），於西餐或開會中倒冰水時使用。

田螺盤
escargot dish
（escargot
plate）

田螺盤上鑿有六孔，為專門放置田螺所使用的銀盤。為了使田螺置於盤上時不易滑動，盤中有圓凹洞的特殊設計，以平穩放置帶殼的田螺。

洗手盅
finger bowl

容量6盎司（180ml）。使用時將水大約盛置到六分滿，並於洗手盅裡擺放二片檸檬片或花瓣，方便客人在食用有殼類的食物後，可洗手以去除油漬及腥味。

糖盅
sugar bowl

容量約200公克，用以盛裝調和咖啡及茶的糖包與低糖。若使用散糖或冰糖時，糖盅內則需加置茶匙。

鮮奶盅
creamer

容量約200ml，用以盛裝調和咖啡及茶的奶精、鮮奶、蜂蜜或冰咖啡、冰紅茶用的糖水。

圓托盤
round serving
tray

直徑14～16吋，此指服務人員在服務賓客時所使用的圓形托盤。

雞尾酒缸
punch bowl

內容量為5加侖。為盛裝雞尾調酒的大容器，一般約可裝80杯左右的雞尾酒，是雞尾酒會時的必備器具。

醬料盅
sauce boat

容量為20盎司（600ml），盅內盛有醬料，放置於餐檯上供客人視需要自行取用。

燭台
candle holder

3 tiles。西式宴會時擺放在餐桌上，增添用餐氣氛。

鹽罐
salt shaker

高度為10公分，用以盛裝鹽粒。通常擺設於餐桌上，由客人自取以調配餐食。

胡椒罐
pepper shaker

高度10公分。盛裝胡椒鹽並且擺設於餐桌上，由客人自取以調配餐食。

保溫鍋
chafing dish

體積大小為ϕ37×40公分。為酒會或自助餐時置於餐桌上以保溫熱食的鍋子，可採用燒酒精膏的方式來保溫，第一層鍋放熱水，第二層內鍋放菜餚。

橢圓形保溫鍋
oval chafing
dish

體積大小為54×40×41公分。於酒會或自助餐時放置於餐桌上以保溫熱食的鍋子，是一種附有鍋蓋的雙層鍋。可採用燒酒精膏的方式來保溫，第一層鍋放熱水，第二層內鍋放菜餚。

長方形保溫鍋
oblong chafing
dish

體積大小為47×33×40公分。同為酒會或自助餐時，放置於餐桌上以保溫熱食的鍋子，是一種附有鍋蓋的雙層鍋。可採用燒酒精膏的方式來保溫，第一層鍋放熱水，第二層內鍋放菜餚。

電熱保溫湯鍋
soup warmer

容量8公升〔φ29.2×40公分（高）〕。於自助餐會中，放置於餐桌上，以插電方式維持湯品溫度。

三層自助餐服
務盤
3-tires buffet
service tray

三層服務盤的大小分別為14吋、20吋與26吋。亦稱皇冠型旋轉式服務盤，置放於餐檯上，可擺設冷盤類以及點心類餐食。

長方形銀盤
oblong tray

長方形銀盤面積爲32×28公分，用以擺設餐食作爲Pass Around時使用，或是在法式、英式服務時藉以展示菜餚及服務時使用。

長方形大銀盤
oblong tray

長方形大銀盤面積爲63×45.5公分，適合放置於餐檯上，盛裝冷盤、水果、點心等餐食使用。

圓形銀盤
round platter

圓形銀盤直徑爲72公分，適合放置於餐檯上，用以裝盛冷盤、水果、點心等餐食使用。

橢圓形銀盤
oval platter

橢圓形銀盤面積爲63.5×46.5公分。適合放置於餐檯，供盛裝冷盤、水果、點心等餐食之用。

牛排服務車
roast beef
service wagon

牛排服務車體積大小為100×60×110（高度）公分。適用於大塊切肉類餐食之放置，例如烤牛肉、烤火腿等，掀開服務車蓋子，裡面備有砧板及裝盛保溫醬料之容器。此外，前方架上可放置切肉刀、切肉叉及服務匙、服務叉等器具，而右方折疊架則專為放置客用之餐盤而設。

蛋糕架
cake stand

蛋糕架為30.5（DIA）×14.5（高）公分。除了可放在餐檯上當各種菜餚及點心的架子使用外，亦可當作菜餚的展示架。

保溫燈
warmer lamp

可保溫大塊切肉類，譬如牛排、火腿、羊排等，此外還可保溫早餐用的麵包類食品。型號可參考HATCO-100HSL/TM。

(二)扁平銀器（**Flatware**）

圖片樣本	器皿名稱	用途說明
	大餐刀 dinner knife （table knife）	長度24.5公分，主要用以食用主菜。通常大餐刀必須與大餐叉配合，同時使用於需要切割後才能入口的主菜，而大餐刀不能單獨使用。
	大餐叉 dinner fork	長度22.2公分，與大餐刀共同使用於食用主菜及某些特定蔬菜如蘆筍、朝鮮薊或義大利麵時。而食用義大利麵時，尚需配合點心匙來使用。
	湯匙 soup spoon （bouillon spoon）	長度為17.8公分。這種小圓湯匙主要於喝湯時使用，可謂soup spoon，大部分會使用於濃湯。而湯匙大多用於湯杯（bouillon cup），所以又稱為bouillon spoon。

點心刀
dessert knife

長度為20.2公分，於食用開胃菜、沙拉、起司、水果時與點心叉同時使用。

點心叉
dessert fork

長度18.4公分。於食用開胃菜、沙拉、起司、水果及點心時使用。在歐洲，除了沙拉以外，點心叉不可單獨使用，而必須與點心匙或點心刀同時使用之用。

點心匙
dessert spoon

長度18.4公分。於食用義大利麵時，搭配餐叉一同使用，並可與點心叉合用於點心餐具。另外，點心匙亦可使用於湯杯中，但通常只有清湯類才使用湯杯。

魚刀
fish knife

長度18公分，專用於所有冷、熱的魚類菜餚，同時也可讓服務人員進行桌邊服務時，作為剔除魚骨用的餐具。

魚叉
fish fork

長度18公分，專用於所有冷、熱的魚類菜餚，另外也可供服務人員進行桌邊服務時，用以剔除魚骨之用。

奶油刀
butter knife

長度16.5公分，此種刀具長度比點心刀還小，通常放於麵包盤上，僅專用於切奶油與塗抹奶油之用。在大小比例的考量上，因為奶油刀的使用較點心刀美觀，故為高級餐廳所採用的餐具。

茶或咖啡匙
tea & coffee spoon

長度為14公分，使用於咖啡、茶、熱巧克力、水果類開胃菜、葡萄柚以及冰淇淋等餐點。

小咖啡杯匙
demitasse spoon

長10公分，為espresso的咖啡匙。

蠔叉
oyster fork

長度為15公分,為一種專為食用生蠔而備置的小叉子,叉尖部分如茶匙般,呈蛋形。

田螺夾
escargot tong

長度16公分,用以輔助田螺的食用。此餐具乃為防止田螺滾動,而另行設置以夾住固定田螺的夾子。

田螺叉
escargot fork

長16公分,用以輔助食用田螺。由於田螺都是連殼帶肉一起上桌,故需用尖細的兩尖叉,挑出螺肉食用。

服務匙
service spoon

長23公分,用以服務餐食或放置於餐盤、餐檯上,供賓客取菜時自行使用。

服務叉
service fork

長23公分，用以服務餐食或放置於餐盤、餐檯上，供賓客取菜時自行使用。

龍蝦鉗
lobster cracker

長度為19公分。服務熱龍蝦時，除提供餐刀、餐叉外，尚須準備可以輕易夾破龍蝦殼，形同虎頭鉗的龍蝦鉗，才能方便賓客順利享用龍蝦的美味。

刮麵包屑
crumb scraper

大小為15×7公分，為點心之前清理桌上麵包屑時所使用之餐具。

醬料匙
sauce spoon

長16.5公分，使用於服務醬料時。

雞尾酒杓
punch ladle

長42公分。服務大缸雞尾酒時，需要使用雞尾酒杓將酒舀到雞尾酒杯中。

四、家具類（Furniture）

圖片樣本	器皿名稱	用途說明
 圓桌 round table		直徑72吋，高29～30吋，即台灣民間俗稱的6呎桌。此種桌型為國際標準桌，中餐時可坐12人，西餐則可坐8～10人。
圓桌 round table		直徑42吋，高29～30吋，可坐4～5人，適用於小型宴會或酒會。通常擺設於場地中間以放置小點心，或方便客人擺放杯盤。

半圓桌
half round table
（radius 30"）

直徑60吋，高29～30吋。於西式宴會或會議時，可與長方桌合組成一橢圓桌。

1/4圓桌
quarter round table
（radius 30"）

半徑30吋，高29～30吋。此1/4圓桌可銜接長方桌的直角處，合併成U字型桌。

蛇檯桌
crescent table

72×30×42吋，高度則為29～30吋。酒會時，擺設成蛇型或S型時使用。

雞尾酒高腳桌
cocktail round table

直徑35吋，高45吋，適用於酒會或茶會時使用，方便擺放一些小點心，或賓客擺放使用過的餐盤或杯子。

二層餐檯
two-tier catering
table

可當酒吧檯或沙拉檯。不使用時應
折疊起來存放，較不占空間。

大長桌
rectangular
table

30×72吋，高度為29～30吋。適合
使用於西式宴會中，亦可作為主席
檯、接待桌、展示桌等用途。

小長桌
seminar table

18×72吋，高度29～30吋。此為國
際標準會議桌，每桌可坐3人，兩
張小長桌合併即可當作西式餐桌使
用。

四方桌
square table

36×36吋，高度29～30吋。可用以加長長方桌，或設為2人套餐桌、4人座之自助餐桌等。

四方桌
square table

30×30吋，高度為29～30吋。可用於加長30×72吋長方桌，或是於情人節時使用2人桌。

長方桌推車
table trolley
（for
rectangular）

適合長方桌用之推車，推車上可放置25張大長桌或50張小長桌。

推椅車
chair trolley

配合椅子的大小訂做。椅子應採每十張為一疊的方式搬運，切記椅子不能有傾斜的現象，否則容易造成危險。

舞台
stage platform

長8呎，寬6呎，舞台高度則為24吋及32吋。高度應配合場地的需求做調整，同樣一組舞台設有兩種高度可供調整，即24吋或32吋。

三層式舞台階梯
stage step
3 step-rise

適用於24吋或32吋高之舞台,通常舞台左右兩邊皆各需設置一個階梯。

移動式吧檯
portable bar

移動式吧檯屬於臨時性的酒吧檯,在宴會或酒會時經常使用,但需加置一些輔助桌以另外擺設杯子。

多功自助餐檯
IHS table

180w×95h、180w×120h、95w×95h、95w×120h四種尺寸高低不銹鋼桌,可當茶點、酒會或自助餐檯擺設餐食,形成高低不平的餐桌,增加擺設美觀度,平常不用時可收成一疊較不占空間。

玻璃轉台車
glass lazy susan
trolley

配合玻璃轉台的大小訂做。玻璃轉台車應採用不鏽鋼材質訂做，每15～20片為一部車來搬運，玻璃較不易破損。

轉台圈推車
glass lazy susan
rim trolley

配合玻璃轉圈的大小訂做。轉圈推車應採用不鏽鋼材質訂做，每20～25片為一部車來儲存搬運。

服務托盤架
oblong serving
tray stand

為一可摺疊式服務架，服務人員於服務時當作托盤架使用，可隨時收掉。

椅套和桌巾推
車架

保存椅套和桌巾吊掛推
車，須採用不鏽鋼材質訂
做，並配合椅套和桌巾的
大小尺吋，讓洗衣房洗好
的椅套和桌布直接吊掛在
不鏽鋼推車，避免摺疊皺
紋。

嬰兒椅
baby chair

提供1～4歲小孩使用的座
椅。

 ## 第二節　宴會廳營業器材籌備的設定量

一、倉儲

　　在談論營業器皿設定量之前，首先應提及一重要條件——倉儲。由於一般餐廳的桌椅均已固定，故不需特別要求倉儲大小。然而就宴會廳而言，其經常需要配合營業型態的改變而更換成不同型態的宴會場地，因此必須具備有足夠的倉儲空間來容納桌椅、舞台、隔屏、器皿等營業設備。至於需要多大的倉儲空間呢？一般而言，倉儲空間約為主廳空間的20%，若以主廳500坪的宴會廳營業場地為例，則需設有

100坪的倉儲空間，儘管倉儲的重要性不言可喻，目前仍然有許多飯店對此方面缺乏一定程度的重視，事實上，倉儲空間的不足，往往會造成人力資源的浪費、增加員工流動率，並產生諸多安全問題，弊病叢生。

在人力資源方面，倉儲空間的缺乏往往導致眾多器具無固定放置地點，而只得於未舉辦宴會的場地中或走道間，東挪西移找尋空間存放，如此不但浪費人力於搬運器具上，更造成人力資源的浪費，亦加重員工的負擔，一旦增加員工的工作負擔，員工流動率便隨之增加。而器具、設備若無處安置，便可能將太平梯或安全通道等挪作倉儲空間，將會嚴重影響公共安全。由此可知，適當的倉儲空間規劃，對宴會廳整體的安全與服務品質是相當重要的。

依據交通部觀光局星級旅館評鑑規定，要達到4星級以上的星級旅館，旅館必須具備提供旅客豪華之服務及清潔、安全、衛生且精緻舒適的住宿設施，並設有二間以上高級餐廳、旅遊（商務）中心、宴會廳、會議室、運動休憩及全區智慧型無線網路服務等設施。其中宴會廳及會議室是要達4星級以上的必備條件，且對宴會廳高品質的要求如下：

1. 宴會主廳面積總計約可容納喜宴50桌或500人以上，並設專屬宴會廚房。
2. 提供空調及國際會議視聽設備，包括：(1)多功能之視聽設備；(2)獨立燈光、視聽控制間；(3)隔音效果特優；(4)豪華或特殊氣氛之設計照明。
3. 裝潢設計精美，包括：(1)足夠之倉儲空間，總倉儲空間為主廳空間的20%；(2)主廳挑高4.5公尺以上，全場無樑柱；(3)可分廳做多功能使用；(4)貴賓休息室／更衣間；(5)主廳具有主題性；(6)設有前廳候客區，深度6公尺以上。
4. 另設有8人以上多功能會議室4間以上，且會議室之裝潢精美及設備特優。

以下提供三張寒舍艾麗酒店倉儲空間的存放圖片。

玻璃杯存放

各種器皿的存放

檯布的存放

二、營業器皿標準量之設定

瞭解倉儲的重要性後，便可進行營業器皿標準量的設定，在訂定標準量時，應先考量每樣宴會器皿的回轉數，而在設定回轉數時，除了視該器皿在宴會中所需使用到的數量外，也須考量週轉率與破損率。回轉數的考量乃依據經驗法則，亦即該項器皿一桌通常需要幾件？從擺置器皿至使用完清洗乾淨，要花費多少時間？而所謂週轉率，係指器皿在一場宴會中可能使用到的次數，其設定時須考慮該器皿使用次數與白天、晚上同時使用的狀況，以確保當天需求不致供應不足。週轉率必須慎重決定，以免造成資源閒置或不足的情形。至於破損率的設定，則要考慮器皿清洗的難易程度以及使用程度。一般而言，餐具及布巾類的耗損率約占總營業收入的千分之七之內均屬正常，若超過則表示管理有待加強。近年來較高級飯店的宴會廳因走高價位路線，因此所使用的餐具及檯布也較精緻化，但其餐具及檯布的設定量也是與下列一樣的設定方式。

73

(一)器皿類

　　以一個設有100桌餐會或1,200人酒會的宴會廳為例，其所需的年度器皿標準量設定如**表2-1**至**表2-7**所示（僅供參考）。

表2-1　磁器類（Chinaware）

名稱	規格	回轉數／週轉率	破損率	標準量（數量）	說明
醬油壺 soy sauce pot		1	0.3	130	*易缺角 *每桌一件
醋壺 vinegar pot		1	0.3	130	*易缺角 *每桌一件
醬油（醋）壺底盤座 soy sauce saucer	6"	1	0.2	120	*較不易損壞
中式墊底盤 show plate	9"	1	0.2	1,440	*增加擺設美觀 *1,200×（1+0.2）=1,440
骨盤 side plate	7"	3	0.5	4,200	*席間須更換，每桌至少更換三次 *1,200×（3+0.5）=4,200
橢圓小味碟 oval sauce dish	3.7"×2.5"	2	0.2	2,640	*於酒席最後方予以撤下。此設有兩套回轉數是為應付中午及晚上若同時有酒席時，仍備有足夠數量的器皿可立刻擺設，而不需等到小味碟清洗完畢後再行設置 *1,200×（2+0.2）=2,640
醬料碟 soy sauce dish	3.9"	4	0.2	480	*置於轉檯上或配料用 *每桌設定四件 *100×（4+0.2）=480
湯匙 soup spoon	5"	3	0.8	4,560	*磁湯匙大量洗易破損 *席間須更換，每桌更換三次 *1,200×（3+0.8）=4,560

（續）表2-1　磁器類（Chinaware）

名稱	規格	回轉數／週轉率	破損率	標準量（數量）	說明
湯匙筷架 spoon & chopstick rest	3.2"×3.7"	2	0.2	2,640	*酒席最後方予以撤下 *慮及中午及晚上若同時有宴會，可備有足夠數量的器皿立刻擺設，不需等清洗完後再行設置，所以設定二套回轉數 *1,200×（2＋0.2）＝2,640
牙籤盒 toothpick holder		1	0.3	130	*每桌一件 *100×（1＋0.3）＝130
飯碗 rice bowl	4.5"	0.2		240	*提供給食用米飯的客人使用
毛巾盤 face towel dish	5"×3.5"	1	0.2	720	*目前大多使用餐巾紙或濕紙巾 *每桌六件，即兩人一件 *600×（1＋0.2）＝720
口湯碗 soup bowl	3.9"	4	0.5	5,400	*席間可收回清洗 *1,200×（4＋0.5）＝5,400
醬料盅／蓋 mustard bowl w/ lid		1	0.3	260	*用以盛放辣椒及其他調味品 *每桌二件 *200×（1＋0.3）＝260
醬料底盤 mustard bowl saucer		1	0.2	120	*每桌一件，盤上可放置二件醬料盅 *100×（1＋0.1）＝120
茶杯 tea cup	130cc.	1		400	*一般小型宴會，賓客進來時便需倒茶供其飲用。而在大型宴會中，賓客上桌後就可以直接服務飲料，因此不需再特地為每人準備茶杯

表2-2　磁器類（Chinaware）（廚房用）

名稱	規格	回轉數／週轉率	破損率	標準量（數量）	說明
圓餐盤 round coupe plate	10″	5	0.2	520	*用以盛裝前菜或小吃 *可當大湯碗底盤 *100×（5＋0.2）＝520
圓餐盤 round coupe plate	12″	2	0.2	220	*用以盛裝前菜或小吃 *100×（2＋0.2）＝220
圓餐盤 round coupe plate	14″	3	0.2	320	*於酒席中用以盛裝海鮮、烏參等菜餚或是水果及較乾的食物 *100×（3＋0.2）＝320
圓餐盤 round coupe plate	16″	1	0.2	120	*用以盛裝主餐等大菜 *100×（1＋0.2）＝120
圓餐盤 round coupe plate	18″	1	0.2	12	*盛裝16~18人份的菜餚，準備10桌份
橢圓盤 oval rim plate	17″	1	0.2	120	*主要用以盛裝魚類。餐盤尺寸依魚的大小而定，17″橢圓盤通常盛裝較大的魚 *100×（1＋0.2）＝120
橢圓盤 oval rim plate	14″	3	0.2	320	*用以盛裝較小的魚或雞鴨等家禽菜餚 *100×（3＋0.2）＝320
魚翅／燕窩盅 shark's fin/swallow nest bowl	S	1	0.3	1,560	*主要用以盛裝雞湯魚翅類 *1,200×（1＋0.3）＝1,560
魚翅／燕窩盅蓋 shark's fin/swallow nest bowl lid	S	1	0.3	1,560	*主要用以盛裝雞湯魚翅類之盅蓋 *1,200×（1＋0.3）＝1,560
魚翅／燕窩盅底盤 shark's fin/swallow nest bowl saucer	S	1	0.3	1,560	*盛裝魚翅、燕窩類個盅使用之底盤 *1,200×（1＋0.3）＝1,560
佛跳牆個盅 buddha bowl	S	1	0.3	1,560	*主要用以盛裝佛跳牆 *1,200×（1＋0.3）＝1,560
佛跳牆盅蓋 buddha bowl lid	S	1	0.3	1,560	*主要用以盛裝佛跳牆類之盅蓋 *1,200×（1＋0.3）＝1,560

（續）表2-2　磁器類（Chinaware）（廚房用）

名稱	規格	回轉數／週轉率	破損率	標準量（數量）	說明
佛跳牆盅底盤 buddha bowl saucer	S	1	0.3	1,560	*盛裝佛跳牆個盅使用 *1,200×（1+0.3）＝1,560
佛跳牆盅 buddha bowl	L	1	0.3	130	*宴會時置於轉檯上供賓客使用，每桌一盅 *100×（1+0.3）＝130
佛跳牆盅蓋 buddha bowl lid	L	1	0.3	130	*使用於大宗酒席 *100×（1+0.3）＝130
佛跳牆盅底盤 buddha bowl saucer	L	1	0.3	130	*使用於大宗酒席 *100×（1+0.3）＝130
湯碗 soup bowl	11″	2	0.2	220	*用以盛裝海鮮湯及甜湯等
湯碗 noodle bowl	6″		0.2	200	*盛裝擔仔麵用

表2-3　中式服務餐具（不鏽鋼或銀器由飯店設定）

名稱	規格	回轉數／週轉率	耗損率	標準量（數量）	說明
中型湯杓 soup ladle	M	2	0.1	220	*替客人分湯用 *100×（2+0.1）＝220
大型湯杓 soup ladle	L	2	0.1	220	*替客人分湯用 *100×（2+0.1）＝220
服務匙 service spoon		10	0.2	1,200	*替客人分菜用 *每桌十支 *100×（10+0.2）＝1,200
服務叉 service fork		10	0.2	1,200	*替客人分菜用 *每桌十支 *100×（10+0.2）＝1,200
龍蝦鉗 lobster cracker		1	0.2	144	*每桌兩支 *200×（1+0.2）＝240
龍蝦叉 lobster fork		1	0.2	144	*每桌兩支 *200×（1+0.2）＝240
醬料匙 sauce spoon		1	0.5	450	*每桌三支 *300×（1+0.5）＝450

表2-4 玻璃器皿（Glassware）

名稱	規格	回轉數／週轉率	耗損率	標準量（數量）	說明
直筒杯 highball glass	9～10oz （270～300ml）	1	0.3	1,560	*使用於酒會時，可當果汁杯或調酒杯 *1,200×（1+0.3）=1,560
紹興杯 shao-shing wine glass	25ml	1	0.5	1,800	*米酒類或高粱酒類使用 *1,200×（1+0.5）=1,800
公杯 s/w service glass		1	0.5	300	*每桌兩件 *200×（1+0.5）=300
黑灰杯（傳統酒杯） old fashion glass	12oz （360ml）	0.5	0.1	720	*VIP酒席或酒會中使用 *一般酒席則以紹興酒杯替代 *1,200×（0.5+0.1）=720
白蘭地酒杯 brandy glass	9oz （270ml）	0.5	0.1	720	*VIP酒席或酒會中使用 *一般酒席則以紹興酒杯替代 *1,200×（0.5+0.1）=720
紅酒杯 red wine glass	8.5oz （255ml）	1	0.5	1,800	*紅、白酒杯兩用 *1,200×（1+0.5）=1,800
啤酒杯 beer glass	12oz （360ml）	0.4	0.1	600	*酒會及一般宴會酒席均可使用 *1,200×（0.4+0.1）=600
利口杯 liqueur glass	2oz （60ml）	0.2	0.1	360	*酒會或飯後酒均可使用 *1,200×（0.2+0.1）=360
雪莉酒杯 sherry glass	4oz （120ml）	0.2	0.1	360	*較常使用於酒會中 *1,200×（0.2+0.1）=360
香檳杯 champagne glass	5oz （150ml）	1	0.2	1,440	*於飲用雞尾酒或香檳酒時使用 *1,200×（1+0.2）=1,440
水杯 water goblet	11oz （330ml）	2	0.5	3,000	*可當飲料杯，需於宴會結束後才能撤走清洗，因此設有兩套回轉數是為因應中午及晚上若同時有酒席時，不需等中午宴會結束後，水杯清洗完畢後再行擺設晚宴 *1,200×（2+0.5）=3,000

（續）表2-4　玻璃器皿（Glassware）

名稱	規格	回轉數／週轉率	耗損率	標準量（數量）	說明
果汁壺 orange juice pitcher	70oz （2,100ml）	1.2	0.2	140	*亦可盛裝冰水用 *100×（1.2＋0.2）＝140
蠟燭杯 candle glass	17.5oz／ 22oz	1	0.3	130	*每桌一件，可裝乾冰或放置蠟燭，出菜秀時使用 *100×（1＋0.3）＝130
冰桶及夾 ice bucket & tong	32oz	1	0.2	120	*放置冰塊用 *100×（1＋0.2）＝120
香檳杯 champagne flute	6oz （180ml）	0.4	0.1	600	*使用於較高級之香檳酒 *1,200×（0.4＋0.1）＝600

表2-5　西餐磁器（Western Chinaware）（設定西餐人數600人及自助餐1,200人）

名稱	規格	回轉數／週轉率	破損率	標準量（數量）	說明
墊底盤 show plate	12.2"	1	0.2	720	*使用於VIP級之西餐擺設，以增加質感及美觀 *600×（1＋0.2）＝720
餐盤 dinner plate	10.2"	3	0.2	2,160	*可裝冷盤及主菜 *自助餐時當餐盤用 *600×（3＋0.2）＝2,160
點心盤 dessert plate	8"	3	0.2	2,160	*可裝沙拉及點心 *自助餐時當點心盤 *600×（3＋0.2）＝2,160
麵包盤 bread & butter plate	6"	2	0.2	1,320	*套餐時當麵包盤用 *酒會時當骨盤用 *600×（2＋0.2）＝1,320
咖啡杯 coffee cup	7oz （210ml）	2	0.2	1,320	*西餐或茶點用 *600×（2＋0.2）＝1,320
咖啡杯底盤 coffee cup saucer	6"	2	0.2	1,320	*西餐或茶點用 *600×（2＋0.2）＝1,320
鹽罐 salt shaker		1	0.2	144	*60桌設定量，每桌二件 *120×（1＋0.2）＝144
胡椒罐 pepper shaker		1	0.2	144	*60桌設定量，每桌二件 *120×（1＋0.2）＝144

（續）表2-5　西餐磁器（Western Chinaware）（設定西餐人數600人及自助餐1,200人）

名稱	規格	回轉數／週轉率	破損率	標準量（數量）	說明
麵包藍 bread bucket		1	0.2	120	*60桌設定量，每桌二件 *120×（1＋0.2）＝144
湯碗 soup cup		2	0.2	1,320	*西餐或自助餐用 *600×（2＋0.2）＝1,320
湯底盤 soup saucer	6"	2	0.2	1,320	*西餐或自助餐用 *600×（2＋0.2）＝1,320
奶盅 creamer	200ml	1	0.2	144	*用以盛裝調和咖啡及茶之奶精、鮮奶或蜂蜜 *每桌二個 *120×（1＋0.2）＝144
糖盅 sugar bowl	200公克	1	0.2	144	*用以盛裝調和咖啡及茶之糖包或低糖 *每桌二個 *120×（1＋0.2）＝144
盤蓋 plate cover	10.25"	1	0.2	720	*冷盤擺設好時，可蓋上盤蓋，疊在一起放進冷藏櫃中冷藏，以保持冷盤新鮮度並節省空間 *600×（1＋0.2）＝720

表2-6　扁平銀器（Silverware-Flatware）（設定西餐人數600人及自助餐1,200人）

名稱	規格	回轉數／週轉率	耗損率	標準量（數量）	說明
餐刀 dinner knife	24.5cm	2	0.2	1,320	*主要用以食用主菜，通常與大餐叉同時使用 *600×（2＋0.2）＝1,320
餐叉 dinner fork	22.2cm	2	0.2	1,320	*與大餐刀共同使用於食用主菜及某些特定蔬菜如蘆筍、朝鮮薊或義大利麵。而食用義大利麵時，尚需配合點心匙來使用 *600×（2＋0.2）＝1,320

（續）表2-6　扁平銀器（Silverware-Flatware）（設定西餐人數600人及自助餐1,200人）

名稱	規格	回轉數／ 週轉率	耗損率	標準量 （數量）	說明
點心匙 dessert spoon	18.4cm	2	0.2	1,320	*用以食用義大利麵（配合餐叉使用），並可與點心叉合用於點心餐具 *600×（2＋0.2）＝1,320
點心刀 dessert knife	20.2cm	2	0.2	1,320	*於食用開胃菜、沙拉、起司及水果時與點心叉一起使用 *600×（2＋0.2）＝1,320
點心叉 dessert fork	18.4cm	3	0.2	1,920	*於食用開胃菜、沙拉、起司、水果及點心時與點心刀或點心匙一起使用 *600×（3＋0.2）＝1,920
魚刀 fish knife	18cm	1	0.2	720	*專用於所有冷、熱的魚類菜餚，同時亦可作為剔除魚骨頭之用 *600×（1＋0.2）＝720
魚叉 fish fork	18cm	1	0.2	720	*專用於所有冷、熱的魚類菜餚，同時亦可作為剔除魚骨頭之用 *600×（1＋0.2）＝720
湯匙 bouillon spoon	17.8cm	2	0.2	1,320	*主要於喝湯時使用，又稱為soup spoon *600×（2＋0.2）＝1,320
茶匙 tea spoon	14cm	2	0.3	1,380	*於食用咖啡、茶、熱巧克力、葡萄柚、冰淇淋等時使用 *600×（2＋0.3）＝1,380
奶油刀 butter knife	16.5cm	2	0.2	1,320	*專用以切奶油與塗抹奶油用 *600×（2＋0.2）＝1,320
服務匙及叉 service spoon & fork	23cm	3	0.3	198	*用以服務餐食或放置餐盤（餐檯）中供客人自行取菜用 *60×（3＋0.3）＝198

（續）表2-6　扁平銀器（Silverware-Flatware）（設定西餐人數600人及自助餐1,200人）

名稱	規格	回轉數／週轉率	耗損率	標準量（數量）	說明
蛋糕鏟 cake server	23.5cm			30	*用以服務蛋糕及派類點心
醬料匙 sauce spoon	16.5cm	1	0.2	72	*於服務醬料時使用 *60×（1+0.2）=72
湯杓 soup ladle	34cm	1	0.2	72	*於舀湯時使用 *60×（1+0.2）=72

表2-7　中空（凹）銀器（Silverware-Hollowware）

名稱	規格	標準量	說明
冰桶 wine cooler w/stand	21cm(W) 62cm(H)	30	*現場冰白酒或香檳用
咖啡壺 coffee pot	48oz	60	*用以倒咖啡或茶，可維持約三十分鐘的熱度
水壺 water pitcher	48oz	60	*於會議或西餐中倒冰水時使用
咖啡保溫壺 coffee urn	600oz	6	*使用於大型宴會或茶會中，容量約為100杯咖啡或茶
名片盤 silver tray for name card	28cm×17cm	6	*宴會時置於接待桌上，用以提供顧客放置名片
名牌架 name card stand		200	*正式宴會時，置於座位前用以放名牌用的架子
圓托盤 round serving tray	14"	60	*於VIP宴會中使用
洗手盅 finger bowl	6oz φ11cm×4.5cm(H)	240	*內盛六分滿的水，加上檸檬片或花瓣，於易弄髒手的菜色後提供，以方便賓客洗手
醬汁碗 sauce bowl	10oz	72	*盛裝各種醬汁，置於桌上或由服務人員服務
檸檬夾 lemon squeezer		72	*使用於需加檸檬的菜餚或檸檬茶
雞尾酒缸 punch bowl	5gallon φ58cm×42cm(H)	8	*於調配各種雞尾酒時使用，容量為80～100杯

（續）表2-7　中空（凹）銀器（Silverware-Hollowware）

名稱	規格	標準量	說明
雞尾酒杓 punch ladle	42cm	8	*狀如拿破崙帽，於宴會現場舀雞尾酒時使用
蛋糕刀及刀架（大） cake knife w/stand (L)		2	*切大型蛋糕時使用
蛋糕刀及刀架（小） cake knife w/stand (S)		2	*切小型蛋糕時使用
三頭燭架 candle holder	3 tiles	24	*正式西式宴會時使用，以增加晚宴的氣氛
冰桶及冰夾 ice bucket w/ tong	32oz φ22.5cm×21.5cm(H)	72	*冰塊容器及夾子
煎鍋 flamber pan	28cm	4	*用以表演桌邊烹調
鹽罐 salt shaker	φ4cm×10cm(H)	132	*供VIP賓客使用 *木製，罐內裝鹽擺設於餐桌上，由賓客自行取用以調配餐食
胡椒罐 pepper shaker	φ4cm×10cm(H)	132	*供VIP賓客使用 *木製，內裝胡椒擺設於餐桌上，由賓客自行取用以調配餐食
橢圓形保溫鍋 oval chafing dish	18" 54cm×40cm×41cm (H)	12	*用以放置魚類的保溫鍋，或使用於人數較多的自助餐或酒會
長方形保溫鍋 oblong chafing dish	16" 47cm×33cm×40cm (H)	12	*用以放置魚類的保溫鍋，或使用於人數較多的自助餐或酒會
保溫鍋 chafing dish	13.5" φ37cm×40(H)	32	*使用於人數較少的酒會及自助餐，或用以盛裝茶點
保溫湯鍋 soup warmer	φ29.2cm×40cm(H)	10	*擺設於中西式自助餐餐檯上，用以盛裝湯品 *使用於自助餐或酒會
三層自助式服務盤 3-tires buffet service tray	14", 20", 26"	2	*分大、中、小三層，可裝冷盤及點心類，放置於自助餐檯上 *使用於自助餐或酒會
長方形銀盤 oblong tray	32cm×28cm	72	*用以裝盛冷盤、點心、水果或pass around。使用於自助餐或酒會
長方形大銀盤 oblong tray	63cm×45.5cm	24	*用以裝盛冷盤、點心或水果 *使用於自助餐或酒會

（續）表2-7 中空（凹）銀器（Silverware-Hollowware）

名稱	規格	標準量	說明
圓形銀盤 round platter	φ72cm	12	*用以裝盛冷盤、點心或水果 *使用於自助餐或酒會
橢圓形銀盤 oval platter	63.5cm×46.5cm	12	*用以裝盛冷盤、點心或水果 *使用於自助餐或酒會
牛排服務車 roast beef service wagon	100cm×60cm×110cm(H)	4	*使用於自助餐或酒會。適用放置大塊切肉類，例如烤牛肉。掀開蓋子，裡面備有砧板及保溫醬料的容器，前方架上可放置切肉刀、切肉叉及服務匙叉，右方折疊架則專為放置客用餐盤而設
蛋糕架 cake stand	φ30.5cm×14.5cm(H)	40	*可放在餐檯上作為各式菜餚或點心之架子，亦可用做菜餚的展示架 *使用於自助餐或酒會
保溫燈 warmer lamp	HATCO-100 HSL/TM	6	*置於餐檯上用以保溫肉類或麵包 *使用於自助餐或酒會

(二)家具類

宴會廳家具使用的選擇非常重要，其中以桌椅類型的選擇尤為慎重，畢竟宴會廳的桌椅必須配合宴會型態的不同來變更場地的布置，所以在桌椅選擇方面，應該考量安全性、耐用性以及桌椅所能承受的重量，以下列出八項參考原則：

1.所有桌子高度必須統一規格化，一般飯店大多會採用29～30吋高的桌子，如果飯店選用30吋高的桌子，則宴會廳全部桌子之高度應均為30吋高。

2.宴會桌建議採用桌面與桌腳合一，即桌腳與桌面能一起收起來的餐桌型式，儘量不要使用二件式的宴會桌，即桌腳與桌面分開存放的桌子。

3.各種宴會桌面大小尺寸應求規格化，彼此之間必須要能完全銜接。

4.須考慮安全性及耐用性。每張桌子都應能承受既定重量，最少須能承受大型冰雕以上的重量。

5.需設計適合各種不同桌型及椅子大小的推車來協助搬運，以減少搬運時的危險性及員工體力的透支。

6.桌椅最好能全部採用同一款廠牌，以避免不同廠牌在銜接時產生高低不一的情況。

7.椅子以可疊放在一起者為佳，最好能十張一疊，置放倉庫時較不占空間。

8.椅子不能太笨重，以免疊起後因重量過重而傾斜，造成危險。

除桌椅的選擇外，以一個能容納100桌酒席的宴會廳場地為例，其所需之家具標準設定量如**表2-8**所示（僅供參考）。

表2-8 家具標準設定量（以100桌酒席場地為設定量）

名稱	規格	標準量	說明
圓桌 round table	φ72"×29" (H)	100	*為國際標準桌，即台灣坊間俗稱之6呎桌。中餐可坐12人，西餐則可坐8～10人
桌面 round table top	φ72"	10	*此桌面沒桌腳，可用以置於較小的圓桌上，或於酒會時配合布置的需求置於其他餐桌上
桌面 round table top	φ80"	5	*僅有桌面，可與其他桌子併用。若客人欲加設位置時，此桌面可容納14人之座位
圓桌 round table	φ60"×29" (H)	5	*此為所謂的5呎桌，可坐8～10人，並可與其他較大的桌面併用
圓桌 round table	φ42"×29" (H)	40	*可坐4～5人，適用於小型宴會或酒會。擺設於場地中間以放置小點心或供賓客擺放杯盤

85

（續）表2-8　家具標準設定量（以100桌酒席場地為設定量）

名稱	規格	標準量	說明
圓桌 round table (radius 48")	φ96" （48"×96"×29"H）	6	*可坐16人，為方便搬運及儲存，通常將2片併成1桌
圓桌 round table	φ120"	4	*可坐20人。將120"的圓桌拆成4片半徑60"×60"，以方便搬運及儲存
圓桌 round table	φ35"×45"(H)	10	*直徑35"，高45"，適用於酒會或茶會時使用，方便擺放一些小點心，或賓客擺放使用過的餐盤或杯子
半圓桌 half round table (radius 30")	φ60"×29" (H)	6	*於西式宴會或會議時，可與長桌合併組成一橢圓桌
1/4圓桌 quarter round table (radius 30")	φ60" H: 29" 半徑30"×30"×29" (H)	8	*可與長桌併成U型桌 *4片合起來，可成為一張60"圓桌
蛇檯桌 crescent table	72"×30"×42" H: 29"	6	*酒會時，用以擺設成蛇型或S型餐桌
雙層餐檯 two-tier catering table		2	*可當吧檯或沙拉檯。不使用時可摺疊起來，較不占空間
大長桌 rectangular table	30"×72"×29" (H)	60	*適合西式宴會，作為主席檯、接待桌、展示桌等用途
小長桌 seminar table	18"×72"×29" (H)	300	*國際標準會議桌，每桌可坐3人
四方桌 square table	36"×36"×29" (H)	40	*可用以加長長方桌、2人套餐桌或4人座的自助餐桌
四方桌 square table	30"×30"×29" (H)	40	*可用於加長長方桌或情人桌
推桌車 table trolley (for rectangular)		6	*適合長方桌的推車，可放置25張大長桌或50張小長桌
推桌車 table trolley (for round table)		6	*適合圓桌的推車，可放置10張圓桌
椅子 banquet chair		1,800	*設定100桌。由於宴會廳為一多功能的場地，故須多準備

（續）表2-8　家具標準設定量（以100桌酒席場地為設定量）

名稱	規格	標準量	說明
嬰兒椅 baby chair		30	*須備置以應客人之需
推椅車 chair trolley		10	*配合椅子大小訂做，椅子以十張為一疊置於其上，方便搬運
玻璃轉台 glass lazy susan	φ100cm	110	*適用於72吋桌，使用強化玻璃較為安全
玻璃轉圈 glass lazy susan rim	φ40cm	110	*置於桌面正中，玻璃轉台下方
玻璃轉台 glass lazy susan	φ110cm	5	*適用於80吋、14人座的桌面
木頭轉台 wooden lazy susan	φ152cm	4	*適用於96吋、16人座的檯面，易保管，不易碎。
木頭轉台 wooden lazy susan	φ213cm	2	*適用於120吋、20人座之檯面
玻璃轉台車 cabinet w/coaster for lazy susan		5	*每部車可置20片玻璃轉台，輪子必須能夠承受重量
玻璃轉圈車 cabinet w/coaster for lazy susan rim		4	*每部車可置20～25個玻璃轉圈，輪子必須能夠承受重量
檯布車 linen trolley	D: 90cm W: 120cm H: 100cm		*用以運送髒檯布送洗並將清潔檯布運回
舞池地板 dance floor	92.2cm×92.2cm	81片	*可組裝成各種尺寸的舞池
舞池地板車 dance floor truck		4	*每部車可裝22片舞池地板
舞池邊板 dance floor risi-trim		72	*將舞池四周固定，使其不容易滑動
舞台 stage platform	D: 6' W: 8' H: 16"/24"	8	*同一組舞台設有兩種高度，即16"和24"，可配合場地需求進行調整
舞台 stage platform	D: 6' W: 8' H: 24"/32"	12	*同一組舞台設有兩種高度，24"和32"，可配合場地需求進行調整

（續）表2-8　家具標準設定量（以100桌酒席場地為設定量）

名稱	規格	標準量	說明
三層式舞台階梯 stage step	3 step-rise	4	*適用於24"或32"之舞台，舞台左右兩邊各置一個
二層式舞台階梯 stage step	2 step-rise	4	*適用於16"或24"之舞台，舞台左右兩邊各置一個
移動式酒吧 portable bar		3	*於酒會或宴會時使用，另需設有一些輔助桌以放置杯子
屏風 partition	W: 240cm H: 210cm	一般8張 金色4張	*主要用以作為臨時隔間用。依據日本習俗，新郎及新娘在宴會結束後，都必須站在金色屏風前的門口送客
托盤服務架 tray stand folding		60個	*為一可折疊式服務架。服務人員於服務時當作托盤架使用，可隨時收掉
四方托盤 oblong serving tray	38cm×54cm	120個	*於服務人員進出廚房端菜，或清理使用過之碗盤送至洗碗區時使用，需使用防滑托盤
圓形托盤 round serving tray	φ35.6cm	120個	*服務人員服務客人時所使用的托盤，需使用防滑托盤
演奏型鋼琴		1部	*於大型宴會或演奏會時使用
直立式鋼琴		1部	*供一般社團例會時使用
旗桿 flag pole		36支	*用以提供客人懸掛國旗或公司行號產品的促銷活動
旗座 flag pole base		36個	*用以提供客人懸掛國旗或公司行號產品的促銷活動
座號架及座號牌 table no./stand		座號架100個/座號牌 1～100號1套 1～60號2套	*於大型宴會時，提供客人編排桌號時使用
紅地毯 red carpet		4條	*根據宴會廳的需求量訂做。地毯寬度一般為150cm，長度則依宴會廳行禮的長度訂做
吊圍裙車 mobile caddy		3件	*可分上下兩層，用以吊掛圍裙，有輪子可推動
吊圍裙架 hanger		100件	*用以吊掛圍裙，使圍裙不易起皺褶

（續）表2-8　家具標準設定量（以100桌酒席場地為設定量）

名稱	規格	標準量	說明
吊檯布車 table cloth caddy		3部	*用以吊掛檯布，使檯布不易起皺褶
吊椅套車		3部	*用以吊掛套車，使套車不易起皺褶
服務車 service trolley		8部	*作為服務時的輔助檯，或於推餐具出來擺設時使用
摸彩箱 lucky draw		5個	*摸彩箱應採用壓克力材質，且以不易透視的顏色為主，減少作弊的機會
掛衣架 stand hanger		4個	*提供客人服裝表演或藝人演出時使用
沙發 sofa		6套	*採用設計較為輕巧且容易搬動的沙發，在小型宴會時，提供客人作為休息之用
茶几 sofa table		6個	*採用設計較為輕巧且容易搬動的茶几，在小型宴會時，提供客人作為休息之用
簡報架 flip chart		10個	*提供客人於開會時使用，可以作為簡報夾紙或小白板
白板 white board		10個	*提供客人開會時使用
講台 lecture stand w/logo		大2個 小2個	*大小各2個，提供各式會議、演講用。講台中央須有飯店標誌及飯店名稱作為廣告
吸塵器 vacuum cleaner		大2個 小2個	*提供宴會結束時，立即清理現場用
雨傘桶		6個	*下雨時，每個宴會房間應備有雨傘桶以供客人放置雨傘
銅製三角畫架		12個	*提供客人展覽，或供結婚酒席放置相片用
塑膠大冰桶		3個	*大型宴會時提供冰酒水用
銅製圍欄／銅頭絨繩		各12件	*用以作為分區或區隔較為貴重之物品，不讓其他賓客靠近
銀器櫃		1部	*採用設有輪子可以推動者，以為保存銀器刀叉之用
計數器		4個	*用以清點物品或清點人數

（續）表2-8　家具標準設定量（以100桌酒席場地為設定量）

名稱	規格	標準量	說明
多用途餐車		4部	*於進行擺設工作或送菜時使用 *長160cm×寬85cm×高100cm
平台搬運車		4部	*提供客人或員工於搬運較重物品時使用

(三)電器類

　　宴會廳除了現場已經設計好的燈光、音響和控制室外，尚需準備一些活動式設備提供給顧客或租借給顧客使用，其項目如**表2-9**所示（僅供參考）。

表2-9　電器類的設定量（以**100桌酒席場地及6個可獨立式廂房為設定量**）

名稱	規格	標準量	其他
麥克風		30隻	
無線麥克風		10隻	
領夾式無線麥克風		10隻	
麥克風架（桌式）		10隻	
麥克風架（立式）		10隻	
麥克風架（橫桿）		10隻	
雙卡式錄音座		4部	
多片式雷射唱盤		3部	
活動音響		3台	
幻燈機		6台	
幻燈機底盤		12個	
活動銀幕	70"×70"	4隻	
活動銀幕	90"×90"	4隻	
50吋液晶電視		6部	
幻燈機推車		4部	
單槍液晶投影機		4部	
雷射指示器		10隻	

（續）表2-9　電器類的設定量（以**100**桌酒席場地及**6**個可獨立式廂房為設定量）

名稱	規格	標準量	其他
噴煙機		4台	
CD帶整理盒		4組	
雷射唱片整理盒		4組	
同步翻譯主機		1部	
接收器		250個	
追蹤燈	220V／1,000W	2套	
桌上型投射燈架		50個	
桌上型投射燈		150個	*紅、白、藍、綠、黃各30個
移動式卡拉OK		2組	
無線對講機		10部	
手提式無線麥克風		6隻	
ADSL（寬頻上網）			

　　一般宴會廳皆備有如上所述之基本器材以提供顧客舉辦一般標準形宴會或會議，但若遇有特殊需求之宴會而基本設備不敷使用時，宴會廳通常會事先尋找一些可配合租借的廠商，以外包方式來提供顧客更完善的服務。宴會廳本身租借器材的價位可參考第四章〈宴會作業流程〉**表4-4**，至於外租部分，其價位可能會較飯店所能提供的器材貴許多。

第三節　檯布的基本認識與設定量

一、常見之檯布材質

　　「人要衣裝，佛要金裝」，餐桌同樣需鋪設檯布以求美觀。所謂檯布，也就是一般所通稱的桌巾。除達到美觀效果之外，檯布尚且能

防止食物、醬汁等直接沾汙餐桌，並具有吸水的功用。其材質主要可分為棉（cotton）、PC以及聚酯纖維（polyester）等三種，每一材質皆有其特性和優缺點，各餐廳可以根據其檯布使用率以及經費來選擇符合自身需要的檯布材質。

(一)棉

傳統的檯布材質一般都為棉質布，其優點為質感及垂性較佳、吸水性好，並且具有良好的導熱及導電性（不易產生靜電）。而壓縮挺性不好則為其缺點，因此不僅容易產生皺褶，彈性恢復不佳，於洗滌方面亦較難處理，使用壽命比其他檯布短。棉質檯布的縮水率與其密度有相對的關係，當密度越大時，其縮水率越小，價錢會比較貴；而密度越小時，其縮水率便越大，價格就相對較低。通常棉質檯布的縮水率約為6～10%，所以在採購棉質檯布時，除了價位的考量，也必須顧及檯布的密度大小。棉質檯布可以使用漂白劑漂白，但過度使用漂白劑則會減弱纖維素的強力，使用量越多將使檯布壽命越短。在一般正常劑量的使用情況下，棉質檯布的平均壽命約為八至十個月（約可洗120～140次）。而由於檯布使用率及洗滌率較高，所以市場上已逐漸使用PC或Polyester來取代棉製檯布。

(二)PC

棉質與聚酯纖維混紡時，棉質約占35%，聚酯纖維則占65%，俗稱為PC或TC。T是指Tetoron（特多龍，日語說法）。PC材質的檯布優點為外觀保持性較棉質佳，色勞度及壽命也較長。其使用壽命約為棉質檯布的兩倍左右，在正常的使用情況之下約為二年（可清洗300次左右）。其縮水率約為3～5%，同樣較棉質少，價位則約為棉質檯布的0.7～0.8倍。缺點是不如全棉舒適，吸水力亦較全棉者為差。

(三)聚酯纖維

聚酯纖維是合成纖維中使用最廣的纖維，此材質經過研究改良而使布料的外觀較類似蠶絲，它也可藉化學方式的改良，而能夠永久免燙。聚酯纖維很適合與其他的纖維混紡，特別是棉纖維。聚酯纖維 使布料在清洗時有良好的外觀保持性，其優點為磨擦抗力及強力表現佳，熱保持性中等，並且外觀保持性良好。基本上，聚酯纖維的壓縮挺性極好，因此布料上之皺褶容易消失，尺寸穩定性優良、拉伸恢復性佳，並可使用定型加工以保持外觀完整。此外，聚酯纖維對酸鹼具有良好的抗力，因此可以使用漂白劑加以漂白。其縮水率在3%以下，使用年限跟PC檯布差不多。其缺點是舒適性差，吸水能力不佳，並且與皮膚接觸時較不舒服，容易產生靜電。通常新的聚酯纖維織品都是處以防靜電加工，但是這種加工常會因水洗和烘乾而消失，不過仍可在洗滌時加入布料柔軟劑來改善此缺點。❶

二、檯布尺寸的大小與特點

(一)四方檯布

四方檯布最主要的使用目的是要將檯布對角線的四個角遮住餐桌的四個腳。如果沒能將四個桌腳遮住，往往會使桌腳露出來變成八個角，而顯得不雅觀，所以在鋪設時便應特別留意將四個桌腳遮住。目前台灣織布機寬最大者為96吋，若需超過96吋的檯布就必須將兩條以上的檯布銜接在一起才行。以高度30吋的圓桌為例，四邊斜下桌面部分每邊只需10吋即可，檯布的對角線部分便會剛好落在地面上約2～3吋處，將四隻桌腳遮住。又如72吋的圓桌面，其檯布大小應為92"×92"（72"＋10"＋10"=92"），並不會超過最大寬度96吋的限制。

同樣的，60吋的圓桌面所需檯布大小則爲80"×80"（60"＋10"＋10"＝80"）。以此類推，檯布尺寸便可依餐桌大小計算出來。除此之外，四方檯布具備多種用途，並常用以鋪設圍圍裙的長方桌餐檯，而圓形檯布就沒有此種功用。

(二)圓形檯布

　　圓形檯布鋪設在圓桌上較爲美觀，但成本費用較高。以一張30吋高的圓桌而言，四邊斜下桌面部分至少要20吋～25吋方能完全將桌腳遮掩住。以一張72吋的圓桌爲例，它所需檯布的尺寸至少需112吋（72"＋20"＋20"＝112"），所以圓形檯布至少要直徑112吋。同樣一張72吋的圓桌，圓形檯布所需布料便約爲四方檯布的1.4倍，又因圓形檯布超過織布機最大寬度96吋的尺寸限制，所以必須將兩條檯布銜接才得以符合需求，在價位上將比四方檯布昂貴1.5倍以上，而且每次的洗衣費用也將會較四方檯布多出許多。兩相對照，便可清楚瞭解四方檯布與圓形檯布的特點及優缺點，在選用檯布時便可有所依據，但目前很多新開幕的國際型旅館，在宴會餐桌上的擺設也做了很多突破性的改變，當然這跟酒席的售價也有絕對的關係，例如艾美酒店宴會廳餐桌布巾的擺設採用靜音墊伸縮桌套及桌腳採用四方伸縮圍裙圍起來；寒舍艾麗酒店採用靜音墊伸縮桌巾及桌裙一件式的擺設，文華東方酒店中餐採用檯布落在地面，並在餐桌上再加上一層薄紗桌巾，看起來既大方又美觀，但價位都不便宜，以下提供幾張各飯店擺設圖供參考，另**表2-10**提供以100桌酒席場地的宴會廳在傳統上布巾類的標準設定量（僅供參考）。

寒舍艾麗酒店宴會廳中餐餐桌擺設
圖片提供：寒舍艾麗酒店

採用桌巾及桌裙一件式的鋪設
圖片提供：寒舍艾麗酒店

中餐餐桌擺設
圖片提供：世貿聯誼社

台北萬豪酒店中餐餐桌擺設
圖片提供：台北萬豪酒店

高雄漢來大飯店宴會廳中餐餐桌擺設
圖片提供：高雄漢來大飯店

台北喜來登大飯店宴會廳中餐餐桌擺設
圖片提供：台北喜來登大飯店

台北文華東方酒店宴會廳中餐餐桌擺設
圖片提供：台北文華東方酒店

高雄漢來巨蛋宴會廳中餐餐桌擺設
圖片提供：高雄漢來巨蛋宴會廳

表2-10　餐飲部門宴會廳布巾標準設定量

廳別：宴會部

分類：Linen

設定桌數：100桌

餐桌尺寸	座位數量(人)	布巾			每日回轉數	每日需要量	預留部分	標準量	備註
		名稱	顏色	尺寸					
72"	12	檯布 table cloth	粉紅	Φ284cm	2.5	250	50	300	使用在72"(即183cm)圓桌，(但因已超過織布機最大寬度96"(即244cm)，所以必須將二條檯布加以連接，建議銜接時，應平均銜接在左右兩邊，每邊各20cm，即(284－244)／2＝20cm。若只銜接一邊，銜接部分將會落在桌面上，會顯得比較不雅觀。粉紅色一般使用在喜宴比較多
72"	12	檯布 table cloth	白	Φ284cm	1.5	150	50	200	使用在西餐或一般宴會比較多
72"	12	檯布 table cloth	粉紅	92"×92"	1	100	20	120	使用在72"圓桌，主要目的是要將四隻桌腳遮住，也可使用在圍裙的餐桌上
72"	12	檯布 table cloth	白	92"×92"	1	100	20	120	使用在72"圓桌，也可使用在圍裙的餐桌上，主要目的是要將四隻桌腳遮住，一般用於西式宴會中
42"	5	檯布 table cloth	粉紅	Φ78"	2	80	20	100	使用於可坐4～5人的42"小圓桌。酒會時需圍圍裙來使用，一般餐會則不少
42"	5	檯布 table cloth	白	Φ78"	2	80	20	100	使用於可坐4～5人的42"小圓桌。酒會時需圍圍裙來使用，一般餐會則不少
30"×72" or 36"×72"	meeting	檯布 table cloth	白	60"×96"	2	500	50	550	為18"×72"教室型開會用檯布，或為30"×72"和36"×72"西餐用的檯布
80"	14	檯布 table cloth	粉紅	Φ120"	2	10	2	12	使用於80"、14人座之檯面

宴會管理

(續) 表2-10　餐飲部門宴會廳布巾標準設定量

廳別：宴會部

分類：Linen

設定桌數：100桌

餐桌尺寸	座位數量(人)	布巾 名稱	布巾 顏色	布巾 尺寸	每日回轉數	每日需要量	預留部分	標準量	備註
80"	14	檯布 table cloth	白	φ120"	2	10	2	12	使用於80"、14人座之檯面
96"	16	檯布 table cloth	粉紅	φ140"	2	6	2	8	使用於96"、16人座之檯面
96"	16	檯布 table cloth	白	φ140"	2	6	2	8	使用於96"、16人座之檯面
118"	20	檯布 table cloth	粉紅	φ160"	3	3	1	4	使用於118"、20人座之檯面
118"	20	檯布 table cloth	白	φ160"	3	3	1	4	使用於118"、20人座之檯面
72"	12	檯布 table cloth	米黃	φ284cm	1	100	20	120	使用於72"桌面，適合比較重要的客人
72"	12	檯布 table cloth	米黃	92"×92"	1	100	20	120	使用於72"桌面，適合比較重要的客人
30"×72" or 36"×72"		絨布 conference felt	棗紅色	60"×96"	1	100		100	適合30"×72"一張桌長，於VIP會議時使用
30"×144"		絨布 conference felt	棗紅色	60"×168"	1	20		20	適合30"×72"二張桌長，於VIP會議時使用
30"×216"		絨布 conference felt	棗紅色	60"×240"	1	10		10	適合30"×72"三張桌長，於VIP會議時使用

（續）表2-10　餐飲部門宴會廳布巾標準設定量

廳別：宴會部

分類：Linen

設定桌數：100桌

| 餐桌尺寸 | 座位數量（人） | 布巾 | | | 每日回轉數 | 每日需要量 | 預留部分 | 標準量 | 備註 |
		名稱	顏色	尺寸					
		口布 napkin	粉紅	50cm×50cm	3	3,600	1,000	4,600	適合酒席用。須考量中午、晚上及隔天的擺設使用，所以必須有二套的回轉量才足夠
		口布 napkin	白	50cm×50cm	2	2,400	400	2,800	適合一般宴會使用，應準備二套回轉量，因要考慮清洗及隔天的擺設使用
		毛巾 face towel	白	18cm×18cm	2	400	600	1,000	已較少使用，因漂白時常含有螢光劑，不符合衛生條件，目前大部分以餐巾紙來代替
		墊托盤布 tray cloth	白	14.8"×21"	4	400	100	500	用以保持托盤乾淨、美觀並防止滑動
		墊托盤布 tray cloth	白	φ13"	4	400	100	500	用以保持托盤乾淨、美觀並防止滑動
		廚房用桌布 kitchen table cloth	白	92"×92"	2	60		60	廚房打菜時所使用之桌布，防止菜餚髒亂
		金色圍裙 golden table skirting	金	28"×228"	1	20		20	適合一張30"×72"、高29"的宴桌使用。圍裙高度至少必須比桌子高度少1吋，常搭配兩張接待桌或是餐檯來使用
		金色圍裙 golden table skirting	金	28"×150"	1	15		15	適合一張30"×72"、高29"的宴會桌單獨使用，也適用於42"小圓桌。一般來講，餐檯的圍裙都以28"×228"及28"×150"兩種尺寸互相搭配使用

（續）表2-10　餐飲部門宴會廳布巾標準設定量

廳別：宴會部

分類：Linen

設定桌數：100桌

餐桌尺寸	座位數量（人）	布巾 名稱	布巾 顏色	布巾 尺寸	每日回轉數	每日需要量	預留部分	標準量	備註
		粉紅圍裙 pink table skirting	粉紅	28"×228"	1	20	20	20	較適用於喜慶類之宴會酒席
		白色圍裙 white table skirting	白	28"×228"	1	20	20	20	較適合於西式宴會或展示會開會時使用
		粉紅圍裙 pink table skirting	粉紅	28"×150"	1	15	15	15	較適用於喜慶類之宴會酒席
		白色圍裙 white table skirting	白	28"×150"	1	15	15	15	比較適合於西式宴會或展示會開會時啟閉使用
	16"高	舞台圍裙 stage skirting	銀灰	15"×260"	1	6	6	6	適用於6'×6'（即72"×96"）、高16"的舞台，置裙實度應比原來舞台高度少1"。其長度的計算方式為72"+96"+10"+10"=260"
	24"高	舞台圍裙 stage skirting	銀灰	23"×260"	1	12	12	12	適用於6'×8'（即72"×96"）、高24"的舞台，置裙實度應比原來舞台高度少1"。其長度的計算方式為72"+72"+96"+10"+10"=260"
	32"高	舞台圍裙 stage skirting	銀灰	31"×260"	1	6	6	6	適用於6'×8'（即72"×96"）、高32"的舞台，置裙實度應比原來舞台高度少1"。其長度的計算方式為72"+72"+96"+10"+10"=260"

（續）表2-10　餐飲部門宴會廳布巾標準設定量

廳別：宴會部

分類：Linen

設定桌數：100桌

餐桌尺寸	座位數量(人)	布巾			每日回轉數	每日需要量	預留部分	標準量	備註
		名稱	顏色	尺寸					
		舞台圍裙 stage skirting	銀灰	15"×140"	1	2		2	銜接舞台不夠長的部分
		舞台圍裙 stage skirting	銀灰	23"×140"	1	2		2	銜接舞台不夠長的部分
		舞台圍裙 stage skirting	銀灰	30"×140"	1	1		2	銜接舞台不夠長的部分
		檯布心 table ring	紅	Φ40cm	1	100	20	120	為轉圈下方設計有圖案的桌布，以免開采後將桌上花飾拿掉時，玻璃轉台顯得過於單調，而若有圖案在餐桌中央，桌面會顯得較為突出、美觀
		蕾絲圍裙 lase skirting	紅	12"×150"	1	1		5	可搭配白色或粉紅色28"×150"的圍裙使用，增加美觀
		蕾絲圍裙 lase skirting	紅	12"×228"	1	1		8	可搭配白色或粉紅色28"×228"的圍裙使用，增加美觀
		蕾絲圍裙 lase skirting	白	12"×150"	1	1		5	可搭配白色或粉紅色28"×150"的圍裙使用，增加美觀
		蕾絲圍裙 Lase skirting	白	12"×228"	1	1		8	可搭配白色或粉紅色28"×228"的圍裙使用，增加美觀
		蕾絲圍裙 lase skirting	法國國旗	12"×150"	1	1		5	可搭配白色或粉紅色28"×150"的圍裙使用，增加美觀
		蕾絲圍裙 lase skirting	法國國旗	12"×228"	1	1		8	可搭配白色或粉紅色28"×228"的圍裙使用，增加美觀

宴會管理

註　釋

❶有關棉、PC、聚酯纖維的資料，由新北市蘆洲區式雅企業有限公司提供，此公司專營布巾類。

第3章
宴會成本控制、預算編列及促銷活動

　　就飯店餐飲部門之經營而言，宴會廳的營收在整個餐飲部門的財務營收中扮演關鍵角色。倘若不妥善將宴會廳經營成本做合理及有效的控制，勢必會導致成本的大幅提升，甚至是產生虧損。因此在經營宴會廳之時，為避免增加營業成本，必須儘量減少各項不必要的開銷並將其他可能的損失降至最低，故宴會廳除了控制食物成本之外，還需要注意各項人事費用、事務費用、水電瓦斯及器皿的損耗等成本，以獲致較高的整體效益。另外，宴會廳營業額之預算編列和一般餐廳有所差異，因此宴會廳之預算編列實屬不可輕忽之重點。而促銷活動的良窳關乎飯店宴會廳的經營績效，如何在各種節慶推出吸引顧客的產品與服務攸關宴會廳的成敗。本章一開始將詳述宴會成本控制，之後進入到宴會廳預算支出編列的部分，最後則是宴會廳的各式促銷活動，並輔以實例與圖片進行詳細解說。

 第一節　宴會成本控制

　　就飯店餐飲部門之經營而言，宴會廳營收關係整個餐飲部門財務營收甚鉅。一般較具規模的宴會廳，其營業額常占餐飲部門營收的1/3～1/2強，在日本占1/2以上營業收入的宴會廳更是時有所聞。鑑於宴會在餐飲部門營收占有舉足輕重的地位，日本一些飯店縱使內部各餐廳皆發包給外面廠商，宴會廳仍會自行經營。由此可知宴會廳在餐飲部門所占營業收入比重之大、影響之鉅，倘若不妥善地將宴會廳經營成本做合理及有效的控制，勢必會導致成本大幅增加，甚至可能產生虧損。

　　經營宴會廳時，為避免增加營業成本，必須儘量減少各項不必要的浪費並將其他可能的損失減至最低，然而在控制成本之餘，更應確保食物的品質與數量不受影響。舉國際觀光旅館為例，其依區域性及設備裝潢之不同，將食物成本率大約維持在食物總營收的30～38%範圍內，但南北兩地宴會廳的食物成本率尚有南高北低的現象，需視情況予以調整。依地域性分，北部宴會廳之食物成本約占食物總營收的30～35%左右，而南部則因顧客對食物數量的要求較多，食物成本率通常較北部高出3～6%。

　　由於食物成本在宴會廳經營成本中占既定比率，適時更換固定標準菜單中因時節替換而導致材料價格上漲的菜品，乃成為有效降低食物成本並提高宴會部門營利的方法之一。因此，宴會廳通常必須依食材出產之季節性，事先設計各式標準菜單，供顧客選擇。倘若有更換菜色之必要，仍須在成本範圍內做更換，以有效控制食物成本，避免無謂的浪費。除了上述食物成本控制之外，宴會廳還需要注意各項人事費用、水電瓦斯、事務費用及器皿的損耗等成本，其控制要點分述如下：

一、人事費用之控制

　　宴會廳由於具淡旺季之差異以及生意量不固定之因素，其內、外場及訂席業務人員等正式員工人數之聘用便需特別謹慎。正式員工聘用的計算方式為：月平均營業額除以每人每個月預計的產值，以得出宴會廳可僱用正式員工的總人數，目前正式員工個人平均產值因地區性及飯店價位不同而有差異，約介於30萬至60萬之間，例如與相同員工數的南部飯店相較，北部飯店便因一般價位較高，所以具較高之平均產值。為因應宴會進行時大量的人力需求，宴會廳除正式員工外，仍須大量聘用臨時工讀生，臨時工讀生的人事費建議控制在營收的4%左右（不含勞保、勞退及伙食費），以有效控制人事成本，將人事成本減到最低。

二、水電、瓦斯、燃料費用與事務費用之控制

　　以宴會廳動輒數百位客人的營業規模看來，其所使用之燈光、空調等設施，皆屬大耗電量的設備，其他如水的使用量也不容小覷。由這些必然之水電、瓦斯、燃料等費用可知宴會廳營業費用支出十分龐大，倘若不能夠有效控制設施使用的花費，便很容易造成財務上無謂的負擔。以下就設施使用以及作業要點兩個部分，具體說明控制費用的方式。

(一)設施使用

◆照明

1.宴會廳全面採用LED燈及T5省電型日光燈，以節省能源開銷。

2. 宴會廳內水晶燈應設置獨立開關，以方便夜間分區域清潔時，使用其他較省電之照明器材。

3. 宴會廳後場單位，如辦公室、倉庫及後勤作業區等，應儘量採用省電式日光燈（如T5）以代替燈泡節省能源。

4. 以實際經驗訂出夜間清潔公司所需之打掃照明，並裝置獨立開關進行有效控制，以免浪費能源或降低燈泡壽命。

5. 廚房內，將白天能利用自然光照射的地區與其他地區之電源供應分開，並另設燈光開關，以便控制日夜燈光的開啓或關閉。

6. 營業現場內之燈光採分段式開關，營業時段分：早、午、晚、空班時間、夜間清潔及餐前準備工作等不同時段，並於電源上標示各時段以便視不同需要分段操控使用。

◆空調

1. 使用分離式冷暖氣或中央空調系統，並可自由設定恆溫恆濕為佳。

2. 冷氣開關應採用分段調節式，以有效達到控溫效果並確實節約能源。例如在宴會開始前，準備工作時段僅需啓動送風功能即可。

◆水

1. 廚房請洗地板時，盡量避免使用熱水，減少燃料費的浪費。

2. 製冰機之進水系統需經過濾處理，其冰鏟置於固定之容器內。

3. 預防漏水的可能性，尤其各設施之熔接處及配管連接部分需特別注意。

◆計量

1. 各營業單位以部、室、廳分別為單位加裝分表或流量表，以利追蹤考核各單位設施使用控制之成效。

2.以時間電驛自動控制各區域供電之ON-OFF，如冷氣、抽排風、照明系統等設施之使用，確實管制用電。

(二)作業要點

◆電源

1.電力需裝設自動斷電系統。

2.空班時間應確實關閉電源。

3.燈具應定期清理以提高照明度。

4.無宴會時，勿開啓空調之冷氣功能。

5.未裝滿盤碟之洗碗機，不予啓動運轉。

6.電源插頭若無持續使用之需要，應隨即拔除插頭。

7.宴會結束後，冰雕燈或展示用燈應立即關閉電源。

8.宴會開始前半小時進行音樂播放，宴會結束後立即關閉。

9.工程維護人員於非營業時間進行維修工作後，務必關閉電源。

10.宴會中，客人用電需求大時，須由工程部指導客人做配電工作。

11.宴會廚房工作人員，需注意冷凍庫、冷藏庫之溫度調節正確與否。

12.廚房食物應儘量採取彈性的集中儲存方式，僅運轉必要之冷藏、冷凍設備。

13.宴會結束後應立即進行清理，避免員工爲善後工作而有不必要之低效率逗留。

14.顧客若有提前半夜進場布置之需求時，仍應按照宴會廳一般規定，避免開啓所有燈具。

◆水

1. 水龍頭如有損壞，須儘快通知維修部門。
2. 各場所之清潔應避免使用熱水，而儘量以冷水沖洗。
3. 使用水時，水量應調至中小量以避免大量耗水的浪費。

◆瓦斯

1. 瓦斯使用完畢後，須確實關閉開關。
2. 瓦斯須裝設自動遮斷器、警報器、瓦斯偵漏器。
3. 使用瓦斯時，應留意用火開關之火勢，非烹調時段必須將母火熄滅。
4. 爐灶上之瓦斯噴嘴須定時清理，時時保持乾淨，以確保瓦斯完全燃燒。

◆整體維護

1. 鍋爐儘量採用熱泵或太陽能，以節省能源費用的開銷。
2. 抽排油煙設備附自動水洗設備，採末端靜電處理。
3. 下班時須檢查水、電、瓦斯及公共場所開關，並定期檢修。
4. 排水溝整齊清潔無異味，並設有截油槽，採生菌分解，每日清潔紀錄。
5. 工程維護人員應定期檢查空調設備之冰水、熱水及蒸氣管路的保溫是否確實。

◆事務費用

1. 人事部應於新進員工職前訓練時加強宣導各項節約費用。
2. 宴會部門內部使用之非正式書面文件，應充分利用回收紙。
3. 盡可能將訊息繕打於紙張上，並藉由e-mail或line方式傳達；盡量使用市內電話，避免使用手機以減少電話上費用的開銷。

4.將各種節約能源方式，以條例說明方式納入工作手冊內，使基層員工瞭解實施方法。此外，新進員工進行教育訓練時，亦可將此課程排入，讓新進人員熟悉飯店設施之操作。

三、器皿耗損費用之控制

宴會廳對於新進員工、洗盤員及工讀生皆需進行充分訓練，務必使其在實務操作上具備正確認知，以減少不必要的損失。除了相關工作訓練外，主管人員可採收益比例之觀念，闡明任何器皿若遇損壞需以加倍宴會生意方能彌補損失的嚴重性，讓每個員工都有愛惜公物的觀念，小心謹慎地處理每一件器皿。至於器皿耗損管理方面，大部分飯店皆以盤點時之耗損率為基準，由各單位自行管理；有些宴會廳則列有懲處的辦法，視情況予以懲戒；有些甚至公布每一器皿的價錢，使員工心生警惕。各項方法皆有其利弊得失，譬如一旦將每一器皿價格標示公布，雖有警示作用，但仍須承擔某些員工藉破壞之名行竊據之實的風險。總之，合理的器皿耗損費用控制仍應以充分訓練員工並培養員工正確觀念為主，懲戒方式則可視情況而定，無一定論。

總括上述林林總總的成本控制，無論其採用方式為何，有效的控制制度乃以達成下列目的為實行目標：

1.節約能源以使營業費用降到最低。
2.在成本範圍之內，設計出最受歡迎的菜單。
3.僱用臨時工讀生，將人事成本減至最低程度以增加營業利潤。
4.減少浪費以維持最低之食物成本率，並且提供最佳食物品質與數量。
5.訂定完善的制度培訓員工及工讀生，使其能提供更好的服務給顧客，同時能對器皿及財產方面之耗損減到最低。

 第二節　宴會部門營業預算的編列

　　宴會廳營業額之預算編列和一般餐廳具若干差異，在估計每餐座位人數、週轉率以及每餐每人平均食物和飲料的消費價格之餘，尚需考量服務費收入、場地租金收入及其他收入（含代辦費、器材租金、花材布置及各種雜項收入）等，將各項收入加總方為每月營收。事實上，編列宴會部門預算時尚需顧及酒會、外燴及茶點等收入，因此為簡化預算編列之複雜性，凡下午四點前結束之宴會編屬於午餐時段，下午四點以後結束之宴會則編屬於晚餐時段，另外將早上、下午及晚上開會時所使用的茶點（coffee break）均歸入午茶時段。筆者以哲恩大飯店營業情況，編列預算表一份，供讀者參考（**表3-1**）。由於宴會廳隨著時節不同而有淡旺季之分，所以在編列營業預算時，便需考慮農曆年、農曆7月、孤鸞年以及閏月等特殊時節、民間習俗因素所導致的消費傾向，進行預算編列之適度調整，說明如下：

一、農曆年

　　農曆年對中國人而言，無疑是重大節慶之一，許多餐宴的消費習性亦隨農曆年節而有所不同。通常，農曆年前一個月往往是尾牙和結婚喜宴最多的時候，宴會廳幾乎天天客滿；但農曆年過後的半個月內，生意就遠不如農曆年前的盛況。尤其在除夕至初五這段期間，宴會廳除非做特別的促銷活動，否則宴會廳幾乎門可羅雀，由此可知掌握農曆年節月份之重要性。在編列年度預算時，由於使用的曆制為國曆，因此首先必須瞭解每年農曆年節所對應的陽曆月份，再加以編列。例如，民國107年農曆正月初一為107年的2月16日，108年農曆正月初一則為108年2月5日，以此兩農曆年節所對應的月份看來，108年

表3-1　2019年哲恩大飯店營業目標預算表

部(室)別:宴會部

2019年		一月份	二月份	三月份	四月份	五月份	六月份	七月份	八月份	九月份	十月份	十一月份	十二月份	年總計
來客數	早餐	9,450	5,042	8,000	6,750	7,400	6,700	8,650	5,100	7,000	9,200	8,200	9,200	90,692
	午餐	5,300	3,000	6,440	5,800	6,500	6,200	7,200	7,500	7,500	5,600	6,200	6,500	73,540
	晚餐	14,830	8,410	11,800	10,400	11,200	10,000	12,300	7,500	9,000	13,800	11,950	13,400	134,590
	開會	12,400	6,000	12,200	11,800	12,200	11,500	13,200	14,000	15,000	12,500	14,000	11,400	146,200
	來客費總計	41,980	22,452	38,440	34,750	37,300	34,400	41,350	35,100	38,700	41,100	40,350	40,300	445,022
平均消費額	早餐(食品)	1,450	1,380	1,380	1,380	1,380	1,380	1,380	1,380	1,380	1,380	1,380	1,450	1,391.67
	(飲料)	150	140	140	140	140	140	140	140	140	140	140	150	141.67
	(總計)	1,600	1,520	1,520	1,520	1,520	1,520	1,520	1,520	1,520	1,520	1,520	1,600	1,533.34
	午餐(食品)	300	300	300	300	300	300	300	300	300	300	300	300	300
	(飲料)													
	(總計)	300	300	300	300	300	300	300	300	300	300	300	300	300
	晚餐(食品)	1,700	1,600	1,600	1,600	1,600	1,600	1,600	1,500	1,500	1,600	1,600	1,700	1,600
	(飲料)	250	200	200	200	200	200	200	200	200	200	200	250	208.33
	(總計)	1,950	1,800	1,800	1,800	1,800	1,800	1,800	1,700	1,700	1,800	1,800	1,950	1,808.33
	食品總計	3,450	3,280	3,280	3,280	3,280	3,280	3,280	3,180	3,180	3,280	3,280	3,450	3,291.67
	飲料總計	400	340	340	340	340	340	340	340	340	340	340	400	350
	消費額總計	3,850	3,620	3,620	3,620	3,620	3,620	3,620	3,520	3,520	3,620	3,620	3,850	3,641.67
營業目標收入	早餐(食品)	13,702,500	6,957,960	11,040,000	9,315,000	10,212,000	9,246,000	11,937,000	7,038,000	9,660,000	12,696,000	11,316,000	13,340,000	126,213,330
	(飲料)	1,417,500	705,880	1,120,000	945,000	1,036,000	938,000	1,211,000	714,000	980,000	1,288,000	1,148,000	1,380,000	12,848,330
	(總計)	15,120,000	7,663,840	12,160,000	10,260,000	11,248,000	10,186,000	13,148,000	7,752,000	10,640,000	13,984,000	12,464,000	14,720,000	139,061,660
	午餐(食品)	1,590,000	900,000	1,932,000	1,740,000	1,950,000	1,860,000	2,160,000	2,250,000	2,250,000	1,680,000	1,860,000	1,890,000	22,062,000
	(飲料)	0	0	0	0	0	0	0	0	0	0	0	0	0
	(總計)	1,590,000	900,000	1,932,000	1,740,000	1,950,000	1,860,000	2,160,000	2,250,000	2,250,000	1,680,000	1,890,000	1,890,000	22,062,000
	晚餐(食品)	25,211,000	13,456,000	18,880,000	16,640,000	17,920,000	16,000,000	19,680,000	11,250,000	13,500,000	22,080,000	19,120,000	22,780,000	215,344,000
	(飲料)	3,707,500	1,682,000	2,360,000	2,080,000	2,240,000	2,000,000	2,460,000	1,500,000	1,800,000	2,760,000	2,390,500	3,350,000	28,039,140
	(總計)	28,918,500	15,138,000	21,240,000	18,720,000	20,160,000	18,000,000	22,140,000	12,750,000	15,300,000	24,840,000	21,510,000	26,130,000	243,383,140
	食品總計收入	40,503,500	21,313,960	31,852,000	27,695,000	30,082,000	27,106,000	36,237,000	20,538,000	25,410,000	36,456,000	32,296,000	38,100,000	363,619,330
	飲料總計收入	5,125,400	2,387,880	3,480,000	3,025,000	3,276,000	2,938,000	3,671,000	2,214,000	2,780,000	4,048,000	3,538,000	4,730,000	40,887,470
	服務費收入	3,516,252	1,816,151	2,945,000	2,750,000	2,680,000	2,520,000	3,300,000	2,200,000	2,250,000	3,600,000	2,845,000	3,500,000	33,922,403
	租金收入	2,800,000	1,600,000	2,560,000	2,400,000	2,800,000	3,000,000	3,100,000	3,200,000	3,200,000	3,500,000	3,360,000	3,000,000	34,520,000
	其他收入	1,685,320	680,000	1,220,000	1,120,000	1,200,000	1,080,000	1,480,000	500,000	700,000	1,900,000	1,520,000	1,800,000	14,885,320
	營業總收入	53,630,472	26,357,991	42,057,000	36,990,000	40,038,000	36,644,000	47,788,000	28,652,000	34,340,000	49,504,000	43,559,000	51,130,000	490,690,463

元月份之預算將是該年度中最高的一個月份，2月份則相對稍差一些。同理可證，107年2月份的生意自然較108年2月份佳，畢竟107年之農曆年節位在2月16日，過年前尚有兩星期的尾牙和結婚宴席可做，以此類推便較易掌握農曆年前及年後之預算編列所需考量之因素。

二、農曆7月

農曆7月，俗稱鬼月，國人有避諱於此月份舉辦喜宴的傾向，宴會廳之營業狀況因而深受影響。所以宴會部門在編列預算時，便需考量農曆7月所對應的國曆月份，稍做調整。譬如107年農曆7月是在107年的國曆8月11日至9月9日之間，108年農曆7月則是在國曆8月1日至8月29日間。如上所述，107年的農曆7月有十八天是在國曆8月份，而108年則有二十九天是在國曆8月份，由此可知宴會廳於108年國曆8月份的營業業績將會比107年國曆8月份為低，但108年國曆9月份業績則會較107年國曆9月份為佳，這些因素皆可作為編列預算的重要參考指標。但目前國內很多宴會廳或辦喜宴的餐廳，會利用促銷優惠方式，只要結婚新人在農曆七月宴請賓客就給予特別優惠價格，也吸引不少結婚新人在農曆7月宴請賓客，這也是目前編列預算時須考慮的地方。

三、孤鸞年

國人在傳統的風俗習慣中，儘量避免在孤鸞年裡舉辦婚禮，因此每逢孤鸞年的年度，宴會廳結婚喜宴也就相對減少一些。這種特殊風俗所產生的影響，在北部以外地區較為明顯，在編列預算時也是需考量的因素之一。

四、閏月

國人一般而言比較不喜歡在閏月結婚，例如筆者以前曾經服務之飯店在閏月期間之內，飯店內竟無任何結婚喜宴舉辦。經調查瞭解之後，發現南部其他飯店也都遭遇一樣的情況，至於北部的飯店雖仍有婚宴舉行，但也較往常少，所以在編列預算之際，是否恰逢閏月也是需要考慮到的因素之一。

第三節　宴會廳各項費用支出及營業淨利的編列

一、宴會部門各項費用及營業淨利之比較分析

由於宴會廳負責餐飲部門中大宗酒席與國際性會議之舉辦，因此稱宴會廳為餐飲部門最賺錢的一個單位也不為過。宴會廳經營成敗攸關餐飲部門生計，為維持宴會廳之營業利潤，其成本控制便需依該部門之特殊性做合理及有效的調整。人事成本方面，宴會廳除一些固定的基本員工編制外，於大型宴會或宴會場次較多時，再視需要大量採用以時計薪之臨時工讀生，所以在人事費用之成本比率會比一般餐廳為低。此外，宴會廳固定成本的存在亦使營業額深深影響宴會廳部門利潤，只要營業額越高，宴會廳的平均部門利潤便隨之增加。一般而言，宴會廳的年平均部門利潤（Gross of Income，簡稱GOI），約在30～50%左右，但若以月份看來，因宴會廳營業額落差比一般餐廳大，便常有高低落差懸殊的情況，比如在營業額高的月份，宴會部門的月利潤有時可高達50%以上，但一遇營業額差的月份，GOI也有低

113

於30%的可能。在說明宴會廳各項費用支出預算及利潤編列之前，先就**表3-2**及**表3-3**哲恩大飯店宴會廳1月份及8月份（鬼月）損益表所呈現之收支情況，以表格的方式分析比較此兩個月份之損益表所顯示營業額與營業成本、營業費用的實際關係，並試說明該項費用支出之合理性，期能增加讀者對部門營業淨利實務操作的瞭解，進而從中獲知編列支出預算及利潤時所需考量之處，探討如**表3-4**說明。

二、宴會廳各項費用支出及利潤的編列

由上述分析及實際損益表中不難推論出——當營業額越高時，部門的相對利潤（GOI）也會越高。而宴會廳在支出方面可分為下列幾項主要支出項目，包括營業成本及營業費用（如薪資、水費、部門費用）等支出費用，其所包含之各項支出細目如下：

(一)營業成本之支出

包括食物成本、飲料成本及其他成本。

(二)薪資及人事費用的支出

包括正式員工薪資、津貼、年終獎金、各類獎金、臨時工資、勞保、健保、團保、伙食、醫療費、職工退職金、員工人事費及員工教育訓練費等。

(三)消耗性用品支出

包括清潔用品、紙類用品、顧客用品（如餐巾紙、口布紙、杯墊等）、電腦用品、酒吧及廚房用品（如酒吧中用以調酒的一些特殊材料及廚房裝飾餐盤用之材料等）及其他用品等。

表3-2　哲恩大飯店宴會廳一月份損益表

科目	月預算 54,041,724	%			
食物收入	40,780,820	75.46%	設備及器具租金	43,200	0.08%
飲料收入	4,188,060	7.75%	停車場租金	260,200	0.48%
服務費收入	3,815,724	7.06%	轉撥成本至客房費用	205,490	0.38%
場租收入	3,302,800	6.11%	公共區域清潔分攤	220,000	0.41%
其他收入	1,954,320	3.62%	消毒費	6,500	0.01%
營業總收入	54,041,724	100.00%	裝飾費	23,000	0.04%
營業淨收入	**54,041,724**	**100.00%**	垃圾清運費	24,000	0.04%
食物成本	12,690,300	31.12%	推廣—美工費	78,600	0.15%
飲料成本	677,611	16.18%	花材費用	1,494,000	2.76%
其他（含佣金）成本	-		推廣—廣告費	75,000	0.14%
成本合計	**13,367,911**	**24.74%**	旅行社佣金	-	0.00%
◎營業毛利	**40,673,813**	**75.26%**	試菜費	46,000	0.09%
薪資	2,905,820	5.38%	音樂（樂團）	14,579	0.03%
津貼	142,317	0.26%	軟體維護費	12,890	0.02%
年終獎金	242,152	0.45%	其他費用	18,201	0.03%
各類獎金（年節及績效）	375,000	0.69%	**部門費用小計**	**2,521,660**	**4.67%**
臨時工資	2,383,080	4.41%	文具印刷	44,200	0.08%
勞保	164,030	0.30%	差旅費	16,400	0.03%
團保	4,000	0.01%	交通費	21,800	0.04%
健保	163,580	0.30%	運費	102,000	0.19%
伙食	456,920	0.85%	電話費	66,000	0.12%
醫療費	3,859	0.01%	郵票	10,100	0.02%
員工人事費	3,430	0.01%	FAX	18,920	0.04%
職工退職金	317,334	0.59%	交際費	57,800	0.11%
員工教育訓練費	50,000	0.09%	洗衣費	594,250	1.10%
薪資及人事費用合計	**7,211,522**	**13.34%**	會議費	40,000	0.07%
清潔用品	60,420	0.11%	雜項購置費	15,200	0.03%
顧客用品	216,510	0.40%	其他	20,450	0.04%
紙類用品	50,210	0.09%	**一般費用小計**	**1,007,120**	**1.86%**
廚房、酒吧用品	6,080	0.01%	**營業費用合計**	**12,228,332**	**22.63%**
電腦用品	6,500	0.01%	**◎營業淨利**	**28,445,481**	**52.64%**
其他用品	12,170	0.10%	餐飲部門費用分攤	1,262,695	2.34%
用品費小計	**351,890**	**0.65%**	後勤單位費用分攤	3,435,180	6.36%
磁器破損	100,520	0.19%	稅捐保險折舊費用分攤	4,505,978	8.34%
玻璃器皿破損	28,600	0.05%	**分攤費用合計**	**9,203,853**	**17.03%**
銀器損耗	27,230	0.05%	**◎分攤後營業毛利**	**19,241,628**	**35.61%**
布巾破損	52,430	0.10%			
制服重置	80,500	0.15%			
重置費用小計	**289,280**	**0.54%**			
水費	162,125	0.30%			
電費	224,980	0.42%			
燃料費	192,800	0.36%			
瓦斯費	166,720	0.31%			
水電燃料費小計	**746,625**	**1.38%**			
修繕費小計	**100,235**	**0.19%**			
（續接）					

宴會管理

表3-3 哲恩大飯店宴會廳八月份損益表

科目 \ 月預算	23,556,403	%			
食物收入	14,787,950	63.31%	設備及器具租金	43,200	0.18%
飲料收入	1,721,250	7.37%	停車場租金	98,000	0.42%
服務費收入	1,243,320	5.32%	轉撥成本至客房費用	68,000	0.29%
場租收入	4,552,300	19.49%	公共區域清潔分攤	210,000	0.90%
其他收入	1,051,583	4.50%	消毒費	6,500	0.03%
營業總收入	23,356,403	100.00%	裝飾費	3,000	0.01%
營業淨收入	**23,356,403**	**100.00%**	垃圾清運費	24,000	0.10%
食物成本	5,247,900	35.49%	推廣—美工費	30,700	0.13%
飲料成本	296,400	17.22%	花材費用	660,700	2.83%
其他（含佣金）成本			推廣—廣告費	45,300	0.19%
成本合計	**5,544,300**	**23.74%**	旅行社佣金	-	0.00%
◎營業毛利	**17,812,103**	**76.26%**	試菜費	41,000	0.18%
薪資	2,789,002	11.94%	音樂（樂團）	14,579	0.06%
津貼	98,500	0.42%	軟體維護費	12,890	0.06%
年終獎金	232,417	1.00%	其他費用	16,220	0.07%
各類獎金（年節及績效）	197,600	0.85%	**部門費用小計**	**1,274,089**	**5.45%**
臨時工資	906,020	3.88%	文具印刷	55,100	0.24%
勞保	149,200	0.64%	差旅費	12,080	0.05%
團保	4,000	0.02%	交通費	19,500	0.08%
健保	144,250	0.62%	運費	87,020	0.37%
伙食	264,040	1.13%	電話費	49,008	0.21%
醫療費	-	0.00%	郵票	8,925	0.04%
員工人事費	3,108	0.01%	FAX	11,480	0.05%
職工退職金	221,701	0.95%	交際費	35,800	0.15%
員工教育訓練費	42,600	0.18%	洗衣費	330,282	1.41%
薪資及人事費用合計	**5,052,438**	**21.63%**	會議費	38,000	0.16%
清潔品	30,000	0.13%	雜項購置費	8,900	0.04%
顧客用品	118,000	0.51%	其他	13,000	0.06%
紙類用品	31,502	0.13%	**一般費用小計**	**669,095**	**2.86%**
廚房、酒吧用品	1,025	0.00%	**營業費用合計**	**8,058,741**	**34.50%**
電腦用品	3,890	0.02%	**◎營業淨利**	**9,753,362**	**41.76%**
其他用品	16,000	0.30%	餐飲部門費用分攤	985,000	4.22%
用品費小計	**200,417**	**0.86%**	後勤單位費用分攤	3,002,584	12.86%
磁器破損	48,450	0.21%	稅捐保險折舊費用分攤	3,804,000	16.29%
玻璃器皿破損	18,450	0.08%	**分攤費用合計**	**7,791,584**	**33.36%**
銀器損耗	21,220	0.09%	**◎分攤後營業毛利**	**1,961,778**	**8.40%**
布巾破損	32,432	0.14%			
制服重置	48,340	0.21%			
重置費用小計	**168,892**	**0.72%**			
水費	112,340	0.48%			
電費	279,000	1.19%			
燃料費	106,000	0.45%			
瓦斯費	98,000	0.42%			
水電燃料費小計	**595,340**	**2.55%**			
修繕費小計	**98,470**	**0.42%**			
（續按）					

表3-4　哲恩大飯店一月份與八月份各項費用支出及損益比較分析

	一月份		八月份		說明
	金額	比率	金額	比率	
營業收入	$54,041,724	100%	$23,556,403	100%	1月份營業額較8月份營業額增加$30,485,321營業收入。
食物成本	$12,690,300	31.12%	$5,247,900	35.49%	1月份較8月份食物成本增加$7,442,400,但因元月份營業收入亦同時大量增加,所以食物成本率從8月份的35.49%下降到1月份的31.12%。由此可知,當營業收入越高時,食物成本率也相對會降低。
薪資及相關人事費用	$7,211,522	13.34%	$5,052,438	21.63%	1.當營業收入下滑時,人事費用所占比率將相對增加,從1月份的13.34%增加到8月份的21.63%。
薪資	$2,905,820	5.38%	$2,789,002	11.94%	2.元月份薪資費用支出為$2,905,820,8月份的薪資支出為$2,789,002,兩者相較只相差$116,818。由此可知,當營業收入縱使相差3,048.5萬,固定成本之薪資費用比率變動仍不大。
臨時工資	$2,383,080	4.41%	$906,020	3.88%	3.營業額增加3,048.5萬,臨時工資增加147.7萬,僅占營業收入的2.73%。 由第2、3點綜合可知,宴會廳除了部分正職員工外,使用臨時工讀生將可節省很多人事費用開銷。
用品費用	$351,890	0.65%	$200,417	0.86%	由於營業收入增加一倍以上,費用增加151,473元乃屬合理現象,由此也可看出營業額越高,用品費用的開銷也相對的較低。
重置費用	$289,280	0.54%	$168,892	0.72%	營業收入增加,重置費用亦同時增加,跟業績有絕對的關係。
水電、瓦斯及燃料費	$746,625	1.38%	$595,340	2.55%	營業收入增加3,048.5萬,但水電、瓦斯及燃料費只增加15.1萬,由此可知水電、瓦斯及燃料費不會等比率的增加。由比率數據可知,營業額越高,所占比率會越低。
修繕費	$ 100,235	0.19%	$98,470	0.42%	修繕費和營業收入較無相對關係。
部門費用	$2,521,660	4.67%	$1,274,089	5.45%	部門費用隨營業收入增加而增加,屬合理現象。由前面分析可知,部門費用會隨營業收入增加而降低所占的比率。
一般費用	$1,007,120	1.86%	$669,095	2.86%	一般費用隨營業收入高低而增減,屬合理現象。由前面分析可知,一般費用會隨營業收入增加而降低所占的比率。
餐飲部門費用分攤	$1,262,695	2.34%	$985,000	4.22%	餐飲部門各單位依當月營業收入的比率分攤費用,但也有飯店依固定比率分擔。
後勤單位費用分攤	$3,435,180	6.36%	$3,002,584	12.86%	全館各單位依當月營業收入的比率分攤費用,當營業收入下滑時,後勤單位費用分攤所佔比率將相對增加,從1月份的6.36%增加到8月份的12.86%。
稅捐、保險及折舊分攤	$4,505,978	8.34%	$3,804,000	16.29%	稅捐全館各單位依當月營業收入的費用計算,保險及折舊各單位依年度提撥固定的金額,再依每個月營業收入來做攤提分配。
分攤後營業淨利（GOP）	$19,241,628	35.61%	$1,961,778	8.40%	營業收入增加3,048.5萬,但分攤後的營業淨利卻高達1,924萬,由此可知達到損益平衡後,營業績越高,淨利將越高。

(四)重置費用支出

　　包括磁器破損、玻璃器皿破損、銀器損耗、布巾破損及制服重置等費用。

(五)水電燃料費用支出

　　包括水費、電費、燃料費、瓦斯費等。

(六)修繕費用支出

　　包括電器用品、燈泡、家具、桌椅及一切財產之修理等費用。

(七)部門費用支出

　　包括設備及器具租金、停車場租金、轉撥成本至客房費用、公共區域清潔分攤費用、消毒費、裝飾費、垃圾清運費、推廣—美工費、花材費、推廣—廣告費、試菜費、音樂（樂團）、軟體維護費及其他費用等。

(八)一般費用支出

　　包括文具印刷費、差旅費、交通費、運費、電話費、傳真費、郵票、交際費、洗衣費、會議費、雜項購置費等。

(九)分攤費用支出

　　包括分內部轉帳支出與支援單位費用。

◆內部轉帳支出

　　例如使用客房作為結婚喜宴新郎新娘休息房間時，必須將房間的費用（客房費用的計算方式由各旅館客房部門與宴會部門互相協商訂定轉帳金額），由宴會廳內部轉帳到客房部門，此部分費用將列入宴會廳的部門費用來支出。

◆支援單位費用

1. 餐飲部門費用分攤：是指餐飲部門支援單位之人事費用及一切事務費用等開支，例如餐飲部門辦公室人員、行政主廚、中央廚房、點心房、餐務部等沒有營業收入的單位，均由餐飲部門生產單位依比例來分攤費用。

2. 後勤單位費用分攤：是指餐飲部門及客房部門以外的支援單位之人事費用及一切事務費用等開支，例如總經理室、財務部、人事部、工程部、採購部、安全室等沒有營業收入的單位，均由餐飲部門生產單位及客房部門依比例來分攤費用。

3. 稅捐、保險、折舊分攤：稅捐是依全館各營業單位之營業收入及營業面積計算繳納各項稅捐；保險是由各營業單位依營業收入或面積之比率分攤全館之保險費用；折舊是各單位依自己的固定資產在法定年度內每個月攤提固定金額折舊費用。

編列宴會廳各項支出費用及利潤時，必須先將總收入扣掉5%的加值營業稅（Value Added Tax，簡稱VAT），再行編列各項支出費用及營業毛利。以第二節哲恩大飯店2019年的營業目標預算收入$490,690,463為例，必須先扣掉5%的VAT後才算實際收入，意即將$490,690,463／（1＋5%）＝$467,324,250，其實際收入便為$467,324,250。瞭解編列各項支出費用及利潤之概要後，接著便以哲恩大飯店的實際營業收入為例，提出一份哲恩大飯店2018年1～12月份各項支出費用及營業利潤的實際報表供參考，讀者可斟酌參照以幫助瞭解未來宴會廳各項支出費用及利潤預算之編列（**表3-5**至**表3-8**）。

表3-5　宴會部一月份至三月份營業收入、各項費用支出及營業淨利表

科目　月預算	一月份 54,041,724	%	二月份 27,324,554	%	三月份 44,628,769	%
食物收入	40,780,820	75.46%	21,335,000	78.08%	33,203,224	74.40%
飲料收入	4,188,060	7.75%	1,838,210	6.73%	3,515,384	7.88%
服務費收入	3,815,724	7.06%	1,531,824	5.61%	2,734,568	6.13%
場租收入	3,302,800	6.11%	1,491,000	5.46%	3,548,075	7.95%
其他收入	1,954,320	3.62%	1,128,520	4.13%	1,627,518	3.65%
營業總收入	54,041,724	100.00%	27,324,554	100.00%	44,628,769	100.00%
營業淨收入	54,041,724	100.00%	27,324,554	100.00%	44,628,769	100.00%
食物成本	12,690,300	31.12%	7,261,452	34.04%	10,627,356	32.01%
飲料成本	677,611	16.18%	369,080	20.08%	583,600	16.60%
其他（含佣金）成本	-					
成本合計	13,367,911	24.74%	7,630,532	27.93%	11,210,956	25.12%
◎營業毛利	40,673,813	75.26%	19,694,022	72.07%	33,417,813	74.88%
薪資	2,905,820	5.38%	2,784,560	10.19%	2,784,560	6.24%
津貼	142,317	0.26%	122,074	0.45%	130,047	0.29%
年終獎金	242,152	0.45%	232,047	0.85%	232,047	0.52%
各類獎金（年節及績效）	375,000	0.69%	147,500	0.54%	256,952	0.58%
臨時工資	2,383,080	4.41%	1,000,400	3.66%	1,925,600	4.31%
勞保	164,030	0.30%	152,030	0.56%	152,030	0.34%
團保	4,000	0.01%	4,000	0.01%	4,000	0.01%
健保	163,580	0.30%	142,520	0.52%	142,520	0.32%
伙食	456,920	0.85%	277,960	1.02%	383,000	0.86%
醫療費	3,859	0.01%	1,202	0.00%	3,200	0.01%
員工人事費	3,430	0.01%		0.00%	6,500	0.01%
職工退職金	317,334	0.59%	227,098	0.83%	282,610	0.63%
員工教育訓練費	50,000	0.09%	30,900	0.11%	42,200	0.09%
薪資及人事費用合計	7,211,522	13.34%	5,122,291	18.75%	6,345,266	14.22%
清潔用品	60,420	0.11%	43,000	0.16%	50,700	0.11%
顧客用品	216,510	0.40%	116,300	0.43%	190,338	0.43%
紙類用品	50,210	0.09%	43,120	0.16%	47,080	0.11%
廚房、酒吧用品	6,080	0.01%	2,100	0.01%	4,230	0.01%
電腦用品	6,500	0.01%	1,200	0.00%	1,390	0.00%
其他用品	12,170	0.10%	14,040	0.19%	14,330	0.13%
用品費小計	351,890	0.65%	219,760	0.80%	308,068	0.69%
磁器破損	100,520	0.19%	66,210	0.24%	89,000	0.20%
玻璃器皿破損	28,600	0.05%	22,000	0.08%	27,600	0.06%
銀器損耗	27,230	0.05%	17,236	0.06%	21,236	0.05%
布巾破損	52,430	0.10%	39,432	0.14%	36,432	0.08%
制服重置	80,500	0.15%	60,230	0.22%	65,200	0.15%
重置費小計	289,280	0.54%	205,108	0.75%	239,468	0.54%
水費	162,125	0.30%	132,560	0.49%	134,593	0.30%
電費	224,980	0.42%	194,238	0.71%	184,296	0.41%
燃料費	192,800	0.36%	147,800	0.54%	153,800	0.34%
瓦斯費	166,720	0.31%	98,350	0.36%	122,780	0.28%
水電燃料費小計	746,625	1.38%	572,948	2.10%	595,469	1.33%
修繕費小計	100,235	0.19%	46,860	0.17%	184,000	0.41%
設備及器具租金	43,200	0.08%	43,200	0.16%	43,200	0.10%
停車場租金	260,000	0.48%	144,900	0.53%	178,320	0.40%
轉撥成本至客房費用	205,490	0.38%	81,900	0.30%	126,800	0.28%
公共區域清潔分攤	220,000	0.41%	210,000	0.77%	210,000	0.47%
消毒費	6,500	0.01%	6,500	0.02%	6,500	0.01%
裝飾費	23,000	0.04%	25,102	0.09%	12,800	0.03%
垃圾清運費	24,000	0.04%	24,000	0.09%	24,000	0.05%
推廣－美工費	78,600	0.15%	35,521	0.13%	58,200	0.13%
花材費用	1,494,000	2.76%	830,000	3.04%	1,197,234	2.68%
推廣－廣告費	75,000	0.14%	25,000	0.09%	35,600	0.08%
旅行社佣金	-	0.00%		0.00%	28,000	0.06%
試菜費	46,000	0.09%	22,500	0.08%	21,500	0.05%
音樂（樂團）	14,579	0.03%	14,579	0.05%	14,579	0.03%
軟體維護費	12,890	0.02%	12,890	0.05%	12,890	0.03%
其他費用	18,201	0.03%	14,200	0.05%	20,200	0.05%
部門費用小計	2,521,660	4.67%	1,490,292	5.45%	1,990,643	4.46%
文具印刷	44,200	0.08%	25,300	0.09%	42,000	0.09%
差旅費	16,400	0.03%		0.00%	21,500	0.05%
交通費	21,800	0.04%	27,200	0.10%	27,658	0.06%
運費	102,000	0.19%	66,000	0.24%	95,200	0.21%
電話費	66,000	0.12%	47,500	0.17%	57,000	0.13%
郵票	10,100	0.02%	6,800	0.02%	4,202	0.01%
FAX	18,920	0.04%	12,740	0.05%	17,520	0.04%
交際費	57,800	0.11%	25,800	0.09%	35,320	0.08%
洗衣費	594,250	1.10%	342,000	1.25%	484,817	1.09%
會議費	40,000	0.07%	27,840	0.10%	32,200	0.07%
雜項購置費	15,200	0.03%	12,300	0.05%	13,230	0.03%
其他	20,450	0.04%	9,520	0.03%	12,030	0.03%
一般費用小計	1,007,120	1.86%	603,000	2.21%	842,677	1.89%
營業費用合計	12,228,332	22.63%	8,260,259	30.23%	10,505,591	23.54%
◎宴會廳營業淨利	28,445,481	52.64%	11,433,763	41.84%	22,912,222	51.34%
餐飲部門費用分攤	1,262,695	2.34%	1,086,835	3.98%	1,063,834	2.38%
後勤單位費用分攤	3,435,180	6.36%	2,901,200	10.62%	3,238,740	7.26%
稅捐保險折舊費用分攤	4,505,978	8.34%	3,804,000	13.92%	4,302,000	9.64%
分攤合計	9,203,853	17.03%	7,792,035	28.52%	8,604,574	19.28%
◎分攤後營業淨利	19,241,628	35.61%	3,641,728	13.33%	14,307,648	32.06%

表3-6　宴會部四月份至六月份營業收入、各項費用支出及營業淨利表

科目　　　月預算	四月份	%	五月份	%	六月份	%
	34,775,368	%	37,812,362	%	33,839,930	%
食物收入	24,843,658	71.44%	26,999,650	71.40%	23,802,380	70.34%
飲料收入	2,850,730	8.20%	3,365,430	8.90%	2,843,700	8.40%
服務費收入	2,563,210	7.37%	2,693,832	7.12%	2,492,500	7.37%
場租收入	3,059,880	8.80%	3,201,450	8.47%	3,289,000	9.72%
其他收入	1,457,890	4.19%	1,552,000	4.10%	1,412,350	4.17%
營業總收入	34,775,368	100.00%	37,812,362	100.00%	33,839,930	100.00%
營業淨收入	**34,775,368**	**100.00%**	**37,812,362**	**100.00%**	**33,839,930**	**100.00%**
食物成本	8,065,400	32.46%	8,689,540	32.18%	7,853,420	32.99%
飲料成本	520,520	18.26%	576,969	17.14%	495,400	17.42%
其他（含佣金）成本						
成本合計	**8,585,920**	**24.69%**	**9,266,509**	**24.51%**	**8,348,820**	**24.67%**
◎**營業毛利**	**26,189,448**	**75.31%**	**28,545,853**	**75.49%**	**25,491,110**	**75.33%**
新資	2,819,320	8.11%	2,729,320	7.22%	2,742,630	8.10%
津貼	114,230	0.33%	108,740	0.29%	104,120	0.31%
年終獎金	234,943	0.68%	227,443	0.60%	228,853	0.68%
各類獎金（年節及績效）	246,940	0.71%	223,560	0.59%	224,120	0.66%
臨時工資	1,565,780	4.50%	1,608,900	4.25%	1,447,460	4.28%
勞保	150,040	0.43%	146,840	0.39%	147,820	0.44%
團保	4,000	0.01%	4,000	0.01%	4,000	0.01%
健保	142,360	0.41%	141,360	0.37%	141,240	0.42%
伙食	334,200	0.96%	347,580	0.92%	324,060	0.96%
醫療費	895	0.00%	452	0.00%	-	0.00%
員工人事費	4,120	0.01%	-		2,160	0.01%
職工退職金	263,106	0.76%	260,293	0.69%	251,405	0.74%
員工教育訓練費	40,200	0.12%	40,200	0.11%	40,200	0.12%
新資及人事費用合計	**5,920,134**	**17.02%**	**5,838,688**	**15.44%**	**5,659,568**	**16.72%**
清潔用品	34,900	0.10%	38,020	0.10%	36,720	0.11%
顧客用品	164,800	0.47%	180,200	0.48%	168,400	0.50%
紙類用品	46,900	0.13%	42,021	0.11%	40,760	0.12%
廚房、酒吧用品	3,240	0.01%	2,102	0.01%	900	0.00%
電腦用品	3,800	0.01%	4,460	0.01%	6,400	0.02%
其他用品	14,580	0.18%	15,780	0.18%	18,226	0.23%
用品費小計	**268,220**	**0.77%**	**282,583**	**0.75%**	**271,406**	**0.80%**
磁器破損	71,060	0.20%	79,050	0.21%	68,950	0.20%
玻璃器皿破損	24,600	0.07%	23,600	0.06%	21,800	0.06%
銀器損耗	22,236	0.06%	26,230	0.07%	22,230	0.07%
布巾破損	34,430	0.10%	35,432	0.09%	33,432	0.10%
制服重置	55,800	0.16%	55,700	0.15%	55,700	0.16%
重置費用小計	**208,126**	**0.60%**	**220,012**	**0.58%**	**202,112**	**0.60%**
水費	128,960	0.37%	123,900	0.33%	124,300	0.37%
電費	178,630	0.51%	192,140	0.51%	214,600	0.63%
燃料費	148,856	0.43%	152,000	0.40%	138,520	0.41%
瓦斯費	101,070	0.29%	123,691	0.33%	113,200	0.33%
水電燃料費小計	**557,516**	**1.60%**	**591,731**	**1.56%**	**590,620**	**1.75%**
修繕費小計	**102,100**	**0.29%**	**47,500**	**0.13%**	**112,000**	**0.33%**
設備及器具租金	43,200	0.12%	43,200	0.11%	43,200	0.13%
停車場租金	144,120	0.41%	166,050	0.44%	145,200	0.43%
轉撥成本至客房費用	142,000	0.41%	160,635	0.42%	149,440	0.44%
公共區域清潔分攤	210,000	0.60%	210,000	0.56%	210,000	0.62%
消毒費	6,500	0.02%	6,500	0.02%	6,500	0.02%
裝飾費	8,600	0.02%	6,000	0.02%	4,500	0.01%
垃圾清運費	24,000	0.07%	24,000	0.06%	24,000	0.07%
推廣－美工費	53,800	0.15%	44,160	0.12%	37,800	0.11%
花材費用	1,172,560	3.37%	1,270,353	3.36%	1,164,900	3.44%
推廣－廣告費	21,000	0.06%	52,010	0.14%	36,000	0.11%
旅行社佣金	-	0.00%		0.00%		0.00%
試菜費		0.00%		0.00%	18,430	0.05%
音樂（樂團）	14,579	0.04%	14,579	0.04%	14,579	0.04%
軟體維護費	12,890	0.04%	12,890	0.03%	12,890	0.04%
其他費用	15,500	0.04%	18,720	0.05%	15,400	0.05%
部門費用小計	**1,868,749**	**5.37%**	**2,029,094**	**5.37%**	**1,882,839**	**5.56%**
文具印刷	38,423	0.11%	42,100	0.11%	46,165	0.14%
差旅費	126,240	0.36%	-	0.00%	-	0.00%
交通費	25,420	0.07%	23,919	0.06%	20,091	0.06%
運費	46,840	0.13%	46,481	0.12%	39,370	0.12%
電話費	48,200	0.14%	50,221	0.13%	44,280	0.13%
郵票	5,620	0.02%	1,560	0.00%	731	0.00%
FAX	12,420	0.04%	15,120	0.04%	12,860	0.04%
交際費	36,000	0.10%	38,610	0.10%	45,600	0.13%
洗衣費	428,348	1.23%	435,600	1.15%	412,213	1.22%
會議費	11,200	0.03%	14,800	0.04%	12,580	0.04%
雜項購置費	11,200	0.03%	16,540	0.04%	14,510	0.04%
其他	11,402	0.03%	13,240	0.04%	18,540	0.05%
一般費用小計	**801,313**	**2.30%**	**698,191**	**1.85%**	**666,940**	**1.97%**
營業費用合計	**9,726,158**	**27.97%**	**9,707,799**	**25.67%**	**9,385,485**	**27.73%**
◎**宴會廳營業淨利**	**16,463,290**	**47.34%**	**18,838,054**	**49.82%**	**16,105,625**	**47.59%**
餐飲部門費用分攤	1,103,840	3.17%	1,083,620	2.87%	1,032,500	3.05%
後勤單位費用分攤	3,132,840	9.01%	3,105,200	8.21%	2,974,000	8.79%
稅捐保險折舊費用分攤	4,003,620	11.51%	4,129,768	10.92%	3,909,341	11.55%
分攤費用合計	**8,240,300**	**23.70%**	**8,318,588**	**22.00%**	**7,915,841**	**23.39%**
◎**分攤後營業淨利**	**8,222,990**	**23.65%**	**10,519,466**	**27.82%**	**8,189,784**	**24.20%**

表3-7 宴會部七月份至九月份營業收入、各項費用支出及營業淨利表

科目	七月份	%	八月份	%	九月份	%
月預算	43,747,916		23,556,403		36,462,750	
食物收入	31,989,540	73.12%	14,787,950	63.31%	25,348,000	69.52%
飲料收入	4,117,544	9.41%	1,721,250	7.37%	3,090,150	8.47%
服務費收入	2,803,012	6.41%	1,243,320	5.32%	2,558,000	7.02%
場租收入	3,005,820	6.87%	4,552,300	19.49%	3,882,000	10.65%
其他收入	1,832,000	4.19%	1,051,583	4.50%	1,584,600	4.35%
營業總收入	43,747,916	100.00%	23,356,403	100.00%	36,462,750	100.00%
營業淨收入	43,747,916	100.00%	23,356,403	100.00%	36,462,750	100.00%
食物成本	10,238,722	32.01%	5,247,900	35.49%	8,255,297	32.57%
飲料成本	754,399	18.32%	296,400	17.22%	548,702	17.76%
其他（含佣金）成本						
成本合計	10,993,121	25.13%	5,544,300	23.74%	8,803,999	24.15%
◎營業毛利	32,754,795	74.87%	17,812,103	76.26%	27,658,751	75.85%
薪資	2,815,864	6.44%	2,789,002	11.94%	2,809,364	7.70%
津貼	113,020	0.26%	98,500	0.42%	108,600	0.30%
年終獎金	234,655	0.54%	232,417	1.00%	234,114	0.64%
各類獎金（年節及績效）	260,804	0.60%	197,600	0.85%	266,300	0.73%
臨時工資	1,984,040	4.54%	906,020	3.88%	1,526,600	4.19%
勞保	150,050	0.34%	149,200	0.64%	150,020	0.41%
團保	4,000	0.01%	4,000	0.02%	4,000	0.01%
健保	145,620	0.33%	144,250	0.62%	142,560	0.39%
伙食	403,200	0.92%	264,040	1.13%	345,680	0.95%
醫療費		0.00%		0.00%		0.00%
員工人事費	2,569	0.01%	3,108	0.01%	2,954	0.01%
職工退職金	287,994	0.66%	221,701	0.95%	260,158	0.71%
員工教育訓練費	42,600	0.10%	42,600	0.18%	42,600	0.12%
薪資及人事費用合計	6,444,417	14.73%	5,052,438	21.63%	5,892,950	16.16%
清潔用品	51,320	0.12%	30,000	0.13%	46,900	0.13%
顧客用品	189,630	0.43%	118,000	0.51%	170,800	0.47%
紙類用品	43,205	0.10%	31,502	0.13%	42,750	0.12%
廚房、酒吧用品	8,050	0.02%	1,025	0.00%	3,210	0.01%
電腦用品	8,390	0.02%	3,890	0.02%	2,100	0.01%
其他用品	16,179	0.16%	16,000	0.30%	16,208	0.20%
用品費小計	316,774	0.72%	200,417	0.86%	281,968	0.77%
磁器破損	89,400	0.20%	48,450	0.21%	71,040	0.19%
玻璃器皿破損	21,050	0.05%	18,450	0.08%	21,600	0.06%
銀器損耗	23,456	0.05%	21,220	0.09%	25,236	0.07%
布巾破損	46,740	0.11%	32,432	0.14%	40,432	0.11%
制服重置	56,640	0.13%	48,340	0.21%	56,000	0.15%
重置費用小計	237,286	0.54%	168,892	0.72%	214,308	0.59%
水費	138,540	0.30%	112,340	0.48%	123,450	0.34%
電費	246,300	0.56%	279,000	1.19%	276,400	0.76%
燃料費	126,200	0.35%	106,000	0.45%	124,200	0.34%
瓦斯費	136,521	0.29%	98,000	0.42%	114,560	0.31%
水電燃料費小計	647,561	1.48%	595,340	2.55%	638,610	1.75%
修繕費小計	170,449	0.39%	98,470	0.42%	101,158	0.28%
設備及器具租金	43,200	0.10%	43,200	0.18%	43,200	0.12%
停車場租金	203,320	0.46%	98,000	0.42%	145,800	0.40%
轉撥成本至客房費用	166,810	0.38%	68,000	0.29%	147,220	0.40%
公共區域清潔分攤	210,000	0.48%	210,000	0.90%	210,000	0.58%
消毒費	6,500	0.01%	6,500	0.03%	6,500	0.02%
裝飾費	2,508	0.01%	3,000	0.01%	57,280	0.16%
垃圾清運費	24,000	0.05%	24,000	0.10%	24,000	0.07%
推廣－美工費	51,500	0.12%	30,700	0.13%	46,380	0.13%
花材費用	1,409,640	3.22%	660,700	2.83%	1,160,630	3.18%
推廣－廣告費	65,000	0.15%	45,300	0.19%	146,200	0.40%
旅行社佣金		0.00%		0.00%		0.00%
試菜費	25,400	0.06%	41,000	0.18%		0.00%
音樂（樂團）	14,579	0.03%	14,579	0.06%	14,579	0.04%
軟體維護費	12,890	0.03%	12,890	0.06%	12,890	0.04%
其他費用	21,000	0.05%	16,220	0.07%	18,430	0.05%
部門費用小計	2,256,347	5.16%	1,274,089	5.45%	2,033,109	5.58%
文具印刷	47,955	0.11%	55,100	0.24%	51,200	0.14%
差旅費		0.00%	12,080	0.05%	112,520	0.31%
交通費	24,600	0.06%	19,500	0.08%	22,830	0.06%
運費	42,800	0.10%	87,020	0.37%	59,950	0.16%
電話費	48,532	0.11%	49,008	0.21%	53,105	0.15%
郵票	3,841	0.01%	8,925	0.04%	4,554	0.01%
FAX	16,500	0.04%	11,480	0.05%	14,250	0.04%
交際費	48,790	0.11%	35,800	0.15%	51,610	0.14%
洗衣費	451,710	1.03%	330,282	1.41%	468,300	1.28%
會議費	37,500	0.09%	38,000	0.16%	46,200	0.13%
雜項購置費	7,800	0.02%	8,900	0.04%	18,600	0.05%
其他	15,600	0.04%	13,000	0.06%	15,230	0.04%
一般費用小計	745,628	1.70%	669,095	2.86%	918,349	2.52%
營業費用合計	10,818,462	24.73%	8,058,741	34.50%	10,080,452	27.65%
◎宴會廳營業淨利	21,936,333	50.14%	9,753,362	41.76%	17,578,299	48.21%
餐飲部門費用分攤	1,046,250	2.39%	985,000	4.22%	987,440	2.71%
後勤單位費用分攤	3,106,452	7.10%	3,002,584	12.86%	3,204,264	8.79%
稅捐保險折舊費用分攤	4,154,000	9.50%	3,804,000	16.29%	3,964,930	10.87%
分攤費用合計	8,306,702	18.99%	7,791,584	33.36%	8,156,634	22.37%
◎分攤後營業淨利	13,629,631	31.15%	1,961,778	8.40%	9,421,665	25.84%

表3-8　宴會部十月份至十二月份及總計營業收入、各項費用支出及營業淨利表

科目	月預算 十月份	%	十一月份	%	十二月份	%	總合	%
	50,621,282		41,596,230		47,632,630		476,039,918	
食物收入	37,088,580	73.27%	29,665,300	71.32%	34,741,200	72.63%	344,585,302	72.39%
飲料收入	4,470,002	8.83%	3,471,020	8.34%	4,142,100	8.66%	39,613,580	8.32%
服務費收入	3,534,000	6.98%	2,701,010	6.49%	3,266,400	6.83%	31,937,400	6.71%
場租收入	3,569,200	7.05%	4,070,000	9.78%	3,802,500	7.95%	40,774,025	8.57%
其他收入	1,959,500	3.87%	1,688,900	4.06%	1,880,430	3.93%	19,129,611	4.02%
營業總收入	50,621,282	100.00%	41,596,230	100.00%	47,832,630	100.00%	476,039,918	100.00%
營業淨收入	**50,621,282**	**100.00%**	**41,596,230**	**100.00%**	**47,832,630**	**100.00%**	**476,039,918**	**100.00%**
食物成本	11,767,020	31.73%	9,500,857	32.03%	10,998,998	31.66%	111,196,262	32.27%
飲料成本	800,300	17.90%	641,602	18.48%	754,399	18.21%	7,018,982	1.47%
其他（含佣金）成本								0.00%
成本合計	**12,567,320**	**24.83%**	**10,142,459**	**24.38%**	**11,753,397**	**24.57%**	**118,215,244**	**24.83%**
◎營業毛利	38,053,962	75.17%	31,453,771	75.62%	36,079,233	75.43%	357,824,674	75.17%
新資	2,814,520	5.56%	2,782,420	6.69%	2,782,420	5.82%	33,559,800	7.05%
津貼	148,000	0.29%	125,200	0.30%	132,000	0.28%	1,446,848	0.30%
年終獎金	234,543	0.46%	231,868	0.56%	231,868	0.48%	2,796,651	0.59%
各類獎金（年節及績效）	325,040	0.64%	274,200	0.66%	468,400	0.98%	3,266,416	0.69%
臨時工資	2,066,470	4.08%	1,722,400	4.14%	1,960,000	4.10%	20,096,750	4.22%
勞保	144,002	0.28%	140,345	0.34%	144,640	0.30%	1,791,047	0.38%
團保	4,000	0.01%	4,000	0.01%	4,000	0.01%	48,000	0.01%
健保	148,890	0.29%	147,950	0.36%	147,950	0.31%	1,750,800	0.37%
伙食	383,955	0.76%	343,600	0.83%	365,400	0.76%	1,438,635	0.30%
醫療費	3,650	0.01%	1,200	0.00%	2,800	0.01%	17,258	0.00%
員工人事費	652	0.00%	4,500	0.01%	8,600	0.02%	38,593	0.01%
職工退職金	292,859	0.58%	270,289	0.65%	284,545	0.59%	3,219,393	0.68%
員工教育訓練費	48,090	0.09%	45,120	0.11%	58,600	0.12%	46,200	0.01%
新資及人事費用合計	**6,614,672**	**13.07%**	**6,093,093**	**14.65%**	**6,591,224**	**13.78%**	**69,516,391**	**14.60%**
清潔費	44,200	0.09%	42,800	0.10%	47,210	0.10%	526,190	0.11%
顧客用品	231,860	0.46%	219,640	0.53%	218,066	0.46%	2,184,544	0.46%
紙類用品	48,900	0.10%	46,800	0.11%	47,000	0.10%	530,248	0.11%
廚房、酒吧用品	-	0.00%	4,520	0.01%	1,280	0.00%	36,737	0.01%
電腦用品	18,890	0.04%	5,370	0.01%	30,800	0.06%	116,129	0.02%
其他用品	23,900	0.20%	20,800	0.22%	19,600	0.18%	201,813	0.04%
用品費小計	**367,750**	**0.73%**	**339,930**	**0.82%**	**363,956**	**0.76%**	**3,595,661**	**0.76%**
磁器破損	104,500	0.21%	81,000	0.19%	92,100	0.19%	961,280	0.20%
玻璃器皿破損	35,600	0.07%	29,600	0.07%	31,600	0.07%	306,100	0.06%
銀器損耗	31,230	0.06%	24,230	0.06%	25,240	0.05%	287,010	0.06%
布巾破損	52,430	0.10%	48,430	0.12%	50,430	0.11%	493,280	0.10%
制服重置	138,000	0.27%	37,200	0.09%	58,740	0.12%	768,050	0.16%
重置費小計	**361,760**	**0.71%**	**220,460**	**0.53%**	**258,110**	**0.54%**	**2,815,720**	**0.59%**
水費	158,900	0.30%	138,000	0.33%	146,820	0.30%	1,624,488	0.34%
電費	281,000	0.56%	244,900	0.59%	254,800	0.53%	2,771,284	0.58%
燃料費	164,500	0.35%	148,900	0.36%	159,800	0.35%	1,763,376	0.37%
瓦斯費	142,300	0.29%	128,932	0.31%	140,002	0.29%	1,486,126	0.31%
水電燃料費小計	**746,700**	**1.48%**	**660,732**	**1.59%**	**701,422**	**1.47%**	**7,645,274**	**1.61%**
修繕費小計	**197,000**	**0.39%**	**52,600**	**0.13%**	**136,540**	**0.29%**	**1,348,912**	**0.28%**
設備及器具租金	43,200	0.09%	43,200	0.10%	43,200	0.09%	518,400	0.11%
停車場租金	248,000	0.49%	205,200	0.49%	224,650	0.47%	2,163,760	0.45%
轉撥成本至客房費用	290,780	0.57%	231,290	0.56%	259,800	0.54%	2,030,165	0.43%
公共區域清潔分攤	210,000	0.41%	210,000	0.50%	210,000	0.44%	2,530,000	0.53%
消毒費	6,500	0.01%	6,500	0.02%	6,500	0.01%	78,000	0.02%
裝飾費	12,508	0.02%	2,508	0.01%	28,500	0.06%	186,306	0.04%
垃圾清運費	24,000	0.05%	24,000	0.06%	24,000	0.05%	288,000	0.06%
推廣－美工費	65,800	0.13%	54,800	0.13%	56,800	0.12%	614,061	0.13%
花材費用	1,466,000	2.90%	1,380,000	3.32%	1,504,000	3.14%	14,710,014	3.09%
推廣－廣告費	75,840	0.15%	48,960	0.12%	78,200	0.16%	704,110	0.15%
旅行社佣金		0.00%		0.00%		0.00%	663,490	0.14%
試菜費	18,200	0.04%	25,200	0.06%	27,200	0.06%	245,430	0.05%
音樂（樂團）	14,579	0.03%	14,579	0.04%	14,579	0.03%	174,948	0.04%
軟體維護費	12,890	0.03%	12,890	0.03%	12,890	0.03%	274,680	0.06%
其他費用	24,100	0.05%	22,403	0.05%	27,800	0.06%	232,994	0.05%
部門費用小計	**2,512,397**	**4.96%**	**2,281,530**	**5.48%**	**2,518,119**	**5.26%**	**25,414,358**	**5.34%**
文具印刷	68,600	0.14%	54,000	0.13%	58,400	0.12%	573,443	0.12%
差旅費		0.00%		0.00%	23,140	0.05%	311,880	0.07%
交通費	19,980	0.04%	17,200	0.04%	23,448	0.05%	273,646	0.06%
運費	96,800	0.19%	71,236	0.17%	98,600	0.21%	852,297	0.18%
電話費	62,860	0.12%	62,050	0.15%	60,234	0.13%	648,990	0.14%
郵票	4,560	0.01%	4,902	0.01%	5,024	0.01%	60,819	0.01%
FAX	12,500	0.02%	18,600	0.04%	16,540	0.03%	179,450	0.04%
交際費	87,000	0.17%	61,600	0.15%	69,800	0.15%	593,730	0.12%
洗衣費	578,520	1.14%	523,400	1.26%	561,711	1.17%	5,611,151	1.18%
會議費	47,450	0.09%	46,200	0.11%	48,540	0.10%	402,510	0.08%
雜項購置費	21,540	0.04%	12,430	0.03%	12,560	0.03%	164,810	0.03%
其他	28,410	0.06%	8,960	0.02%	21,302	0.04%	187,684	0.04%
一般費用小計	**1,028,220**	**2.03%**	**880,578**	**2.12%**	**999,299**	**2.09%**	**9,860,410**	**2.07%**
營業費用合計	**11,828,499**	**23.37%**	**10,528,923**	**25.31%**	**11,568,670**	**24.19%**	**120,196,726**	**25.25%**
◎宴會廳營業淨利	26,225,463	51.81%	20,924,848	50.30%	24,510,563	51.24%	237,627,948	49.92%
餐飲部費用分攤	1,146,500	2.26%	1,038,000	2.50%	1,185,415	2.48%	13,021,929	2.74%
後勤單位費用分攤	3,201,455	6.32%	3,305,264	7.95%	3,321,042	6.94%	37,928,222	7.97%
稅捐保險折舊費用分攤	4,404,800	8.70%	4,161,234	10.00%	4,285,566	8.96%	49,429,237	10.38%
分攤費用合計	**8,752,755**	**17.29%**	**8,504,498**	**20.45%**	**8,792,023**	**18.38%**	**100,379,387**	**21.09%**
◎分攤後營業淨利	17,472,708	34.52%	12,420,350	29.86%	15,718,540	32.86%	134,747,918	28.31%

 ## 第四節　宴會促銷活動

宴會廳經營之場地成本、人事成本等固定成本相當高，一旦閒置，勢將造成龐大浪費。因此，宴會廳除一般喜慶宴會、團體會議、展示會、發表會、酒會之外，尚須做季節性促銷活動以爭取更大客源與營收，同時藉促銷平衡宴會廳旺季和淡季的營業差額。簡單的說，促銷其實便是以比較優惠之價格爭取特定客源為主要目的。畢竟許多團體由於本身預算問題，再加上對飯店抱持高價位消費的刻板印象，鮮少考慮至飯店舉辦宴會，因此飯店便需要針對某些特定團體做多樣化的專案促銷，以吸引顧客消費。一般而言，飯店會依不同時令、節慶、特殊活動，甚至飯店本身經營的需求等，設計各類促銷活動，本節將以宴會廳較常推出的促銷專案做簡單介紹。

一、年終尾牙及春酒專案

許多公司行號習慣於藉尾牙或春酒以犒賞員工一年來的辛勞，針對這項消費需求，宴會廳便於每年農曆年前二個月左右及農曆年後一個月左右，推出年終尾牙與春酒的促銷專案，以吸引廣大消費群。為達促銷目的，此類專案宴席起價約比一般平常價位低二至四成左右，並隨桌附贈部分酒和飲料無限暢飲供顧客飲用，另外尚提供「特惠酒水價」予顧客選擇。若宴會桌數達到一定數量時，通常飯店會另外提供獎品供摸彩之用。**圖3-1**及**圖3-2**分別為年終尾牙及春酒促銷專案的廣告實例，為典型的促銷專案模式。做這些促銷專案廣告時，其廣告之文宣內容不必過於詳盡，而以能吸引顧客注意為前提，其餘宴會優惠細節則可待與顧客接洽時，再詳細告知，以免因優惠內容太優渥而引起業界的惡性競爭，或因供應條件太差而乏人問津。

圖3-1　漢來春酒尾牙專案❶

圖片提供：漢來大飯店

HI-LAI FOODS

呷 尾牙 飲 春酒

2017 12/1(五) ▶ 2018 3/31(六)

尾牙春酒菜譜

鴻運五福美拼皿	漢來五福美單品
油魚子. 紹興醉雞. 掛爐烤鴨. 芥末沙拉冰卷. 五味鮮貝	烏魚子. 蔥茸烤鴨. 川味口水雞. 桂蝦美人腿. 梅漬番茄
紅燒發財蝦仁羹	義式羅勒海鮮皿
滋補山藥浸海蝦	紅燒雪蛤海皇羹
飄香古法海石斑	圓籠荷葉海草蝦
唐朝一品香刈包	梅干菜脯蒸海斑
麻香雙寶燉米糕	蓬萊八珍燒全雞
金銀蛋田園時蔬	香酥軟蟹扣米糕
蟲草蒜子燉全雞	鮑片響螺四寶盅
精緻中西雙美點	港式八寶甜芋泥
蓬萊四季鮮果皿	蜜汁時果拼葡塔
【每席】	【每席】
NT$10,800+10% /10位	NT$12,000+10% /10位

漢來大飯店
GRAND HI-LAI HOTEL

高雄市前金區成功一路266號
No. 266, Cheng-Kung 1st Road, Kaohsiung, Taiwan (R.O.C.)
訂席專線：(07)213-5799　傳真電話：(07)215-3032

圖3-2　漢來春酒尾牙專案菜單

圖片提供：漢來大飯店

二、謝師宴專案

　　針對地區性高中職以上之畢業班，宴會廳於每年4月初至7月底期間提出謝師宴促銷活動。為減少廣告費用的開支，飯店可用寄發DM的方式送達各校班聯會會長，直接進行促銷。此促銷專案之目的，不僅為增加飯店營收，更是飯店開拓客源的利器之一。因為一般謝師宴專案採取較平常優惠的價格以吸收學生消費族群，使學生有機會提早嘗試在飯店辦宴會的經驗，並同時對飯店設施有所瞭解。日後，這些學生便理所當然的成為飯店積極爭取的一群潛在客源。謝師宴專案通常有中式宴席及西式自助餐的形式可供選擇，並隨桌附贈部分飲料供顧客飲用，其餘設備（如舞池、音響、接待桌、投影機及麥克風等）的提供則視飯店訂定的優惠內容而定，**圖3-3**為謝師宴專案的宣傳單，可自行參照。

三、平日喜宴促銷專案

　　由於宴會服務具備不可儲存性，服務無法被保存下來，留到其他時段使用，故宴會廳針對服務的此種特性，於平日週一至週四時段推出婚宴優惠專案，起桌價格以比平常一般宴席的價位低約兩至四成，吸引新人願意前來消費。對消費者來說，飯店的此種促銷方式可讓對價格較敏感或預算有限但仍想在五星級飯店舉行婚宴的新人，多一個選擇機會；對飯店而言，不僅能提升使用率，也能藉由顧客在平日的消費以填滿平常日的空檔，增加營收。所以，在雙方各蒙其利的互惠原則下，宴會廳可先將提供優惠的日期標示出來作為促銷，如**圖3-4**所示。

圖3-3　漢來謝師宴專案

圖片提供：漢來大飯店

圖3-4　平日喜宴促銷幸福甜蜜專案

圖片提供：漢來大飯店

四、農曆7月促銷專案

　　農曆7月又俗稱鬼月，中國人視爲諸事不宜的月份，所以每年農曆7月往往爲飯店宴會廳最難吸引顧客上門的季節，在此月份中，宴會廳喜宴的舉辦比平常月份少了很多，因此宴會廳會針對農曆7月提出婚宴促銷案，對舉辦婚宴或補請婚宴的顧客給予特別的優惠價格來吸引一些省錢的族群，增加婚宴的營收。另外由於鬼月的關係對飯店營收產生很大的影響。所以宴會廳可針對此一生意清淡的月份，舉行特別促銷活動以增加場租收入，比如各種類型大展或婚紗大展，亦或舉辦特別節目來做促銷，如舉辦各種不同年代的說書宴、知名影歌星表演等，使宴會廳得以藉販賣餐點及銷售門票之收入來彌補鬼月之業績。除了特殊活動及節目的舉辦外，有些飯店的宴會廳爲增加農曆7月的營業額，便利用鬼月至中秋節期間，全力拜訪各公司行號及社團，大量促銷中秋月餅，此舉亦可得到不錯的促銷成效。

五、中式及西式情人節促銷專案

　　每年國曆2月14日以及農曆7月7日分別爲西洋情人節與七夕情人節，由於西風東漸以及媒體炒作，近年來國人已逐漸有過情人節的趨勢。宴會廳正可鎖定各個消費族群，設計不同的情人節套餐或舞會等促銷專案，吸引顧客前往消費。至於2月14日的西洋情人節，由於該日頗具紀念性，有些顧客便會刻意選擇這一天舉辦婚禮、喜宴；而此時也正當是年終或農曆年初時節，宴會廳可能有尾牙或春酒的舉行，所以西洋情人節促銷專案的伸縮彈性相對較大。意即倘若2月14日當天宴會廳並未被預訂，或是宴會消費金額不夠高，無法比擬情人節特殊活動的收益，宴會廳則可舉辦情人節特別節目作爲應景專案，例如推出情人節舞會套餐，結合飯店與婚紗禮服公司，除了餐食的供應外，更搭配禮服公司在現場替情人拍攝紀念照。另外還可邀請相關廠商，例如旅行社、航空公司等，提供摸彩獎品供顧客摸彩，做聯合促銷。而這些情人節客戶所留下的資料，正是飯店及其他廠商最直接的潛在客戶。

六、母親節及父親節之促銷活動

由於大宗結婚酒席的收入要比節日專案收入來得多，因此宴會廳僅於節日前一個月仍未賣出時，方用以籌備母親節及父親節的促銷活動。設計母親節促銷專案時，因母親節在星期日，所以便可利用當天中午和晚上做全家福自助餐或全家福桌菜來進行銷售。除了節日當天的宴會專案外，為吸引顧客提前在母親節到來之前至飯店消費，可以採用「消費滿一定金額即贈送餐飲禮券」的促銷方式，如此一來，便可增加顧客來店次數，增加營收。此外，母親節促銷活動的設計尚須考量女性有較多的「素食」人口，所以若母親節恰逢農曆初一及十五之吃素日，則顧客多半會選擇提前慶祝，因此飯店便可調整促銷方式，不需以贈禮券方式來吸引客源。同樣的，如果8月8日父親節正好是例假日，亦可比照母親節方式來辦理；但如果是在非假日，因白天大家都需上班，故以白天做促銷時段往往成效不彰，最好僅在晚上做促銷即可。總之，這類節慶促銷專案於設計之際，務必留意該節日有無與特定時日重疊，作適當調整，方能真正達到促銷目的。

七、聖誕節促銷專案

12月25日為聖誕節，宴會廳便可於每年12月15日至30日做聖誕晚會促銷活動。然則聖誕節畢竟是外國人的節日，外商公司又偏好於聖誕節期間舉辦年終宴會或聖誕晚會宴請員工，所以此活動大部分都針對外商公司進行促銷。至於本地公司則採用尾牙或春酒專案宴請員

工。由於尾牙與聖誕節促銷活動時間有若干重疊，因此尾牙期間，宴會廳便常出現一位難求的盛況。但若於12月24日聖誕夜之前一個月，宴會廳尚未有客戶預訂，或是預訂宴會之消費金額不夠高，無法達到舉辦聖誕節特殊活動的收益，便可考慮辦聖誕舞會。當然，聖誕舞會的價位將比平常高很多，所以聖誕節晚會、舞會等節慶活動之舉辦，的確能帶給宴會廳一筆可觀的收入。

八、除夕圍爐專案

除夕夜，一向是中國人全家大小團圓聚餐的時刻，在傳統的過節方式中，但見主婦們從年前忙到年後不停的穿梭於爐灶之間，爲張羅團圓飯精疲力盡，然則近年來，已有許多家庭不願終年忙碌的母親連年節都不得空閒，而選擇至飯店享受精緻美味又省時省力的年夜飯。鑑於除夕夜外食人口日益激增，許多宴會廳便看好該消費市場，大力推行除夕圍爐專案之促銷活動，以各式烹調美味的應景佳餚與象徵好彩頭的菜餚名稱，營造出除夕夜圍爐歡樂溫馨的氣氛（如圖3-5）。對顧客而言，除夕夜至飯店吃團圓飯，不但免去事前張羅及飯後收拾善後的辛勞，更能藉機享受飯店所提供的精緻美食與完善服務；對宴會廳而言，則可將年節這段原本生意較爲清淡的時間，做較有效的利用，增加營收，兩全其美。此外，有些飯店於年節期間，以飯店既有資源從事「外帶」的賣餐方式，將一些平日僅見於餐館的菜餚，提供顧客外帶回家享用，例如名菜「佛跳牆」便是飯店經營外帶方式的主力產品，頗受大眾喜愛。這種外帶餐飲的經營方式，不僅滿足了現代人省時省力又喜好享受的需求，更不違除夕夜在家團圓用餐的習俗，不失爲飯店促銷的方法之一。

圖3-5　除夕圍爐專案

圖片提供：漢來大飯店

九、特殊餐宴促銷專案

在推出季節性專案外，宴會廳尚可依生意狀況，促銷一些高單價宴席，將宴會廳備置的高級食材，匯集中、西主廚拿手絕活，烹調出一道道經典佳餚，抓住饕家的胃。此類特殊餐宴不僅悉數採用上選食材，精心烹調，餐中更以頂級葡萄酒與名茱相伴，再輔以精心設計的音樂節目安排，營造現場氣氛，將整體用餐氣氛提升至身心享受的境界。此類精饌名宴，雖名為促銷專案，然而其價位每客通常高達一萬元至兩萬元不等，所以每年只適合舉辦一次或兩次，並僅針對特定客人做促銷活動。**圖3-6**為漢來大飯店所舉辦的漢來精饌名宴實例，為特殊餐宴促銷專案的典型範例。

十、會議促銷專案

一般而言，宴會廳中午時段的生意通常較差，所以便可常年性的推出會議專案以促銷會議生意。此種專案包括提供開會場地、午餐、會議間茶點及視聽器材等一切開會所需之相關服務與設備。對於由外地前來開會的顧客，宴會廳亦可結合客房，推出另一會議專案，提供客人住宿、早餐及機場接送等等。由於宴會廳經營存在固定成本，所以舉辦宴會時，宴會廳通常以與會人數做不同區段的收費，於某一既定人數範圍內的個人單價一律相同，如**圖3-7**之會議專案資料所示。此收費標準乃由於場租費用分擔的結果，然則此類會議專案的收費仍將隨人數增加而減少每個人的費用。要注意的是，會議的宴會廳使用皆不含晚間，因為宴會廳需將晚上場地預留，以做宴會使用之分配。此外，會議之午餐若採用西式自助餐方式，則與會人數需限定最少達五十人，否則食物成本將增加，不利宴會廳經營。

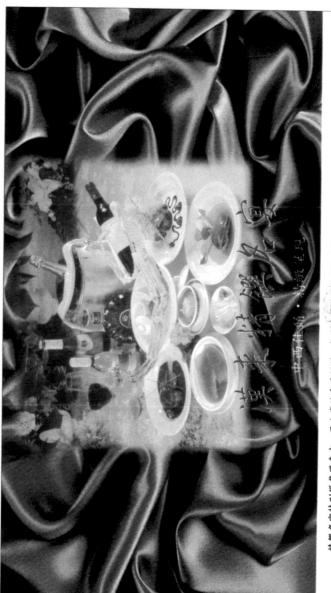

精饌名宴特別匯集漢桌中、西主廚的拿手絕活，徹出廚藝精華：黑松露鵝肝、大尾頭蚱蝇、帝王巨裝蟶、螃皇極品鮑、香栗燉蛋及義式乳酪雞、上選食材、燴大蝦的精華，為您烹調出一道道美佳餚，再搭配上世界頂級葡萄酒Charles Heidsieck、Late Harvest Sauvignon Blanc、Piesporter Michelsberg、Les Forts de Latour 及 Remy Martin XO。

餐桌上最耀眼的「昌鑽」—漢來精饌名宴，敬邀所有美食行家蒞臨品鑑！

圖3-6　精饌名宴

圖片提供：漢來大飯店

漢來大飯店
GRAND HI-LAI HOTEL

9F宴會廳會議專案

🕐 收費標準 週一～週日

全天
◆ 25位-29 位 NT$ 1,750 每人/每天
◆ 30位-45 位 NT$ 1,650 每人/每天
◆ 46位-70 位 NT$ 1,550 每人/每天
◆ 71位-200位 NT$ 1,450 每人/每天

半天
◆ 25位-29 位 NT$ 1,250 每人/每天
◆ 30位-45 位 NT$ 1,200 每人/每天
◆ 46位-70 位 NT$ 1,150 每人/每天
◆ 71位-200位 NT$ 1,100 每人/每天

★以上均須外加10%服務費★

📖 專案內容

會議廳之使用-全天
自 9:00AM 至 16:30PM 止。(午餐一次)

會議廳之使用-半天
自 9:00AM至12:00PM止 或
13:30PM至16:30PM止。(午餐or晚餐一次)

會間茶點-全天
上午及下午各一次

會間茶點-半天
上午或下午任一次

★包括咖啡、茶及西式餅乾、法式小點、水果塔★

用餐地點
於9F國際宴會廳使用中式合菜或西式自助餐,欲採西式自助餐者,人數須達50位以上

💻 視聽器材及各項服務

◆音響設備。
◆免費提供螢幕及單槍投影機。
◆白板及筆。
◆講桌。
◆二支無線麥克風。

◆開會用紙及鉛筆。
◆礦泉水。
◆免費停車券
(依實際消費額,每500元提供1小時)。

⚙ 場地使用

◆80位以下可使用金冠廳或金鶴廳或金銀廳。
◆90~100 位可使用金寶廳。
◆110~200位可使用金冠廳及金鶴廳或金鶴廳及金銀廳。
◆場地使用,視當時訂席實際情況做調整及安排。

★本專案2018年1月1日-2018年12月31日適用★

高雄市前金區成功一路266號 訂席專線:(07)213-5799 傳真電話:(07)215-3032

圖3-7 會議促銷專案

圖片提供:漢來大飯店

註　釋

❶圖3-1至圖3-7部分，以漢來大飯店曾經做過的促銷活動爲例說明，由
漢來大飯店提供。

宴會管理

Note

第4章

宴會作業流程

　　宴會服務成功與否，取決於宴會負責單位的「組織能力」，意即任何宴會若能事前做好妥善規劃，勢必可以水到渠成，順利完成宴會活動。就功能而言，宴會部門可分為「業務」與「執行服務」兩大單位，業務單位負責招攬顧客，執行服務單位負責達成顧客所要求之服務。在目前飯店競爭日益激烈的情況下，兩者皆不可偏廢。一般而言，宴會在做好業務推廣以後，接著便應著手開始銷售作業，最後結束於執行服務。在此過程中，有其既定步驟可循，為方便說明起見，本章節將宴會作業流程分為十二個步驟進行說明。宴會流程步驟依序為，洽詢、預約、確認及簽定訂席合約書、場地擺設與規劃、發布宴會通知單、再次確認、各單位工作計畫的擬定、宴會場地布置、服務工作的執行、帳單結清、追蹤以及建檔共十二個步驟，分述於以下各節。❶

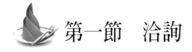
第一節　洽詢

　　舉辦宴會，顧客所採取的第一個步驟便是向所屬意之宴會經營單位詢問宴會相關資訊，其洽詢的方式大約可分為三種：來電、書信（e-mail）或親自前往洽詢。一般顧客提出的問題不外乎場地是否有空、宴會費用的計算方式、宴會廳規模大小、宴會廳相關機器設備、菜單內容、最低消費額（餐食及飲料）、現場配置圖、訂金以及宴會活動相關廠商資料之取得等。面對諸如此類的問題，宴會部門業務訂席人員須仔細向顧客說明，盡力掌握每一筆可能的生意機會。

　　首先，一旦得悉顧客有舉辦宴會之意願，業務訂席人員最好能邀請顧客親自到宴會廳現場看場地。畢竟只藉著電話進行解說，無實體可供參考，經常無法讓顧客真正瞭解宴會場地的實際狀況，反而使其對場地的認識模糊不清，不論業務訂席人員如何詳盡介紹場地的完善，顧客也難以體會。因此，盡量邀請客人親臨宴會廳面對面解說，由業務訂席人員就現場設備清楚地為其解答問題，不但可以增加說服力，讓顧客更易接受，並可使承辦宴會的成功機率大為增加。然而若顧客不克前往，飯店亦可考慮請宴會部之業務訂席人員親自登門拜訪。一般來說，宴會生意大概有75%是自己找上門來的，另外25%則有賴於業務人員進行促銷活動，主動爭取客源。

　　在洽詢的過程中，負責接洽的訂席人員必須備妥足夠的資料供顧客參考，例如場地圖、容量表、租金一覽表、飲料價目表及器材租借表等（**圖4-1**、**表4-1**至**表4-4**）。接受洽詢時，首先要讓客戶瞭解場地大小和形狀，即使顧客已親臨現場，業務訂席人員仍需準備場地圖，為其解說。由於不同桌數與不同形態的宴會所適合的廳別不盡相同，因此宴會廳設有許多不同隔局的場地圖以因應顧客需求。例如，席設五十桌和十桌的宴會，其適合舉辦宴會的空間大小之場地理當有別，因此不同的宴會廳別便可提供顧客針對自身需求進行選擇。至於中式宴席、自助餐、酒會、晚宴、舞會或會議等不同類型的宴會活動，亦需配合與宴人數，決定適合採用之宴會房間。另外，開會場地的擺設型態，如U字型、教室型或劇院型的桌椅排列方式，也會影響該廳別之賓客容量。所有宴會廳別對於不同宴會類型之容量，皆應詳細敘述於宴會部提供的場地圖和容量表中，方便顧客參考。

　　此外，一般較具規模的旅館都會事先設定好所有資料數據，比如宴會廳屋頂挑高程度、房間長寬及總面積等。這些資料不但能使顧客進一步瞭解整個宴會廳的情況，也有助於顧客構思場地的擺設。因此在洽詢過程中，業務訂席人員務必充分提供一些宴會廳相關資料給顧客。除既定資訊的傳達外，業務訂席人員本身對資料內容亦須瞭解透澈，以隨時解答顧客對宴會舉辦的疑問。

　　顧客在瞭解宴會廳場地情況後，通常會繼續詢問關於場租的問題，因此場地租金價目表也必須一併提供給顧客。場租依時段區分而有不同的收費標準，每時段大致是3～3.5小時。一天分為三個時段，早上時段為8:30～12:00，下午時段為13:00～16:30，晚上時段為18:00～21:30。租金在白天（早上和下午）的定價一律相同，但晚間時段則為白天收費的2.5～3倍左右。然則就宴會廳經營而言，單靠場租的收入是不夠的，最主要的營業收入仍出自於餐會的舉辦。所以同一宴會場地，白天可用以租借給客戶作為開會會場，晚上則變成宴請賓客的場所。基本上，若顧客超時使用宴會廳開會，場租則須另外再計價；而顧客若需要在宴會前一晚先行進場布置第二天早上所要使用的場地，則應酌收進場布置費用。至於宴會廳場地租金價格，乃參考台灣各飯店定價，並需配合該地區市場行情而定。

　　在接受顧客查詢的過程中，宴會廳必須明訂一套標準的餐飲收費表，詳列宴會廳中所有西餐、中餐、自助餐或雞尾酒會等各類宴會活動最基本的起價表。每一張起價表皆需註明有效期限，以適時依市場行情與成本變動調整更新。諸如此類宴會資料，宴會部門都應事先準

宴會廳平面圖

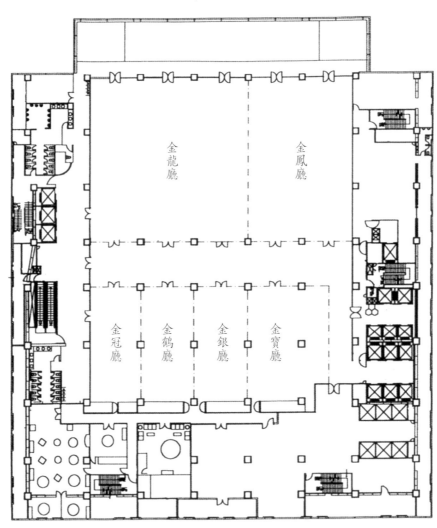

圖4-1　宴會廳平面圖

表4-1 宴會廳容量使用表

廳別 Function Room	宴會安排 Setup					面積尺寸 Dimension			挑高 Height （公尺/M）
	中式宴席 Banquet （桌數/By Table）	自助餐 Buffet （桌數/By Table）	雞尾酒會 Cocktail Party （人數/By Person）	教室型 Classroom （人數/By Person）	劇院型 Theater （人數/By Person）	寬度 W （公尺/M）	長度 L （公尺/M）	總面積 Area （平方公尺/sq.M）	
國際宴會廳 Banquet Hall	120	100	1,200	1,000	2,000	51	42	2,105	5
龍鳳廳 Golden Dragon & Phoenix	65	50	500	500	1,000	25	42	1,038	5
金龍廳 Golden Dragon	35	25	300	300	600	25	25	625	5
金鳳廳 Golden Phoenix	23	15	200	200	300	25	17	412	5
金冠廳 Room A	7	6	70	80	140	19	8	160	3
金鑽廳 Room B	7	6	70	80	140	19	8	160	3
金銀廳 Room C	7	6	70	80	140	19	8	160	3
金寶廳 Room D	9	8	100	99	160	25	11	216	3

§ 此容量表為最大容量，舞台不包括在內 §

表4-2 租金價目表

宴會廳租金價目一覽表

（單位：新台幣）

廳別 Function Room	坪數 Pings	08:30~12:00	13:00~16:30	18:00~21:30	08:30~16:30	逾時場租 Overtime (以小時計/Per Hour)	布置費用 Set Up (2小時內)
金龍廳 Golden Dragon	189	$65,000	$65,000	$148,000	$120,000	$15,000	$15,000
金鳳廳 Golden Phoenix	125	$46,000	$46,000	$102,000	$82,000	$10,000	$10,000
金冠廳 Room A	47	$16,000	$16,000	$36,000	$26,000	$3,000	$3,000
金鑽廳 Room B	48	$16,000	$16,000	$36,000	$26,000	$3,000	$3,000
金銀廳 Room C	48	$16,000	$16,000	$36,000	$26,000	$3,000	$3,000
金寶廳 Room D	66	$18,000	$18,000	$44,000	$30,000	$3,000	$3,000

§ 以上所有場租需另加10%服務費 § All prices are subject to 10% service charge.

§ 價格若有變動，恕不另行通知 § All prices are subject to charge without notice.

表4-3　飲料價目一覽表

項目 〔桌數〕	10桌以下	10桌以上	項目 〔桌數〕	10桌以下	10桌以上
精釀陳年紹興	580	480	雪碧/可樂355ml	100	
玉泉清酒	420	350	Perrier氣泡水330ml	150	
陳年紹興	420	350	新鮮現榨果汁	500（壺）	
紹興	340	280	香吉士100%柳橙汁	160	120
進口啤酒—海尼根(S) 330ml	140	80	香吉士30%柳橙汁	120	90
進口啤酒—海尼根(L) 640ml	180	120	蔓越莓	120	90
金牌啤酒600ml	160	100	30%芭樂汁	120	90
台灣青啤酒600ml	160	100	烏龍茶900ml	120	90
台灣啤酒600ml	120	80	礦泉水(S) 600ml	50	40
金門高粱58°	1,800		愛維養礦泉水500ml	140	
金門高粱38°	1,600		進口紅酒	700~950	
老酒（瓶裝）	1,000		進口白酒	700~950	
Hennessy V.S.O.P	2,500		開瓶費（國產）	400（桌）	
Hennessy X.O.	5,000		開瓶費（葡萄酒）	300（桌）	
Royal Salue 皇家禮炮	5,000		開瓶費（洋酒）	500（瓶）	
威雀	800		雞尾酒（含酒精） （每缸大約50~60杯；2.5加侖/缸）	3,000（缸）	
尊爵	3,500		雞尾酒（不含酒精） （每缸大約50~60杯；2.5加侖/缸）	2,500（缸）	
Johnnie Walker黑	1,500				
Johnnie Walker藍	6,000				
Johnnie Walker綠	2,500				
Macallan麥卡倫 12年純麥蘇格蘭威士忌	2,500				
Macallan麥卡倫 18年純麥蘇格蘭威士忌	4,800				
Chivas Revolve 1801 奇瓦士12年威士忌	1,500				
Chivas Revolve 1801 奇瓦士18年威士忌	3,000				
Chivas Revolve 奇瓦士1801威士忌（創店號）	2,500				

以上價格需另加10%服務費　　　　　　　　　　（適用日期截至：2018年06月30日止）

表4-4　電器器材租借價目表

宴會部電器器材租借價目一覽表		
項目	租金／每天	備註
雷射指揮棒	500	
活動螢幕（96"x96"）	600	
單槍液晶投影機	6,000	
電視牆	市價外租	
衣領式麥克風	800	
無線麥克風	500	
ADSL（寬頻上網）	3,500	上傳512K 下傳2M 3個固定IP
追蹤燈	3,000	
舞台聚光燈（每盞）	500	
控制人員（每小時）	500	
耳機接收器（每套）	依市價	
隔間	依市價	
電費	每度15元	
舞台	500	二張內免費
舞板（每片）	200	
平台式鋼琴	3,000	依情況可免費
電器技術人員（每小時）	500	
接待員或秘書（每小時）	400	
影印（A4）	5	B4:$8／A3:$10
移動式卡拉OK	12,000	限三小時內
會議用紙及鉛筆（每份）	30	
傳真（每張）	50	台灣地區
	150	亞洲地區
	180	美加及大洋洲地區
	200	歐洲地區

備妥當以供顧客參考，倘若顧客無法親自前來宴會廳洽詢，業務訂席人員亦需採用傳真或書信（e-mail）的方式將資料傳送給顧客，使其充分瞭解所有關於場地情況、場租定價、餐飲費用或器材使用等細目。整體而言，在洽詢的階段，外國人比較偏好以書信（e-mail）方式與宴會負責單位接洽，而中國人則較習慣使用電話洽詢。假使顧客採用書信（e-mail）的詢問方式，業務訂席人員必須負責將包括場地圖、容量表、租金一覽表、餐飲標準收費表等上述所有宴會資料傳真或e-mail給顧客，確實將宴會相關活動資訊告知顧客，以增加促成宴會生意的可能性。

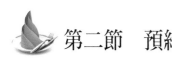

第二節　預約

　　倘若顧客有意願預約宴會，業務訂席人員便需問清楚其宴會的日期、時間、宴會名稱、性質以及聯絡人之姓名、電話，並付諸文字。此外，凡菜單內容、飲料種類、與宴人數、宴會預算、擺設方式、顧客的付款方式以及其他如花飾、活動酒吧、代支費等要求也應如實記錄。當然，在此預約步驟中，宴會部門應提供報價單給顧客，因爲大多數顧客在簽訂合約前可能還會與其他飯店進行比價。無論如何，業務訂席人員務必詳細記錄每次與顧客會商的結果，除存檔備查外，也需正確無誤地將資料傳達給其他相關人員，唯有如此，才能確保宴會的成功。

　　上述預約宴席所需的資料，爲方便記錄起見，都已囊括在宴會洽談表中（**表4-5**）。有了宴會洽談表，訂席人員與客人洽談時，便可以馬上將所有資料填妥，並將顧客的要求圈選出，等到發宴會通知單給各單位時，所有宴會需求即一目瞭然。假如顧客只是「暫訂」宴席，業務訂席單位則必須對其保持追蹤，直到顧客下訂單爲止。若顧客取消訂席，亦需詢問取消宴會的原因，並予以記錄，作爲日後改進之參考。

　　通常，除熟客及小型宴會不預收訂金外，其他所有大型宴會在預約時，都必須先繳交20%的訂金，付完訂金才表示該宴會場地確實已被訂下。否則一個大型宴會如果臨時取消，勢必對飯店造成嚴重損失，因此預收訂金對宴會廳經營單位而言，實爲一自保方式，誠屬必要。除此之外，若在原來預約宴席的顧客未付訂金之前，另有其他顧客欲訂同一場地，業務訂席人員應打電話給先預約的顧客，詢問其意願，如果顧客表示確定要使用該場地，就必須請其先至飯店繳付訂金，否則將把場地讓與下一位想預約的顧客。如果客戶所適合的宴會廳已被預訂，業務人員仍然不可輕易放棄任何生意機會，而應積極推薦其他可代替的宴會廳，或嘗試說服顧客更改宴會日期。只要業務人員永保一顆熱誠的心，往往能成功促成每筆宴會生意。

表4-5　客戶宴會洽談表

客戶名稱：					聯　絡　人：		
宴會日期：					宴會時間：		
電　　話：					傳　　真：		
收款地址：							
宴會類別：					宴會廳別：		
人數：最多　　人／桌；最少　　人／桌					E/O NO.：		

會議擺設	各式宴會擺設	器材	花卉	飲料	飲料價目
□U字型	□自助餐檯	□站立式麥克風	□主桌盆花	□開放式吧檯	＿＿＿NT$
□口字型	○桌布顏色（　）	□講台式麥克風	□長型盆花	□論杯計算	＿＿＿NT$
□長方型	白、藍、香檳、紫	□電視／錄放影機	□圓型花	□水果酒	＿＿＿NT$
□教室型	○圍裙顏色（　）	□錄音機	□桌花	□含酒精水果酒	＿＿＿NT$
□劇院型	白、藍、香檳、紫	□投影機	□自助餐檯盆花	□汽水類	＿＿＿NT$
□主席桌	□圓桌	□幻燈機	□綠色盆栽	□柳橙汁	＿＿＿NT$
□接待桌	○桌布顏色（　）	□螢幕	□舞台花布置	□紹興	
□海報架	白、藍、香檳、紫	□無線麥克風	□地毯花柱	□陳年紹興	食物價目
□馬克筆	○口布顏色（　）	□卡拉OK	□其他	□啤酒	＿＿＿NT$
□白板	白、藍、香檳、紫	□舞台聚光燈		□礦泉水	＿＿＿NT$
□指揮棒	□主桌	□追蹤燈		□專案無限量供應	＿＿＿NT$
□筆記紙	□接待桌	□噴煙機		（紅酒、啤酒、	＿＿＿NT$
□鉛筆	□背板	□三槍放映機		果汁）	＿＿＿NT$
□演講台	□結婚音樂	□其他工程支援		□其他	＿＿＿NT$
□講台	□演講台				
□名牌	□講台				
	□舞台				
	□舞池				
	□菜單				
	□名牌				
	□桌牌				
	○／每桌				
	○／每人				

雜項：	海報內容：	冰雕：
		菜單：

場　　租：		訂　　金：
手　續　費：		其他費用：
日　　期：		接　洽　人：

　　一個例行餐會、簡單的宴席，或是老主顧，通常只要一通電話便可將洽詢和預約兩步驟同時完成。然而若是比較繁瑣或較為重要的宴會，則客戶可能會先將菜單拿回去研究與比較後，再行答覆飯店。正因如此，許多飯店都會事先提供各種價位的菜單給客戶選擇。決定菜單內容時，不但要瞭解顧客預算和喜好，也須考慮季節、成本、飯店廚房器材設備以及服務技術等問題，不能隨便將菜單開給客戶。而在技術或廚房設備考量等前提下，有些宴會菜單會特別註明「本菜單適合10桌以下」或「本菜單適50桌以下」，以確保宴會順利進行。預約過程除上述所提及的各個事項外，還有一項業務訂席人員必須留意的環節，就是記錄訂席本時只能以鉛筆書寫而不能使用原子筆或鋼筆，以便隨時配合顧客需求加以更改。記錄之後，再將所有的預約資料建檔於電腦中，其中，重複訂位的問題往往在訂席時令宴會部門最感害怕，同時也最難處理。為防微杜漸，在旅館的電腦設定中，任何一個單位都可以查看宴會廳目前的訂席狀況，但唯有輸入資料者持有可更改內文之密碼。宴會具備電腦訂席系統後，便不再需要仰賴手工的訂席控制表來控制訂席，儘管如此，宴會業務訂席人員必須控制訂席的功能並未消失，只是部分工作被電腦取代而已，因為縱使客戶資料可以全部輸入電腦，但是其來往文件仍須建檔保存備查，尤其簽約文件必須在宴會結束後結帳時取出作為計價的依據，因此上述等手工處理之文件建檔工作仍然不容忽略。

　　綜觀各大飯店的宴會廳，南北兩地的宴會預約情況仍有些差異。在北部飯店的宴會廳，顧客習慣於舉辦宴會前半年甚至前一年即開始預約場地，而南部卻常在前四、五個月才向飯店預約。究其預約情況迥異的原因，蓋北部若是訂不到飯店舉辦宴會，自家巷口也不能占據以舉辦酒席；但在南部，若訂不到宴會廳場地，仍可在自家門前擺設酒席，此種在路邊搭棚大宴賓客的路邊宴會，在台北被視為違反法令規章的行為，被警方查到甚至要罰緩，然而在南部卻仍屢見不鮮。對國際化都市而言，在路旁舉辦的酒席不僅破壞市容、影響環境衛生，

更危害交通安全。

第三節 確認及簽定訂席合約書

　　雖然在預約時，業務訂席人員已經記下顧客所有的要求，但是顧客日後可能的變卦卻仍是個潛伏的問題。所以，業務訂席人員必須再將雙方所同意的事項，記錄在合約書上，並請顧客簽字以保障顧客與宴會廳自身的權利。假使顧客沒時間親自到宴會廳進行簽約手續，業務訂席人員可以藉由書面、傳真或郵寄的方式，將文件送交至顧客手中請顧客於合約書上簽字，簽妥後再傳真或郵寄回飯店以示慎重。在簽訂合約時，宴會廳通常會要求酌收訂席費用的20%作為訂金。而有些飯店便因忘記與顧客簽訂合約，因此平白蒙受許多損失。所以為了確保宴會廳的正常營運，與客人簽約是不可省略的步驟之一。舉漢來大飯店國際會議廳訂席保證金單（**表4-6**）為例，此合約書中鉅細靡遺的註明顧客基本資料、保證桌（人）數、宴會或會議的場地及時間、餐價、飲料價格、場租、器材租借費用及完整的各合約事項。其中，保證桌（人）數有上限10%的彈性，只要在保證桌（人）數上限10%的範圍內都是符合合約規定的。例如保證桌數若為六十桌，則其實際開席的桌數最高可達六十六桌，只要在這範圍內，可依實際桌數計價；若實際開桌數不足保證桌數，便由賠償或補吃來解決。此外，顧客若要求使用特定廳房，則需依照各廳別所訂的最低消費額消費，以確保飯店宴會廳的權利。該合約中的規定事項共十二項，包括：

1.宴會之確認桌（人）數應於一星期前予以確定，且確認之桌（人）數不得低於訂席保證金單所簽認之保證桌（人）數。本飯店將提供一成預備桌數，若保證桌數超過六十桌以上，最多僅提供六桌之預備桌。

表4-6　訂席保證金單

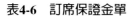

漢 來 大 飯 店
國際宴會廳訂席保證金單
住址：高雄市前金區成功一路266號
Reservation Deposit Order
電話：(07)213-5799

日　期Date：　　　年　　　月　　　日　　　　　　　　　　　　訂席保證金單號Contract No. 1060117

顧客名稱 Company / 宴會名稱 Name of Function:		
宴會日期 Year / Month / Day:		電話Tel:
公司住址 Address :		傳真Fax:
□會議 Conference	場地Location :	場租 Rental Price : NT $
	時間Time :	其他 Others :
□宴會 Banquet	場地Location :	保證桌(人)數 Table(Pax) Guaranteed
	時間Time :	餐價 Food Price NT $

◎若要求使用特定廳別，依廳別限定最低消費額，消費額僅指餐費，不含飲料及一成服務費。
Any specific room requirement shall be according to the specific lowest consumption limitation.
The consumption price indicate only for dinner,excluding drinks and 10 % service charge.

金鳳廳 Golden　　　Phoenix NT $ 300,000　　　金龍廳　Golden Dragon　NT $ 500,000
龍鳳廳 Golden Dragon&Phoenix NT $ 840,000　　國際宴會廳 Ball Room　　NT $ 1,400,000

宴會擺設及相關事宜 Arrangements Decoration & Other Instructions :	新人大名(請書寫正楷)
	新郎　　　　　新娘
	□□□□ □□□□

合約事項Contract Issues

1. 宴會之確認桌(人)數應於一星期前予以確認，且確認之桌(人)數不得低於訂席保證金單中確認之保證桌(人)數。本飯店所提供喜宴預備桌數如下：
保證桌數10-19 桌提供 1 桌預備桌；保證桌數20-29 桌提供 2 桌預備桌，保證桌數30桌以上提供 3 桌預備桌。
The total number of confirmed guest(s) /table(s) shall be no less than the number of Reserved Tables stated in the Reservation Deposit Order one week in advance.We will prepare additional table(s) as a contingency forlast-minute additional guest(s), and please refer to the details as follows: within 29 reserved tables,2 tables will be prepared as contingency tables ; over 30 reserved tables,maximum of 3 tables will beprepared as contingency tables.

2. 宴會結束後，若實際用之桌(人)數未達確認桌(人)數時，本飯店仍依確定桌(人)數收費。我們提供兩種方式選擇
(1)未達保證之桌數，顧客可於1個月內補消費(地點：9樓福園台菜餐廳)。若未到局之桌數超出確認桌之一成時，超超出一成之桌數酌收半價賠價，且不得補消費。
(2)未達保證之桌數以3.5折計算。且不得補消費；若未達保證之桌數超出確認桌之一成以上時，到超出一成之桌數酌收半價賠價，且不得補消費。
After the banquet is finished, if actual dinner table(s)(guests) is below guaranteed table(s)(guest) number, the charge will still be based on the reservtion table(s)(guests). We offer two options forguarantee tabl(s)issue and please refer to the details as follows:
(1)Any unconsumed table(s) id allowed extending consumption in one month.
(2)All unconsumed table(s) shall be compensated in 65% off price and not allowed exending consumption.

3. 凡喜宴之帳款，請於宴會結束當天以現金或銀行本票付清，喜宴發票至可開立2聯式。
Any wedding dinner shall be paid by cash or banker's order after the dinner is finished.

4. 如因故取消訂席，所支付之訂金不予退回。如於宴會舉行日前60天取消者，應補償補飯店之損失（保證消費額之一半）。
Any reservation deposit is not refundable in any situations; any cancellation 60 days prior to the dinner party shall be charged half of the guaranteed consuming price of the hotel loss.

5. 各種類型之宴會均嚴禁攜帶外食(candy bar)及啤酒，若自備紅酒則收300元清潔費或烈酒則酌收酒水服務費。
Any types of dinner party are strictly prohibited to bring any food from outside, and any self-providing wine shall be charged corkage.

6. 不得於活動場地燃放爆竹、煙火、仙女棒等易燃物，且不得噴灑飄飄樂、金粉、亮光片、酸花瓣等受壓器無法清除之物品。
Any combustible items such as firecracker,
firework, flip-flap and anything that cannot be clean by vacuum cleaner (sush as golden dust, light chip...)are prohibited in the hall.

7. 為避免損壞，顧客使用釘槍、雙面膠、圖釘、螺絲等任何可能傷害場裝潢設備之物品。要於活動後，保持會場完整，且如有損壞本飯店之裝潢或器材等設備，需負賠償責任。
Any staple gun, double-side tape, nail screw or anything than may cause damages to the conference hall is strictly prohibited. After the activity is finished, it is important to keep the conference hall in undamaged condition. Any damage of Hotel original decoration or equipment shall be responsible for the reparation.

8. 宴會所需之電器設備，請事先協商安裝事項。電費依現場國際配線狀況及用電量收費，會前透場佈置及電路配置請於二週前告知，以利配合。
All necessary electronic equipment installation shall be informed in advance. Electronic charge shall be according to the actual electronic cable distribution and usage. Any entrance decoration andelectronic cable placement shall be informed two weeks before the activity.

9. 本訂席保證金單視同契約，經雙方簽認後生效。
The reservation deposit is considered as formal contract, and will be effective after the signatures of both partres.

10. 請勿攜帶寵物。
No pets are allowed.

11. 會場全面禁止吸菸。
Somking is prohibited in all arcas.

12. 禁用空拍機。
Drone is prohibited in banquet hall.

訂 金 金 額 Deposit:	□ 現金Cash	□ 匯款Remittance	□ 刷卡Credit Card	卡 別：
NT$	□ 支票Check			
		到期日 Due Date	開票銀行 Pay Bank	支票號碼 Check No.

第一聯：(白)訂席組留存　　第二聯：(黃)客戶留存　　第三聯：(桃)外場留存　　第四聯：(藍)出納留存　　第五聯：(綠)總出納留存

顧客簽名Customer　　　　訂席專員Banquet Coordinator　　　　出納Cashier　　　　總出納General Cashier

2.宴會結束後，若實際用餐之桌（人）數未達確認桌（人）數時，本飯店仍依確認桌（人）數收費。未消費之桌數，顧客可於兩週內補消費，若未消費之桌數超出確認桌數之一成時，則超出之桌數需半價賠償，且不得補消費。另則若一成桌數達六桌以上，第七桌起須以半價賠償，且不得補消費。

3.凡喜宴之帳款，請於宴會結束當天以現金或銀行本票付清。原則上，結婚酒席等喜宴不接受信用卡簽帳，更遑論支票簽收（註：這項規定出自宴會廳及顧客本身利益的考量。因為喜宴當中，禮金勢必帶給顧客許多現金收入，飯店要求以現金收費，除了幫顧客分擔攜帶大筆現金的風險，飯店本身也免去收不到費用的擔憂。當然，顧客以現金支付帳款，也可免去信用卡中心抽成，但目前有些大飯店也允許使用信用卡來支付帳款，尤其對一些不收禮金的客戶）。

4.如因故取消訂席，所支付之訂金不予退回；如於宴會舉行日前六十天取消者，應補償本飯店之損失（保證消費額之一半）。但此部分定型化契約第六條有規定：甲方任意解除契約，除乙方另行同意者外，則須依下列方式處理：

(1)甲方訂席期日距約定辦席日90日以前者：
- 甲方通知於原訂辦席日前60日至89日內解除契約，將沒收已付訂金25%。
- 甲方通知於原訂辦席日前30日至59日內解除契約，將沒收已付訂金50%。
- 甲方通知於原訂辦席日前15日至29日內解除契約，將沒收已付訂金75%。
- 甲方通知於原訂辦席日前14日內解除契約，乙方得不退還甲方已付訂金；且甲方須支付預定總價金為違約取消金。

(2)甲方訂席期日距約定辦席日前29日至89日者：
- 甲方通知於原訂辦席日前30日至59日內解除契約，將沒收已付訂金25%。

· 甲方通知於原訂辦席日前10日至29日內解除契約，將沒收
已付訂金50%。

· 甲方通知於原訂辦席日前9日內解除契約，乙方得不退還甲
方已付訂金：且甲方須支付預定總價金為違約取消金。

(3)甲方訂席期日距約定辦席日前28日以內者：

· 甲方通知於原訂辦席日前10至19日內解除契約，將沒收已
付訂金50%。

· 甲方通知於原訂辦席日前9日內解除契約，乙方得不退還甲
方已付訂金：且甲方須支付預定總價金為違約取消金。

不論本契約之其他約定，甲方須以書面通知乙方解除契約。

5.各類型之宴會均嚴禁攜帶外食，自備酒類則酌收酒水服務費。因
為飯店本來便是經營販賣餐飲生意的場所，此要求之訂定誠屬合
理且必要。

6.布置花卉，請備塑膠布鋪設於地毯上，以防水漬及花材沾汙地
毯。

7.不得於活動場地燃放爆竹、煙花、仙女棒等易燃物，且不得噴灑
飄飄樂、金粉、亮光片等吸塵器無法清除之物品。

8.布置會場時，嚴禁使用釘槍、雙面膠、圖釘、螺絲等任何可能傷
害會場裝潢設備之物品，並於活動結束後，保持會場之完整，如
有損壞本飯店之裝潢或器材等設備，需負賠償責任。

9.因活動所進之各項器材及物品，本飯店僅提供場地放置，恕不負
看管責任。

10.宴會所需之電器設備，請事先協商安裝事項。電費依現場實際
配線狀況及用電量收費，會前進場布置及電路配置請於兩週前
告知，以利配合。一般小型電器可以直接使用宴會廳中所設置
的插頭，但較高耗電量者則必須與飯店協商，不可擅自安裝，
以免造成危險。

11.本訂席保證金單視同契約，經雙方簽認後生效。

12.請勿攜帶寵物。

　　以上合約內容為漢來大飯店宴會廳實例，僅供參考，各飯店可依其設定地點的差異及地區特性來斟酌訂定適當之合約（**表4-7**）。

表4-7　進貨裝潢協定書

　　　公司〔以下簡稱甲方〕於　年　月　日假○○大飯店〔以下簡稱乙方〕○樓_____廳舉行_____，為求活動結束後宴會場地之完整，特經甲、乙雙方同意，簽立此進貨裝潢協定書。

甲方同意於使用乙方宴會場地時遵守以下規定：

1.宴會場地嚴禁使用釘槍、雙面膠、圖釘、鐵絲、爆破物等任何可能傷害乙方裝潢設備之物品。

2.甲方於乙方宴會場地進行布置時，嚴禁甲方工作人員吸食香菸，以維護乙方之消防安全。

3.甲方於宴會期間，禁燃放仙女棒、煙花等炮竹製品，以維護乙方各項設備及消防安全。

4.花卉之布置，廠商須自備塑膠布鋪置於地毯上後再行動作，以防花材及水漬等沾汙地毯。

5.宴會結束後，甲方需保持乙方宴會場地之完整，若有任何損毀，甲方需負賠償責任。

備註：_____

　　　_____

甲方：　　　　　　　　〔公司〕　乙方：○○大飯店

地址：　　　　　　　　　　　　　地址：

統一編號：

簽約代表人：　　　　　　　　　　簽約代表人：

日期：　年　月　日　　　　　日期：　年　月　日

第四節　場地擺設與規劃

　　每一場宴會都有不同之格局，因此宴會廳場地的安排方式也就無法一概而論。原則上，必須根據宴會廳型態、宴會廳場地大小、用餐人數的多寡以及主辦者偏好等因素，來決定宴會場地的擺設規劃。由於宴會廳中並未設置固定桌椅，而是依照各種不同的宴會形式做擺設設定，所以同一場地可依顧客不同的需求擺設成中式酒席、西式宴會、酒會或會議室等。大飯店的宴會部門通常都會預先備有數種不同的宴會廳擺設標準圖，提供給顧客作為挑選時的參考依據。這些擺設的基本圖形為求精確，事先都必須經過一番謹慎仔細的計算並經實際採用後，方可推薦給顧客，完善的標準圖更經由電腦測試繪製而成。一般而言，宴會廳會儘量推薦選用標準安排，然而若顧客有特殊要求，宴會廳仍需尊重其意見，並且考量現場場地情形，以完成符合顧客要求的適當布置。但是如果該項需求因為場地限制而有執行上之困難時，業務訂席人員應據實以告，並與顧客進行溝通，設法提出可行並使其滿意的擺設方式。

　　由於宴會廳可作各類擺設，因此不同場合的桌椅類型、設定位置與排列方式等也有所差異。下列以餐會、開會或講習會、酒會及自助餐四種不同的宴會類型及其擺設方式，說明場地擺設與規劃的進行。

一、餐會

　　餐會的擺設首先要決定採用圓桌或長方桌。通常，因為圓桌具有方便交談的優點，所以只有非常正式或用餐人數不超過50位的餐會，才會使用長方桌。由此可知圓桌並非中餐的專利，西餐也同樣以圓桌為理想的餐桌擺設。桌子類型決定後，則需決定主桌的設定位置。原

則上，主桌應擺放在所有顧客最容易看到的地方，而後接著需考量桌與桌的距離，桌距一般最少須140公分，最佳桌距則為183公分（6呎）。桌距設定應以顧客行動自如及服務生方便服務為原則，但桌距也不宜太大，否則會讓顧客之間有疏遠的感覺。

採用圓桌時，應先選出主桌位置，擺設時再考量桌與桌之間的距離進行調整即可。若為大型宴會，則尚須配合舞台的布置與設計，因為舞台布置和設計往往與會場氣氛及宴會成敗息息相關，所以擺設得額外慎重。而如果宴會擺設全部採用長方桌，便須依照與宴人數來決定桌椅排列型式。排列時，不超過36位賓客時可採用直線型，超過36位以上者可採U字型或口字型，超過60位以上者則採用E字型。總而言之，任何排列形狀皆可採用，唯一要注意的是主席檯位置之擺設應恰當，不得造成與其他賓客疏遠的感覺。另外，長方桌相連之後的長度須為服務員所服務客數的倍數，例如每個服務員若須服務12人（或16人），長方桌最好具能容納12人座位（或16人座位）或24人座位（或32人座位）的長度。桌與桌的最佳距離為6呎，最少仍應維持4.5呎，並且使每一座位的寬度至少相距60公分（2呎）。附餐會**圖4-2**及**圖4-3**供參考。

二、開會或講習會

開會或講習會最常用的是「教室型」或「劇院型」，但與會人數若不多，也可採用U字型排列。所謂教室型即每張桌子（國際標準桌18"×72"）皆附有由三個人共用的長方型會議桌，並且都面向講台。凡需書寫或作筆記的會議，即應採用教室型的安排。若為不需作筆記的會議，或是與會人數太多而使會場無法擺設桌子，則可採用劇院型，即只擺設面向講台的併排座位，而不擺設會議桌。進行劇院型擺設時，須注意椅子與椅子之間應留有4吋長的空間，前後排之間也需留有3呎的距離，使賓客坐起來較為舒適，而走道也應保持有4呎寬，以利顧客走動進出。擺設教室型時，每人座位應距24吋寬，前後桌子之

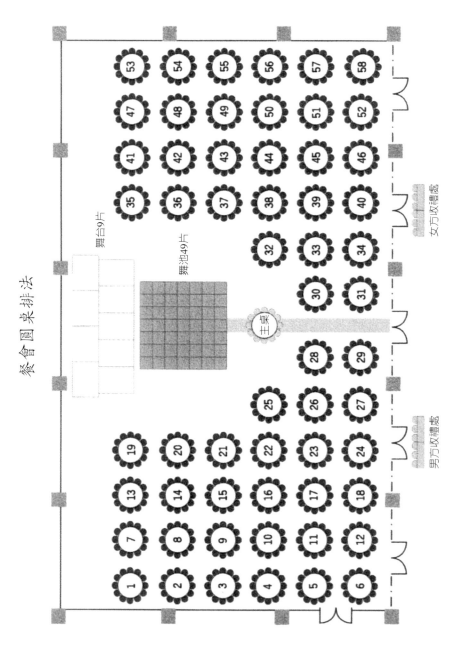

圖4-2 餐會圓桌排法

各種餐會長方桌排法

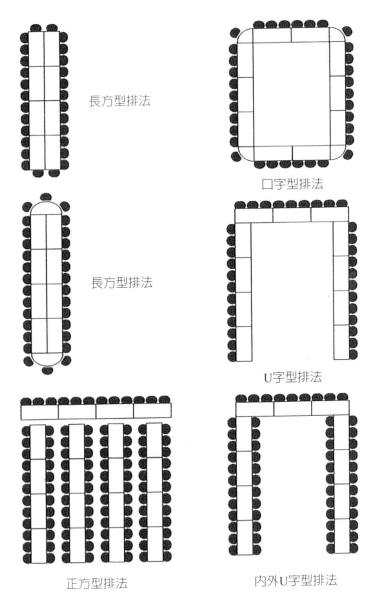

圖4-3　各種餐會長方桌排法

間維持3呎的距離以便擺設椅子，左右桌子則應保留4呎作爲走道。U字型擺設，適合與會人數不多的會議場合，每人的座位寬度應有24吋寬的距離。同時U字型擺設的中空部分並可置放投影機、幻燈機等設備。除了桌椅之外，每場會議無論是教室型、劇院型或是U字型排列方式，均需備有講台。講台前方設有飯店的名字或LOGO標誌，其主要具有行銷宣傳之價值。尤其在電視台進行採訪之際，該標誌便有機會出現在電視畫面上，替飯店做免費廣告。**圖4-4**至**圖4-6**爲會議圖形範例，**圖4-7**至**圖4-12**爲實際會議圖片，僅供參考。

三、酒會

酒會擺設主要在規劃酒吧檯與開胃菜檯的位置，並設計客戶所欲表達之宴會主題，現場常裝置彩色燈光，作爲搭配冰雕或花卉的陪襯。大部分酒會皆採用活動式酒吧檯，並擺置輔助桌來放置杯子。輔助桌跟酒吧擺設在進門口不遠的地方，至於開胃菜檯則擺設在入門就可容易看到的位置。擺設時，需注意擺設檯的裝飾，譬如食物的擺設要配合銀器的布置，而擺設時亦可利用一些塑膠可樂箱，上覆檯布巾或使用各種高低不同的壓克力架、銀器架等，讓菜餚擺設起來呈現高低的立體感。除此之外，酒會中還需擺放小圓桌於宴會廳中，用以布置花及放置洋薯片或花生等食物，供顧客自行取用，小圓桌另一作用則是提供顧客放置使用過的杯子或盤子。整體而言，酒會的燈光應該要比平常宴會燈光稍暗，才能使酒會顯得更有氣氛。若爲大型酒會，可建議訂席者延長酒會時間，再分批邀請賓客，避免酒會現場因人潮過多而顯得擁擠不堪。例如每年雙十節的國慶酒會大約有三千人參加盛宴，爲避免賓客同時蒞臨會場造成擁擠，主辦者便將顧客與宴時間分成兩個時段，彼此錯開。例如請帖上可邀請第一批賓客於4:30～6:00前往赴宴，另一批則邀請於5:30～7:00，以方便宴會順利進行，酒會設計圖請參考**圖4-13**（相關細節將在本書第八章第一節做詳細介紹）。

教室型擺法

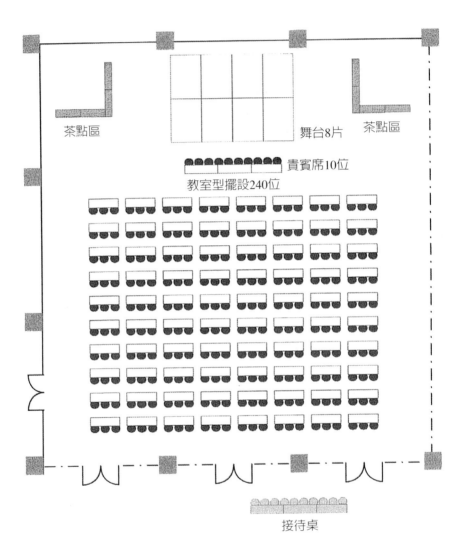

圖4-4 教室型擺法

劇院型擺法

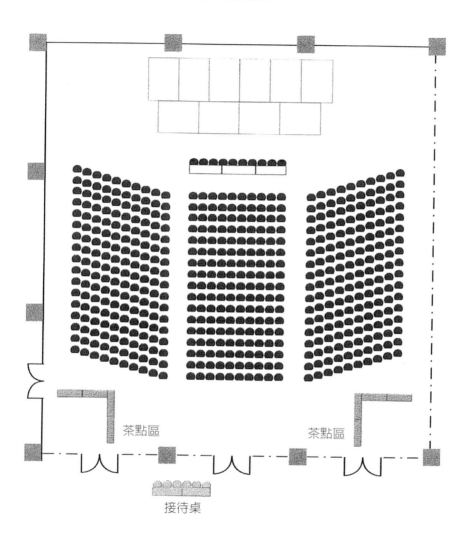

茶點區　　　　　　　　　茶點區

接待桌

圖4-5　劇院型擺法

服裝秀劇院型擺法

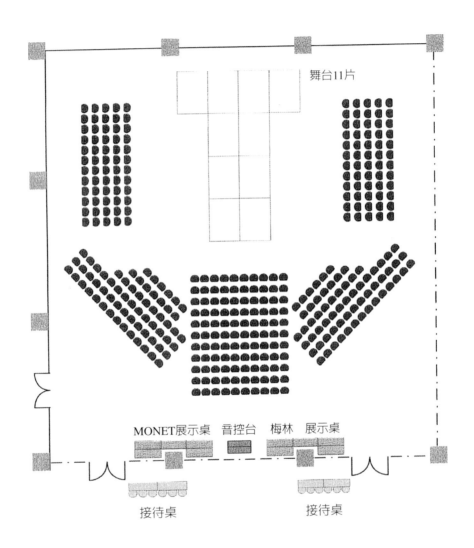

圖4-6　服裝秀劇院型擺法

圖4-7 口字型擺設提供完善的視廳會議設備及豪華舒適的桌椅

圖片提供：漢來大飯店

圖4-8 魚字型擺設

圖片提供：台北艾美酒店

圖4-9　教室型擺設

圖片提供：台北艾美酒店

圖4-10　會議桌上擺放礦泉水、杯墊、水杯、紙張及筆等

圖片提供：台北文華東方酒店

圖4-11 圓桌型會議擺設

圖片提供：台北文華東方酒店

圖4-12 U字行會議擺設

圖片提供：台北文華東方酒店

酒會擺設圖

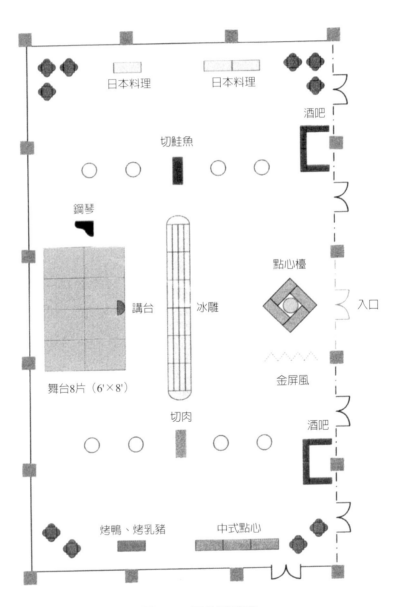

圖4-13　酒會擺設圖

四、自助餐

自助餐的座位安排可參照餐會的擺設方式，但需特別注意自助餐檯的設置與布置，自助餐檯除須考慮顧客在入門時即易見之地方外，廚房補菜的便利性亦是重要的考量因素之一，而餐檯的裝飾設計也是很重要的一環，其擺設方式最好能採用高低不一致的方式，同樣可以利用一些塑膠可樂箱並覆蓋上布巾或使用各種高低不同的壓克力架、銀器架等，讓菜餚擺設起來具有立體感。布置方面，通常可以選取某一特定主題來發揮，譬如節慶時以該節慶為設計主題（如聖誕節便以聖誕節時的氣氛來布置），或取用主辦單位的相關事物（如產品、LOGO標幟等）來設計裝飾物品，如冰雕等，皆可使宴會場地更多采多姿（第八章第二節將針對自助餐做詳細介紹）。

第五節　發布宴會通知單

業務訂席人員在與客戶談妥宴會細節後，對內應發布一份類似公文的宴會通知單（**表4-8**），告知各個單位在該宴會中其部門所應負責執行之工作。由於舉辦一場成功的宴會需仰賴各相關部門的同心協力才得以達成，因此一張宴會通知單若能夠清楚、詳細地將所有工作事項條列出來，對於舉辦宴會將有莫大助益。宴會通知單即可稱為這些工作部門的「工作訂單」。宴會通知單的內容包括有契約書中的主要資料，以及各單位所需準備的物品內容事項，如訂席時間、接洽人、桌數、廳別、菜單、特殊要求等。各單位接到宴會通知單後，必須依照通知單上的要求執行工作，工作內容大致如下：

1.餐務部：根據宴會通知單上所記載的菜單，準備所需之擺設器皿及廚房裝菜用器皿，並且安排工作人員備餐。

表4-8　宴會通知單

<table>
<tr><td colspan="5" align="center">宴會通知單
EVENT ORDER</td></tr>
<tr><td colspan="3">發文日期：107年09月1日</td><td colspan="2" align="right">ORDER NO.：A1234</td></tr>
<tr><td colspan="3">宴會日期：107年09月15日　星期六</td><td>訂金金額：NT$400,000</td><td>收據單號：00661</td></tr>
<tr><td colspan="3">宴會名稱：許蘇府喜宴</td><td>付款人：許○○</td><td>接洽人：許淑芬</td></tr>
<tr><td colspan="3">聯絡人：許○○先生　　　電　話：02-2946-XXXX</td><td colspan="2">付款方式：付現</td></tr>
<tr><td colspan="3">客戶名稱：　　　　　　　傳　真：02-2966-XXXX</td><td colspan="2"></td></tr>
</table>

時間	型態	地點	保證數	預估數	海報內容：許葉府喜宴
12:00	喜宴	國際宴會廳	94桌	100桌	美工冰雕：贈喜宴冰雕一座於廳口（如附圖）

菜　單：

【西廚】
拍照用五層蛋糕

====================================

【中廚】
漢來迎賓滿漢集
（烏魚子串、掛爐烤鴨、蜜汁秋刀魚、桂香百合南瓜、梅漬番茄／邱耳）
（紹興醉雞、碳燒松阪豬、櫻蝦百花球、翠玉中卷、金盞果蜜月團員）
上湯北菇燉排翅
蒜茸銀絲海虎蝦
紅藜烏參糖心鮑
和牛臉頰炆銀蘿
櫻蝦鰻甫扣米糕
潮式金磚龍膽斑
精緻中西式甜品集
果香楊枝美甘露

1. 94~100桌，含素食3桌（每桌NT$28,299）
2. 12:00準時出第一道菜菜，第四道菜後請先停，約13:40再繼續出菜
3. 11:00備中式套餐20客，每客NT$2,000+10%

每桌NT$28,299（10人）

現場擺設：
1. 11/14 22:00後，花商將進場布置。
2. 10:30時，工作人員於金福廳開始討論會；11:00請替20位工作人員準備套餐，每客NT$2,000+10%。
3. 12:00準時出第一道10盤小菜讓先到賓客聊天使用，第四道菜後先停菜，約13:40再繼續出菜，請再與主人確認出菜時間。
4. 舞台15組（1,200×540×60 cm）。
5. 舞台中央置西式行禮台；右方置司儀台＋麥克風；左方置糕桌；後方置演唱用麥克風3支（供唱詩班表演用）。
6. 主桌1桌20位，請特別布置與其他賓客桌有區別。
7. 每桌每人贈送神秘禮物一份。
8. 賓客桌次卡及桌次圖製作。
9. 提供專案所需物品。
10. 廳口設接待桌3組及冰雕桌。
11. 備出菜燈光秀。
12. 場地布置如附圖。

飲務部：紅酒、海尼根啤酒、新鮮柳橙汁及綠茶無限暢飲	客務部：贈豪華套房一間 　　　　9/15早上9點Check In 　　　　9/16下午2點Check Out
安全室：◎09/14 22:00後請協助花商進場布置 　　　　◎客人要求當日請派員至會場保護禮金 　　　　◎當日賓客眾多，請派員疏導人潮	工程部：◎行禮台麥克風1支、司儀台麥克風2支、演唱用麥克風3支 　　　　◎備配合各項程序播放音樂
花　房：主人自請花商布置會場，請多配合 　　　　○○花苑 蔣老師 Tel：07-215-XXXX	器材收費： 　　　　　NIL
業務員：許淑芬	經　理：

☐總經理　☐餐飲部　☐宴會部　☐財務部　☐工程部　☐業務部　☐客房部門　☐西廚　☐信用部

☐飲務部　☐餐務部　☐安全室　☐採購部　☐中廚　☐花房　☐房務部　☐美工冰雕　☐其他

2.工程部：依據宴會通知單上之需求，派遣電工架設裝備或予以
　支援。

3.廚房：依據宴會通知單上顧客所訂的菜單進貨，並進行宴會前
　的準備工作。

4.宴會服務單位：依據宴會通知單上的需求和設計圖進行擺設，並
　做好宴會前的準備，包括人力需求、工作計畫及服務流程等。

5.飲務部：按照顧客需求準備酒水及飲料。

6.安全室：依據顧客需求，指派安全人員至禮金檯協助保護禮
　金，並協助疏散宴會進場和散場時的人群。

7.美工：依據顧客需求協助布置會場及擺設冰雕。

　　總而言之，宴會通知單是一個部門與部門之間的溝通管道。更在
客戶的要求與各單位的工作準備當中，直接搭起一座橋樑，確保各部
門間彼此快速直接的資訊取得，獲致最佳工作效率。宴會通知單及場
地布置設計圖，如**圖4-14**及**圖4-15**所示。

第六節　再次確認

　　業務訂席人員在與客人談妥所有宴會細節之後，才會對內部各單
位發布宴會通知單（工作內容如第五節所述），所以通知單上所傳達
的訊息大致上並無問題。然而因為宴會大多在數個月前便已預訂，時
間的拉長難免導致一些變數的產生，例如客戶有時候會對宴會細節稍
作修改，例如參加人數的增減、桌形的改變等等。為因應這種臨時變
更，業務訂席人員應該在宴會舉辦前一週，再與客戶確認宴會相關事
項，將發生錯誤的可能性降至最低。在以電話或傳真方式與客戶確認
後，如果沒有需要變更的事項，當然最好不過，一切準備工作即可依
照宴會通知單所述進行；但若顧客對於宴會提出任何變更，業務訂席
人員就必須馬上以宴會變更知會單告知各相關單位（**表4-9**）。宴會變

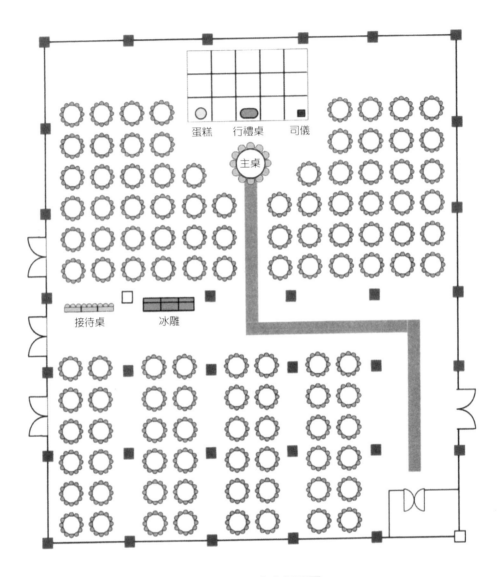

蛋糕　　行禮桌　　司儀

主桌

接待桌　　　　　冰雕

圖4-14　喜宴擺設圖

舞台設計圖

冰雕設計圖

圖4-15　設計圖

資料來源：胡木源提供

宴會管理

表4-9 宴會變更知會單

宴會變更知會單		
發文日期：　　年　　月　　日　　　　E.O. No.：		
宴會名稱：		
日期：　年　　月　　日　星期	場地：	
聯絡人：	TEL：	
變更項目	原案	修定為
日　　　期	＿＿＿＿＿＿＿＿	＿＿＿＿＿＿＿＿
時　　　間	＿＿＿＿＿＿＿＿	＿＿＿＿＿＿＿＿
人數／桌數	＿＿＿＿＿＿＿＿	＿＿＿＿＿＿＿＿
場　　　地	＿＿＿＿＿＿＿＿	＿＿＿＿＿＿＿＿
餐　　　價	＿＿＿＿＿＿＿＿	＿＿＿＿＿＿＿＿（新菜單附後）
□ 其他變更項目　　　　□ 增加項目		
宴會業務部：		
□總經理 □餐飲部 □宴會部 □財務部 □工程部 □業務部 □西廚　　□客務部 □信用部 □飲務部 □餐務部 □安全室 □採購部 □中廚　 □花房　 □美工冰雕 □房務部		

更知會單上詳細載明宴會原案及修訂後的變更項目，以白紙黑字清楚告知相關部門必須修改的工作項目。如此一來，該部門便可依照變更內容調整工作，合力達成客戶的要求。再者，使用變更知會單明確傳達宴會訊息，其相關單位便不再允許有未接獲通知的藉口，有效避免各部門互相推諉責任。

第七節　各單位工作計畫的擬定

舉凡宴會中所牽涉的工作事項，諸如宴會準備之前置工作、宴會進行之工作分配與人力調度，以及宴會結束之復原工作等，各單位應擬定工作計畫，以便進行宴會工作並確認責任歸屬。工作計畫之訂定，大致有以下三個原則：

1. 基本上由各單位依照所收到的宴會通知單，各自擬定所負責部分之工作計畫，並列出工作清單，作為準備的依據。

2. 若為特殊的宴會如國宴、大型酒會或國際會議，宴會部門可將各單位集合開會，共同籌劃，並將會中定案印成書面資料，分發給各單位分頭進行相關工作。

3. 工作計畫與服務作業有關者，必須事先預估所需之服務員人數以及餐具、布巾等項目的數量。服務人員人數依該餐廳的服務水準、酒席的價位高低以及宴會的性質而有所不同。一般宴會在十桌以內即設置領班一人，服務員則依宴席價位高低而設一桌一人或兩桌一人；自助餐平均每位服務人員約服務二十位顧客；酒會則約服務二十五至三十位顧客。餐具視菜單內容及與宴人數而定，通常須由宴會服務單位開出清單交給餐務部工作人員進行準備。檯布和口布同樣需依照桌數準備，另外，口布數量應較宴會參加人數多準備20%左右，以便臨時增加宴會人數

時使用。

宴會工作千頭萬緒，各單位工作計畫的擬定相對重要。以漢來大飯店宴會部爲例，其每星期二均召開一次宴會會議，針對最近十天內顧客所訂的宴會提出討論。各單位若有任何問題，都可在會中討論並加以解決，不失爲一種很好的工作計畫擬定方式。

 ## 第八節　宴會場地布置

一、布置時間

宴會何時開始著手布置端視宴會複雜程度而定，可能在宴會當天、前一天或數天以前，應由各單位依場地規劃進行安排。客戶若有事先進場布置的需求，負責人員應先瞭解該場地是否有空檔，並依照宴會廳大小收取場租，方可讓客戶先行進場布置。

二、場地布置與進行

1. 普通宴會進行布置時，由宴會部門指派一位領班負責現場即可。而特殊的宴會則需請負責接洽的業務訂席人員到場說明，並配合美工及現場人員做布置。
2. 整個會場布置完成後，領班或副理必須依照宴會通知單所述內容，逐項核對，以防有所遺漏。
3. 雖然瑞士餐旅學校規定，宴會餐具擺設以不超過五套爲原則，但爲求擺設的美觀及節省服務時間，通常仍將所需餐具及酒杯悉數預先擺放在餐桌上。

4.宴會中所使用的餐桌尺寸種類繁多，如採用不適當的檯布，則應視情況加以調整。若檯布太短，可使用兩條以上來連鋪；若檯布太長則可將其四角分別往桌底方向拉至桌面緣，再塞入檯布與桌面之間，讓檯布壓住四角。不過，爲求漂亮的餐桌擺設，最好仍應預先準備適當尺寸的檯布。除非萬不得已，儘量少用不符合餐桌尺寸的檯布，以免影響餐桌的美觀。

5.宴會中除了餐桌的擺設外，服務桌同樣需要備置妥當。其數量視宴會廳大小及宴客人數而定，但應儘量避免占據空間。服務桌的擺設將影響服務品質，所以對工作人員而言至關重要，儘管如此，仍然能少則少。

6.在大型宴會中，爲了方便顧客能在短時間之內找到自己的座位，每一餐桌上必須備有桌號及桌卡。桌號、桌卡應豎立於餐桌中央，並於顧客全部坐定後便予以撤下。另外，最好能於入口處備妥一張現場配置圖（**圖4-16**），或由主辦單位派人帶位，爲最快速、最理想的方法。

三、國旗懸掛原則

在國際會議的場合或餐會中，務必注意國旗的懸掛原則。凡是有外國元首、高官或重要賓客參加之宴會，爲表歡迎及敬意，通常會懸掛該國國旗，根據國際慣例，懸掛國旗時應注意下列原則：

1.單獨懸掛本國國旗時，應掛於右側。若由其正前方觀之，爲左側。

2.未掛主辦國（本國）國旗時，不得懸掛外國國旗。換言之，集會中不得只掛外國國旗。

3.兩國國旗並列時，右上位讓給來賓國懸掛，即外國國旗掛於右側，本國國旗掛於左側。由其正前方觀之，則外國旗位在左

圖4-16 入口處配置圖

側，本國旗在右側。如無賓主之分時，應以國名之英文字母順序排列，前者為上位國。

4.兩旗以旗桿交叉而立時，來賓國（或上位國）的國旗由正前方觀之應位於左側，其旗桿並應交叉在前面。

5.多面國旗同時懸掛一起時，旗面須大小一致，旗桿亦須一樣高低。垂掛於牆壁者亦同。

6.將國旗縱向懸掛時，同時出現的國旗皆須一律縱向懸掛，不得有些縱掛，有些橫掛。

7.三國國旗並列時，主辦國的國旗應位在中央，另外兩國則依國名的英文字母順序排列，字母排列於前者，由正面觀之應位於左側。

8.桌上擺設之小型國旗應以上座席之主賓為中心來考量其尊卑位置，從主賓的位置觀之，位於左側者為上位。在此原則下，桌上小國旗的位置、順序、旗桿交叉等問題，皆可以前述原則處理。

9.原則上，國旗與民間的社團旗或公司旗不得並列，如需並列時，必須遵守下列兩點原則：

(1)同樣高低並列時，民間旗的旗面須比國旗小。

(2)旗面同樣大小時，民間旗的旗桿須比國旗的旗桿低，或採取較低的懸掛方式。

 # 第九節　服務工作的執行

一、服務前集合開會

宴會服務和餐廳服務一樣，在服務前應召開服務前會議。自從餐飲界普遍感到人手短缺之後，宴會服務即開始大量採用計時臨時工作人員。由於計時臨時員工來源不一，程度參差不齊，不似已受過嚴格訓練的飯店正式員工。為統一服務作業，便須事前就宴會服務工作充分協調，並且給予最精確的指示，所以服務前的集合會議不可省略，避免服務發生錯誤。

會議前，當班主管必須先跟負責接洽的主辦者進行溝通協調，瞭解主辦者需求和宴會進行的方式，然後再跟主廚商討菜單內容，並讓主廚知曉宴會進行的程序，以便控制出菜時間。會議開始前，宴會主管也必須先檢查員工的服裝儀容，尤其是臨時工作人員。必須使所有員工認知到一旦穿上飯店的制服，所有行為都代表著飯店，馬虎不得。

接著應詳細說明該宴會的性質、菜單內容、每道菜的服務方式、顧客的特別需求、每位服務人員所應服務桌（人）數、上菜收拾的順序、上菜收拾的信號，以及其他相關注意事項。解說完畢，便行分配服務區域，並且由服務人員自由提問，務必使每一個工作細節都能獲得共識。宴會當中菜餚的展示、上菜、收拾皆需同步進行，所以必須有統一的動作和信號傳達指令。一般小型宴會便以服務主賓的服務員動作為信號，但在大型宴會中便不一定能將服務主賓服務員的動作看得清楚，因此皆以當班主管規定的信號來指揮所有服務人員的行動。例如舉手、點頭或其他容易看到的動作，皆可作為服務信號。在歐美國家，有些宴會場所在廚房入口處上方裝設有色電燈，以亮燈為記號，指揮所有服務人員，例如綠燈表示可到廚房端菜，黃燈表示待命，紅燈表示開始收拾等。

二、迎接顧客光臨

服務前集合會議結束後，若宴會時間已近，可安排幾位服務人員於宴會廳門口等待迎接賓客。另外，衣帽間的管理也是迎接顧客的一環，其親切的服務將使賓客留下美好印象。賓客如有物品需寄放於衣帽間，管理員便會在寄放物上掛以一個號碼牌，然後將同一號碼的副牌交給賓客當收據，賓客離去時再憑副牌領回寄放物。有些宴會於宴會入口處設有接待桌，供賓客辦理報到、簽字等手續。喜宴則另設有收禮桌，供主家收禮用。不過這些接待員大多需由宴會主辦者自行指派人員負責接待工作，宴會廳並未提供此項服務。

三、服務時須注意事項

宴會服務單位為執行服務的主力。然則在進行服務之際，必須瞭解顧客的喜好及要求，進而提供舒適周到的服務。例如有些顧客不習慣服務生幫忙分菜而偏好自己動手，因此在提供此項服務前，服務人員應先詢問顧客需要與否。服務人員若於執行服務中遇到一些突發狀況，必須馬上向宴會廳主管反應，以便做最快速且最恰當的處理。例如服務不周而使客人感到不悅，或是客人蓄意騷擾服務人員等事件，皆應立刻向宴會廳主管反應，採取換人等適當的解決方式，將傷害降至最低。假使顧客指定某位服務人員進行服務，也應儘量配合。

服務人員在服務當中應謹言慎行，不能竊竊私語或對顧客行為妄加批評。尤其有些服務人員在服務外賓時，常在無意間以自認為對方聽不懂的語言喃喃自語，徒增不少尷尬場面，所以服務人員務必謹慎避免服務中無謂的言語或行為。服務部門主管應致力於提升服務人員的反應能力，並需耐心地對待員工。對於員工所提出的疑問，必須仔細傾聽，並給予正確的答覆，否則將很容易造成溝通上的誤會，得不償失。

服務人員應隨時留意客人的需求，完成上菜與收拾分內的工作後，若暫時沒有其他任務，仍須固守在自己的服務區內待命。進行宴會服務時，應隨時保持機動性，一面留意自己的顧客是否需要其他臨時性服務，一面注意主桌服務員的動作或當班主管的信號，絕對不可倚牆靠椅，也不能和同事聊天說笑，當班主管必須停留在主桌附近協

助主桌服務，並隨時處理突發狀況。

 ## 第十節　帳單結清

在預約宴會時，客戶與宴會部門雙方便已對付款方式達成協議，所以在宴會接近尾聲時，負責結帳的領班就必須開始逐一清點所有必須計價的項目。然後再依單價和實際消費數量，結算出總消費金額，如有額外服務，領班應於宴會前先請主辦人簽字同意，結帳時才能避免不必要的糾紛，例如有些閒雜人等會於喜宴接待處謊稱為某受邀貴賓的司機，而要求代付司機餐費，為避免類似狀況發生，負責的領班必須先向主辦人報備確認後再行處理。

一般而言，大部分飯店的結婚酒席費用都只收取現金，而不接受支票或信用卡。此原則一方面出自於喜宴主辦人安全性的考量，另一方面則是飯店為求自保而不得不堅持的帳單結清方式，由於喜宴主辦人通常會於喜宴當天收到大筆禮金，若能於喜宴結束時以現金結帳，即可避免喜宴主辦人身上攜帶大筆現鈔，造成可能遺失或受騙的危險。此外，飯店方面以收受現金的方式結帳，也能有效杜絕收到空頭支票或承擔支票跳票的風險，但目前有些飯店宴會廳也允許顧客使用信用卡來支付帳款，尤其對一些不收禮金的客戶，提供了客戶付款的方便性。

關於宴會現場各項細節，宴會負責人員必須於宴會開始前與客戶協商，並適時提醒所應注意之事項，由於宴會會場賓客眾多，一些有心人士便常趁人不備膽大妄為，導致詐騙事件層出不窮，所以縱使在舉辦喜事，防人之心仍然不能因此而鬆懈，應對出入於宴會會場的閒雜人等提高戒心。另外，在採用自助餐式宴會時，顧客常視剩菜為已付錢而未吃完的食物，所以可能會提出打包帶回的要求。遇到這種情形，服務人員應和善有禮地向顧客解釋，因為自助餐為使所有與宴賓客皆能享用到充足的食物，一般會準備比較多的食物，所以剩下的菜餚未必是已付過錢的食物，不僅如此，自助餐檯擺出的食物通常已置有一段時間，若再打包帶回食用，恐有食物已然腐敗而使腸胃不適之慮，一旦造成身體不適，對餐廳名聲勢必產生負面影響，因此原則上自助餐會的食物皆不宜讓顧客進行打包。

第十一節　追蹤

　　宴會結束後，宴會部秘書需表列一份Weekly Tracing List（**表4-10**）交付業務訂席中心，由負責接洽該宴會的業務訂席人員親自拜訪或打電話對客戶表達感謝之意，並追蹤其對此次宴會的滿意度以及所需改進之處，表示對客戶的一種售後服務。同時宴會部經理也應寄一份感謝函給每一場宴會的主辦人員，並請其評估該次宴會的優缺點，作為飯店工作人員改進的依據（**表4-11**）。如果顧客負面反應居多，產生誤解之處便應及時解釋清楚，但若屬實情則可藉以得知改進方向；假如顧客反應是正面的，即可作為日後推廣宴會業務的賣點。所有追蹤的結果應列入記錄並存檔，以作為將來評核改善成果的參考，同時也可作為此客戶下次光臨時應特別注意的服務諮詢，以提供較優良的服務品質。

宴會管理

表4-10　Weekly Tracing List

Weekly Tracing List

日期	廳別	型態	宴會名稱	聯絡人	電話	消費總額	追蹤內容	負責人員	主管簽名
9/9(六)	龍鳳廳	宴席	黃林府喜宴	黃勝利	07-321XXXX	$1,432,900		Niki Wang	
9/10(日)	金冠廳	會議	微為公司會議	林經理	02-2760XXXX	$64,000		Vicky Lin	
9/10(日)	金鳳廳	餐會	高雄餐旅大學旅館系畢業系友餐會	黃先生	07-806XXXX	$420,000		Tina Hsu	
9/11(一)	金寶廳	會議	命理專題講座	陳先生	0963-XXXXXXX	$56,000		Tina Hsu	
9/12(二)	金龍廳	宴席	許蘇府喜宴	蘇成功	07-587XXXX	$461,040		Vicky Lin	
9/12(二)	金鳳廳	宴席	愛愛電台秋之饗宴	洪經理	07-392XXXX	$345,700		Rosa Chen	

表4-11 一分鐘評鑑

一分鐘評鑑

親愛的顧客：

　　感激您使用漢來大飯店國際宴會廳，希望我們的各項設施和服務確實讓您無後顧之憂。占用您一分鐘時間，我們很想知道您對本飯店宴會廳的滿意程度，您珍貴的意見將是我們改進的目標。

顧客姓名：_____　　公司名稱：_____
聯絡電話：_____　　聯絡地址：_____
宴會日期：_____　　宴會型態：_____

請在□打✓：

	十分滿意	滿意	不滿意
＊訂席接待	□	□	□
＊服務品質	□	□	□
＊服務態度	□	□	□
＊食物品質	□	□	□
＊場地設施	□	□	□
＊整體滿意度	□	□	□

＊其他建議：

_____
_____
_____

＊您是否會再度光臨，或將本宴會廳推薦給您的親友？
　十分樂意□　　可以考慮□　　不會□

感謝您的批評與指教，漢來大飯店竭誠歡迎您再度光臨。

_____
宴會部協理

 第十二節　建檔

　　專設檔案以保存舉辦過的宴會資料，能使曾經舉辦過的宴會成為將來生意的來源。尤其針對每年皆固定舉辦宴會之公司或個人，更應該將其歷年舉辦宴會的情況詳加記錄，以便能給予最完善之服務，例如若把每年的聖誕晚會、年終晚宴等宴會資料建檔保存，便可享有許多好處。包括遇到常客訂席時，可能不需另開菜單，只要按照先前的菜單即可；或者有曾參加某次宴會的顧客，欲比照當天的方式辦理，此時只需把當時的宴會檔案調出來參考，即可省去許多與顧客討論的時間。此外，以外燴餐宴來說，訂席人員通常必須到達現場取得場地資料，如場地大小及空間配置等，以便進行宴會規劃。但若事前已將資料建檔保留，則當同一個場地再度需要外燴服務時，就可省去重新勘察場地的步驟，而只要針對場地的異動情形稍作修改，甚至不需修改，直接沿用即可。

　　以上十二節宴會作業流程，除了場地布置、服務工作以及帳單結清等三個步驟是宴會廳外場所應執行的工作外，其餘九個步驟均為業務單位必須負責的工作項目。面對將來宴會業務的激烈競爭，業務功能的重要性勢必日趨明顯。從前面十二步驟的敘述中，可清楚知道宴會業務與宴會服務的相互連貫性，兩者相輔相成，具有不可分離性。因此，兩單位皆歸屬於宴會部門，由宴會部協理統一指揮與督導。

　　利潤高低與常客多寡往往是評估餐飲服務最佳之方式。創造卓越的宴會業績不僅單靠業務訂席人員的努力，而食物的品質和價值感，以及服務人員的待客態度和專業服務，也都是建立與維持良好生意的重要關鍵。是故一場完美的宴會必須具備有努力的業務、好的烹調以及優良的服務，缺一不可，唯有三者充分配合，才能保證宴會圓滿成功。

註　釋

❶薛明敏（1995）。《餐廳服務》。台北：明敏餐旅管理顧問有限公司。加上作者從事二十年的宴會實際工作經驗，並利用漢來大飯店宴會廳的場地為例，編著成本章節〈宴會作業流程〉。

Note

第5章

中式宴會擺設與服務

　　在第二章已介紹過宴會廳所會使用到的設備和器具，然而正所謂適得其所，對的器具也必須擺在對的位置上才能發揮其效用，故服務員除了為顧客所決定的菜單選擇出對的用餐器具，擺設時更需特別留意。在中式宴會當中，由於一雙筷子便可吃遍宴席中所有美食佳餚，再加上東西方文化與國情之不同，中式宴會的水杯亦可作為飲料杯使用，如此一來，使得中餐擺設遠比西餐單純許多。另外，於擺設之外，服務是宴會過程中最重要的一環，服務的良窳可以決定顧客對整場宴會的評價，因此服務生在中式宴會進行之前，須瞭解此場宴會所採用的服務方式為何。而宴會整體氣氛的營造需仰賴獨特之舞台設計並確認所有嘉賓皆能看到主桌與表演。綜合上述，本章節首先將介紹傳統式中式宴會的擺設與布置，而後進入中式宴會服務的部分，另外，餐桌的設計與布置以及宴會舞台之設計也是本章節的重點之一。

 ## 第一節　傳統式中餐宴會擺設與布置

一、餐桌擺設

　　西式宴會之擺設規矩與原則，不外乎是為求宴會整體美觀、顧客使用方便及服務人員服務之順暢而逐漸建立起來的，因此，這些規矩或原則便同樣可使用於中式宴會的擺設上。然則與西式宴會有所不同的是，在擺設中式宴會前，服務人員必須事先瞭解該場宴席將採用「中餐中吃」或是「中餐西吃」的擺設，以作適當調整。

　　一般而言，中餐中吃和中餐西吃兩者之間雖有若干差異，但其基本擺設原則仍然相同。雖然目前有些新開幕的國際觀光旅館，在中式宴會的擺設方面做了一些修正，例如每位顧客擺設兩雙筷子，其中一雙公筷、一雙顧客自己使用等方式。但本節將以傳統式中餐中吃的擺設方式做說明。

　　在傳統式的中式宴會裡，顧客所使用的餐具計有：銀積菜盤（服務盤）、骨盤、味碟、筷架、湯匙、筷子、小湯碗、水杯、酒杯及口布等十件，本節除說明中式宴會擺設的適當位置外，也將簡介此傳統式的十件餐具在中式餐飲中所具之意義。❶在擺設餐具之前，服務人員必須先檢查餐桌的穩定性、檯布的鋪法以及轉盤擺置的方法，如下圖解說。

步驟1：檢查桌子穩定性

檢查桌腳是否有高低不平或搖晃之情況，若是不符合使用規定時，應避免使用，以免發生危險。

步驟2：檯布的鋪法

檢查桌巾的鋪法。比如四方檯布是否能將四個桌腳遮住，若桌布太長，則必須將四角檯布摺起來，避免垂落地上；如使用圓檯布，則需注意垂落的檯布是否每一面之長度都很平均。目前有些飯店採用一體式縫製的桌裙，可以完整包覆桌面，減少垂落檯布不平均的情況發生，也因為量身訂做所以在整體空間上來說，也顯得整齊一致（如寒舍艾麗酒店）。

步驟3：檯布心解說

轉圈需放置於桌子正中央位置，如有檯布心則需先將其放置於轉圈正下方，並一律面向門口。軸心布的主要作用是在增加桌面裝飾的美觀和宴會氣氛，譬如壽宴時使用壽桃圖樣的軸心布，喜宴時則可採用龍鳳圖樣之軸心布。

步驟4：轉盤離桌緣需等距離

玻璃轉盤需使用強化玻璃，除其比較不易打破之優點外，即使不小心打破，強化玻璃亦不會形成銳利碎片，較為安全。此外，玻璃轉盤務必置於圓桌正中央，與桌緣維持等距，若距離不等，轉盤轉動時將有撞倒桌上杯子或碗盤等擺設之虞，不可不慎。

(一)銀積菜盤（服務盤）

銀積菜盤

9吋墊底盤

在正式西式宴會中，通常有墊底盤（show plate）之擺設作為裝飾，因此在中餐的貴賓式服務中，最好也能擺設銀積菜盤（目前有些宴會廳改用9吋的餐盤作為墊底盤），但若為一般中式宴會，不擺積菜盤亦無傷大雅。積菜盤可謂中餐宴會擺設之起點，一切餐具皆以積菜盤為對照基準，調整擺設距離。準備餐桌擺設時，首先須將積菜盤（或中式墊底盤）依座位數等距擺放於座位正前方距桌緣約1～2公分處，再著手放置其餘餐具。其實積菜盤距離桌緣幾公分倒是其次，最重要的乃是全廳宴會之擺設必須整齊一致，最忌各桌擺設互不相同、雜亂無章。通常除喜宴的主桌之外，一般宴會皆使用小骨盤當作服務盤，而擺設小骨盤時便應離桌緣稍遠些，以增加桌面的豐富感並取得較佳的空間安排。至於正式的服務盤，由於所占面積較大，其在空間的安排上便不成問題。擺放銀積菜盤時，需考量置於其上的骨盤又將離桌緣更遠，而骨盤愈遠離桌緣，顧客前傾進食的角度會越大，較為不便，因此可將積菜盤放離桌緣稍近一些，方便客人進食。中式宴會以國際標準來講，一張圓桌圍坐12人時應採用6呎桌（183公分），並最好配合7.5吋之銀積菜盤及7吋骨盤之使用，假使銀積菜盤和骨盤分別採用6.5吋及6吋者，餐桌擺設則稍顯單薄，不夠大方。擺設時，尚須注意同一桌上所有積菜盤之間距必須相等，以求整齊美觀，一般標準間距為18.84吋（即47.8公分），此為圓桌周長除以12人（座位數）所得之數據。

以往流行採用銀器服務時，許多中餐廳不論有無服務盤的概念，都一味的把銀積菜盤當作骨盤座而擺設在餐桌中，然而台灣近年來由於工資高漲及餐廳員工缺乏，宴會廳除了主桌或VIP的貴賓桌外，不知不覺間已不約而同地減少或停止使用處理上費時又費力的銀製器皿。宴會中雖然唯有主桌尚採用銀積菜盤，但在中式餐桌擺設中仍習慣擺放磁製骨盤，當作餐盤使用。而在使用銀器服務時，銀積菜盤在上點心之前必須要收回。

(二)骨盤

骨盤

骨盤，顧名思義，應該是專為放置骨頭而備之餐盤，然則目前其實際功能已形同西餐中的餐盤，用以盛放食物。一般中式宴會皆以7吋骨盤作為餐盤。在西餐裡，依國際標準而定，一張6呎的圓桌只能提供八個座位，因此一般使用11～12吋的墊底盤；但中餐的習慣則為12人一桌，再加上中式宴會往往備有十二道菜，不但桌面空間擁擠，而且分菜量亦較少，所以採用小號的7吋骨盤即可。近年來，中式宴會習慣上不使用銀器，改用9吋的餐盤作為墊底盤，並使用8吋骨盤。

銀積菜盤放骨盤

銀積菜盤（服務盤）可說是展示盤，目的在於展示其特有之價值與高貴，所以不宜在進行餐桌擺設時即放上進餐時所使用之骨盤，否則便喪失展示的意義。因此，為彰顯銀積菜盤展示之意，服務人員應於客人上座之後、上菜之前，才將骨盤放置在銀積菜盤上，讓客人當餐盤使用。在貴賓式服務中，一般認為骨盤至少須更換四次以上。目前許多中餐廳大都將當餐盤使用之骨盤置於擺設中，其擺法並可同於積菜盤。雖然沒人質疑過此種骨盤使用方式，亦沒有顧客認為有何不妥，但若從餐廳服務的觀點視之，除非是大型宴會場合，否則最好不要將骨盤預擺之。在講究服務的情況下，可採用西餐中不擺服務盤的擺設方式，僅於座位前中央，亦即骨盤的預定位置擺設口布，直至上菜之前方擺上骨盤。事實上，這種做法為一表現服務技巧的難得機會，但大型宴會時，由於必須提高工作效率，此種做法便不宜採用。

(三)味碟

銀積菜盤＋味碟擺設

骨盤＋味碟擺設

味碟可分爲兩種，一種是3.9吋的大味碟，盛裝必備調味醬料，置放於轉盤上供賓客共同使用，另外尚附有小號茶匙方便舀取，原則上一桌備有一套即可。現今一些餐廳已開發出小瓷壺來盛裝醬油與醋，另用襯碟墊底欲取代調味料碟，但由於食用辣椒者不在少數，所以將辣椒列爲餐桌必備之調味項目者亦屬必然，只因目前尚無精緻容器可供使用，故仍沿用大味碟盛之，並與醬醋壺併置於轉盤上，由賓客自行取用。由於大部分的調味料宜視個人喜好沾取食用，因此便須提供每位客人另一種專用小味碟，方便將醬料取至個人小味碟中沾用。此種小味碟約3.5吋，有些飯店則採用橢圓形小味碟代替傳統小味碟，而擺設時，應將其置於積菜盤或骨盤正上方約2公分處，飯店標誌向上，以達宣傳之效。

(四)筷架

銀積菜盤＋筷架

骨盤＋筷架

筷架擺設於積菜盤（或骨盤）與小味碟中間右方約3～4公分處。使用筷架的目的，一方面爲使筷子有固定位置可放置，另一方面則基於衛生考量，使可能被含於口中的筷子不致於直接接觸桌面，同時也可避免筷子因沾有食物殘渣而沾汙檯布。以往，通常備有筷架時便不再使用筷套裝放筷子，但目前大多數宴會廳皆採取筷架與筷套並用的擺設方式，上菜前才由服務員代爲將筷套取掉。使用銀器服務時，一般皆備有小龍頭架，小龍頭架兩側分別爲筷架與湯匙架（圖⑫）；目前很多大飯店已開發出配合瓷器皿所使用之餐具架，將筷架與湯匙架合一，節省空間，如圖⑬中所示。

(五)湯匙

銀積菜盤＋小分匙

骨盤＋湯匙

如係銀器服務，通常採用中式小分匙，並與筷子共用一個龍頭架出現在餐桌擺設中。國內中式餐廳通常不先服務湯，所以和筷子共用龍頭架的中式小分匙大多擺於筷子左側。事實上，進餐中幾乎每一道菜皆有使用筷子的需要，將筷子擺置在最外側乃基於使用方便性之考量（圖⑭）。

近年來，除主桌或貴賓式服務以外，銀器使用之普遍性已大不如前。目前很多飯店採用自行開發之瓷製餐具架，將瓷器製成可置中式湯匙之襯座，其右側再延伸出筷架，一體成型（圖⑮）。

中式湯匙的功能並不僅止於喝湯，它尚可使用於不易以筷子夾取之食物，或以左手拿持湯匙協助筷子夾食物入口，因此無論擺設中有無小湯碗，皆須備有湯匙，並最好能與筷子成套出現在中餐的餐桌擺設中。中餐餐桌擺設通常皆設有小湯碗，並且將小湯匙置於小湯碗內，然則小湯碗並非湯匙的適當擺放處。畢竟一餐之中小湯碗可能更換數次，若總需先將湯匙移至骨盤上，似乎稍嫌多此一舉；加上小碗中插有一支湯匙，擺設在視覺效果上便會因稜角太多而顯得不夠美觀，所以設置一固定地方來擺放湯匙實屬必要。

(六)筷子

銀積菜盤＋筷子

中餐中，往往一雙筷子便可吃遍宴席中所有美食佳餚，使得中餐擺設遠比西餐單純許多。在擺放中式餐點之餐具要角——筷子時，必須注意筷子擺設位置，將其與桌緣垂直的置於小分匙或瓷湯匙右側筷架上，下緣與骨盤對齊。雖說一雙筷子即能享用席中多種菜餚，但在宴會中，最後上桌的水果仍習慣以叉子食用，所以尚須備有叉子。由於

骨盤＋筷子

固有的中式餐具並無設置此種叉子，故可使用西式點心叉來服務；又因上水果之前都將更換骨盤，此水果叉便於骨盤更換時再置於骨盤右側即可。

(七)小湯碗

銀積菜盤＋積菜碗

　　中餐採用銀器服務時，常先將小湯碗放進銀積菜碗，而後再服務給客人。當然所使用之小湯碗必須配合銀積菜碗大小，小湯碗一般設有兩種尺寸，其一為3.5吋，另一種則為3.9吋，至於宴會中將採用何種尺寸的小湯碗，端視師傅每道菜所做分量而定，但一般以3.9吋者使用起來較為大方。在中式宴席中，小湯碗並非僅用以服務湯類菜式，凡含菜汁的菜餚皆須以小湯碗服務才方便進食。因此，宴會若採用由客人自行取菜的合菜方式，小湯碗便須事先每人一副擺放在餐桌上，其擺設與小味碟互相平行，並置於積菜盤（或骨盤）上方約2～3公分處。而採用代客分菜的貴賓服務時，因有服務人員代為分菜，所以小湯碗於上菜時再一起準備即可，不必預先擺設於餐桌上。除上述兩類擺設方式外，有些餐廳儘管採用分菜服務，但仍然如合菜一般，先將小湯碗擺設在餐桌上，直待服務分菜時，才請客人將碗拿至轉盤上。這種做法雖無不可，但有打擾客人之虞，在無形中同時也減少服務人員的表現機會，並非很親切的服務方式，有時甚至會因服務人員口氣不適當而引起客人反感。因此一旦打算代客分菜，最好不要預先將小湯碗擺放在餐桌上，以免徒增服務上之不便。假如準備在轉盤上分湯，小湯碗應以隨湯或含菜汁的菜餚上桌為擺設原則；假如採用旁桌服務，小湯碗則放置在旁桌上備用即可。

　　大型宴會中如有在轉盤上分湯之需要，為節省人力，可將小湯碗預先擺放於餐桌之上。其適當擺放方式為沿轉盤邊緣整齊排列，而非直接置於顧客面前。若採用銀器服務，銀積菜碗亦可沿轉盤邊緣整齊排列，等到湯品上桌時，再將小湯碗放入銀積菜碗，如圖⓲。

(八)水杯

銀積菜盤＋水杯位置

骨盤＋水杯位置

　　在中式餐飲裡，因國情不同，水杯幾乎皆用以作飲料杯用，除非賓客特別要求供應冰水，否則幾乎都倒飲料或茶，迥異於西餐中水杯只能用以盛裝冰水的功用。水杯大都擺設於筷子內側，或小味碟正上方約2～3公分處，以避免鄰座賓客錯拿。事實上，冰水的功能在於調整口中味覺，平緩前後菜餚間口味之差異，使顧客能確實享受每一道菜餚之特色，所以在強調美食饗宴的中餐廳裡，最好能主動提供冰水，而於賓客點用果汁時，再另備果汁杯以提供顧客完善的服務。

(九)酒杯

水杯＋紹興杯

　　中餐所使用之酒杯大部分以紹興酒杯主，全套銀器服務時採用高腳銀器酒杯，非銀器服務時則採用小玻璃杯。酒杯擺放位置必須配合水杯的位置，置於水杯右下方處（圖㉑）。由於直接將酒由酒瓶中倒入餐桌上的小酒杯不甚方便，所以宴會廳一般尚須準備酒壺或倒酒用公杯，每桌設

水杯＋紅酒杯

置四個，放置在轉盤上，供賓客自行取用。近幾年來，因生活習慣和社會風氣的改變，在中式宴會裡已很多人飲用紅酒，餐桌上也因此須視情況改而使用紅酒杯，絕對不能以紹興酒杯取代之。中式宴會中，紅酒杯的擺設位置與西式宴會一樣，置於水杯右下方處，增加客人取用及服務人員進行倒酒服務的便利性。

(十)口布

口布擺法

口布擺法

中餐廳早期的銀器服務如同西餐服務一般，提供口布予顧客使用，襲至今日，縱使銀器服務已不若以往普遍，但一般中餐廳仍維持供應口布的習慣。既然口布擺設襲自西餐，便需按照西餐的規矩來擺設，將口布擺放於餐盤上。然則在採用銀器服務時，許多餐廳為了展現銀積菜盤的高貴，而特意將口布摺成各式形狀插在水杯中。此種做法雖然美觀，並能達到展示餐盤的目的，但就衛生觀點而論，其必要性有待商榷。歐洲人士皆以為口布愈少摺弄愈好，簡樸的口布摺法，既衛生又省事，而國人卻普遍視花樣摺弄較多的口布為美觀的展示。雖說見仁見智，但為求口布衛生清潔之維護，現在一般餐廳已逐漸將口布樣式簡單化，儘量減少對清洗過之口布做不必要的觸碰。一般口布最適用的尺寸為20"×20"或22"×22"。由於國人尚不甚清楚口布的使用時機及方式，國內中餐或大型喜宴便在口布之外，同時供應濕紙巾，方便顧客擦手。

(十一)其他

除了上述十件基本餐具之外,在某些特殊中式宴會中,尚有若干器皿及用具必須準備或擺放,列舉說明如下:

醬醋壺排法

1.醬醋壺

原則上,每一餐桌的轉盤上,均需放置一套小醬醋壺以及宴會時所需的配料盤,供客人自行取用。

菜單排法

2.菜單

一般而言,服務人員須於宴會之前,將宴會主人所選定的菜單置於各個餐桌上,以作為與宴賓客用餐時的參考。一般宴會中,每桌至少應擺放有一至二份菜單;而在國宴中,則需每位賓客各備一份。菜單除非經顧客要求,否則一般皆於宴會結束時才予以收回。

盆花 (一)

盆花 (二)

3.盆花

若於餐桌或轉盤中央,在一般擺設外另行放置一盆花卉,定能替宴會增添不少氣氛。為此,花飾便常為宴會餐桌擺設的必備項目之一。於餐桌上擺設盆花時,必須注意花卉的高度,不可過高以免擋住賓客彼此視線之交流或造成其他不便,適得其反。菜餚上桌時,需視分菜方式以決定盆花是否移走。通常,若於轉盤上分菜,上菜時須將花飾移走,而採用旁桌服務時,因並不阻礙上菜,花飾便可一直保留在餐桌上,作為裝飾,直至宴會結束方予以收回即可。

4.茶杯

對中式餐飲而言，茶是必備的中式飲料，所以必須準備茶杯。在宴會中，服務人員通常將茶杯備妥並置放在服務桌處，倒好茶後再以圓托盤送給客人飲用，不必預先置於餐桌擺設中。

5.菸灰缸

台灣在政府頒布《菸害防制法》後，禁止顧客在公共場所及餐廳裡抽菸，因此餐桌上一律不擺設菸灰缸。

(十二)國際觀光旅館中式餐桌排法

目前各家飯店的中餐餐桌擺設雖有些差異，但仍都依傳統基本擺設的架構修改而成，由圖片也可以看出，現在中餐的擺設每家餐廳的擺法都增加了大餐刀及大餐叉，方便賓客使用。**圖5-1**至**圖5-4**是目前國際觀光旅館中式餐桌的排法，提供讀者參考。

圖5-1　台北文華東方酒店中餐擺設

圖5-2　寒舍艾麗酒店中餐擺設

圖5-3　台北萬豪酒店中餐擺設

圖5-4　高雄漢來大飯店名人坊中餐擺設

 # 第二節　中式宴會服務

一、中式宴會服務

　　中式宴會服務可分為餐盤服務、轉盤式服務以及桌邊服務等三種方式。其中，餐盤服務最為簡單，菜餚均在廚房由師傅依既定分量分妥，再由服務人員依服務的尊卑順序，以右手從顧客右側上菜即可，如同西餐的美式服務一般，即所謂的中餐西吃；轉盤式服務困難度較高，此種方式是由服務人員將菜盤端至轉盤上，再由服務人員從轉盤夾菜到每位顧客的骨盤上。採用轉盤式服務時，服務人員必須具備相當程度的服務技巧方能勝任，是一種較高級且親切之服務，但此種貴賓服務唯一美中不足的是，宴會通常十二人擠於一桌（目前有些飯店或餐廳已將婚宴酒席改成一桌座十位），倘若尚需留出空間方便服務人員分菜，將使賓客與服務人員皆感不便，有時甚至破壞原先服務顧客的美意。鑑於服務備受限制於餐桌空間的問題，有人便構想出另置旁桌用以分菜的服務方式，於是桌邊服務應運而生。桌邊服務中，服務人員先將菜盤放在轉檯上，隨之報出菜餚名稱，旋轉菜盤展示一圈後，便把菜退下並端到服務桌進行分菜，將菜餚平均分盛至骨盤上，而後再端送骨盤依序上桌給所有賓客。至於沒有觀賞價值的羹湯類，則可不經展示就直接端至服務桌，分到小湯碗後便上桌予賓客品嚐。桌邊服務方式由於菜盤直接放在服務人員正前方，桌邊的服務空間亦較寬敞，因此分菜工作比較容易且方便，同時服務人員的工作壓力相對減輕許多。以上三種服務方式的主要差別在於「分菜方式」的不同，我們只需選擇轉盤式服務來介紹宴會貴賓式的服務，即可以涵蓋另兩種服務的要領。茲將宴會貴賓式服務要領分述如下：❷

(一)奉茶遞毛巾

　　當客人到達宴會場所時，服務員必須以圓托盤奉上熱茶，茶水倒七分滿即可。隨後，有些餐廳會奉上濕毛巾，甚至配合季節，於冬季使用熱毛巾，夏季使用冰涼毛巾。服務時，毛巾必須整齊置於毛巾籃裡，由服務人員左手提毛巾籃，右手以手巾夾夾取濕毛巾逐一服務賓客。有些餐廳則於餐桌擺設中，預先擺放一個銀毛巾碟於餐盤左側，等全部賓客入座後，再於上菜前服務毛巾，現在也有不少餐廳改採濕紙巾取代毛巾服務賓客（大型宴會都採用濕紙巾）。

(二)詢問主人對菜單的要求及預定用餐時間

　　雖然宴會主人早在訂席之初就已決定菜單內容，但為求保險起見，宴會領班仍應於主人到達後，先拿菜單與主人再行溝通，諸如：瞭解今天宴請賓客的背景？主人對菜餚口味的需求？用餐時間是否急迫？大約需要多久時間上完菜等，此外，仍需詢問主人宴會所使用之酒水與預定用餐的時間，以便提早準備並確實掌控出菜速度。

(三)協助入座

　　服務員應遵循國際禮儀，協助賓客入座，首先必須先替主賓及女士拉椅子協助入座，待全部就座後，服務員並需協助攤開口布，輕放於賓客膝蓋上。

(四)上菜前必須先服務妥酒水

　　賓客就座後，服務人員須趨前詢問欲飲用之酒水，務必於菜餚尚未上桌前先服務好酒水，以便在替賓客分妥前菜後，賓客可以馬上舉杯敬酒。傳統中餐的飯中酒大部分以紹興酒類為主，並習慣裝盛以小酒杯飲用，但因直接由大酒瓶將酒倒入小酒杯並非易事，再加上逐一持大瓶酒輪流添酒也可能造成不便，所以服務人員必須在每一桌另外準備四至六個公杯，轉盤上每邊各置二至三個。如此一來，賓客自行添酒較爲方便。紹興酒類最佳的品嚐溫度在35～40℃間，因此紹興酒類的酒最好能溫熱後再服務上桌，爲此，大部分的餐廳和宴會廳皆備有這種溫酒的設備。然而國人一向未如此講究品酒文化，爲避免不必要的爭執，服務人員最好能於接受賓客點用紹興酒類時，便詢問是否有溫酒的需要。假使服務員不主動詢問，而待賓客要求時才溫酒，其服務品質就顯得有所欠佳，同時更會延誤上菜時間。現在的中餐大部分會使用紅酒，若賓客點用紅酒，便需在賓客點完紅酒後，馬上更換爲紅酒杯。至於點用果汁時，如爲盒裝果汁，爲使其顯得較爲高貴大方，則必須先將果汁倒入果汁壺再進行服務。

(五)上菜須展示菜餚並解說菜餚的特色及做法

菜餚由廚房端出後，由服務人員從宴會主人的右側上桌，輕放於轉盤邊緣，並報出菜名，若能就菜餚稍作簡單的解說則更佳。上桌的菜餚經主人過目後，便可輕輕地以順時鐘方向將菜餚旋轉至主賓面前，然後從主賓開始，依序進行服務。

(六)如何使用服務叉及服務匙分菜

在從前的服務方式中，習慣在上菜時將服務叉及服務匙放於菜盤裡一起上菜，因此很容易使服務叉、服務匙不小心掉入菜盤中。現在，大部分的餐廳和宴會廳已不再將服務叉及服務匙放入菜盤中，改而另行準備一個骨盤以放置服務叉匙。服務人員上菜時，如果菜盤以單手端持即可上桌，就以右手端菜盤、左手拿骨盤且上置服務叉匙的方式上桌；如果菜盤需雙手端送才行，則可將服務叉匙與骨盤先放於轉盤上，隨後再將菜餚端上桌。服務員左手所拿持之骨盤除了可以擺放服務叉匙之外，也可用來當作菜盤的延伸。譬如當服務員以右手夾菜服務賓客時，左手便可藉骨盤以協助接送菜餚到賓客的餐盤上，以免菜餚或湯汁不小心滴落到檯布上，造成桌面的髒亂。有些餐廳更規定服務員在進行服務時，左手腕必須掛有服務巾，以便能及時處理餐桌上的湯汁，因此在上菜時，可將服務巾摺成小方塊墊於左手心，再將骨盤置於其上，如此則能同時達到服務巾不離手與方便服務的目的。

(七)分菜的順序

　　一般中式宴會，通常將餐桌安排為十二個席次，為清楚介紹服務人員分菜的順序，依時鐘時刻一至十二共十二個鐘點將餐桌位置標示出，茲述如下：

1. 以時鐘座位來講，服務人員站在十一點至十二點中間，先服務主賓，而後再服務十一點鐘座位的客人。一次最多只能服務所在位置左右兩側的賓客，不可跨越鄰座分菜。
2. 服務人員將服務叉匙置於左手骨盤上，再以右手輕轉轉盤，將菜盤以逆時鐘方向轉至九點鐘及十點鐘之間的座位，服務員站於其間，先後服務坐在十點及九點座位的賓客。
3. 以同樣方式將菜盤轉到位於七點鐘及八點鐘的賓客面前，服務員站在其間，先服務八點鐘位置的賓客，再服務七點鐘位置的賓客。服務妥此兩位賓客後，恰好已服務完主賓右手邊的賓客，接著便開始服務主賓左手邊的賓客。
4. 以同樣的方式將菜盤依順時鐘方向轉至一點鐘、兩點鐘的賓客面前，服務員站立其間，先服務完一點鐘座位的賓客後，再服務兩點鐘座位的賓客。
5. 以同樣方式將菜盤轉到三點與四點鐘的賓客面前，服務員站於其間，服務完三點鐘座位的賓客後，再行服務四點鐘座位的賓客。
6. 以同樣方式將菜盤轉到五點鐘位置及主人面前，服務人員站在

其間，先服務完五點鐘座位的賓客後，最後再服務主人。

(八)魚翅改由個盅方式呈現

宴會酒席中，魚翅堪稱為最尊貴的一道佳餚，但因政府將魚翅（鯊魚）列入保護動物，不可以隨便獵殺，因此現在的餐廳都已減少魚翅的使用，改由個盅方式提供，如鮑魚干貝佛跳牆、一品佛跳牆燉翅或瑤柱花菇雞燉翅等個盅方式呈現，減少對魚翅的使用。服務人員服務時從賓客右側一一將個盅墊上底盤，服務給賓客即可，不像早期須將整大盤的魚翅一一分到每位賓客的湯碗上。

(九)分菜時需控制分量

分菜時必須先估計每位賓客的分量，寧可少分一點，以免最後幾位不夠分配。替全部賓客分完第一次以後，如果菜餚還有剩餘也不能馬上收掉，而應將餐盤稍加整理，而後將服務叉匙放在骨盤上，待賓客用完菜時自行取用或是由服務人員再次服務。原則上，服務人員可主動替先食用完菜餚者再次進行服務，並不需詢問客人：「需不需要再來一些？」，假使客人覺得不需要，他自然會拒絕，詢問反而會使其感到為難，因為客氣（想吃而又不好意思說）的人總是比較多。

(十)未分完的菜餚可使用骨盤盛裝

若前一道菜餚尚未吃完而下道菜已經送達，或是轉盤上已排滿幾道大盤菜，沒有辦法再擺上另一道菜時，服務員可將桌上的剩菜以小盤盛裝放置在轉盤上，直至賓客決定不再食用該道菜，才可以把菜收掉或詢問賓客是否要打包。

(十一)上下一道菜前需更換骨盤或碗

一旦賓客食用完其骨盤上的菜餚，便可更換骨盤，尤其在貴賓式的宴會中，更講求每一道菜都必須更換骨盤及碗。服務員更換骨盤時，使用圓托盤以放置替換的新舊骨盤，且應將殘盤全部收拾完畢後，再換上乾淨的骨盤。此外，必須在替全桌賓客更換好骨盤後，才可繼續上下一道菜。如果下一道菜為湯品時，則須先將小湯碗整齊擺放於轉盤邊緣，然後才上湯，並進行舀湯、分湯的服務。

(十二)正式宴會時需供應三次毛巾

貴賓式的服務，一餐當中至少供應三次毛巾或濕紙巾，即就座時、餐中服務帶殼的蝦類或是螃蟹類時與上點心前共三次。

(十三)餐中供應洗手碗

遇到需以手輔助食用的菜餚時，例如帶殼的蝦類或是螃蟹類等，必須隨餐供應洗手碗。貴賓式服務中，應為每位賓客各準備一只洗手碗。在西餐裡，洗手碗皆盛以溫水，再加上檸檬片或花瓣，而中餐裡則常用溫茶加檸檬片或花瓣。

(十四)服務湯或多汁的菜餚需用小湯碗

除了湯品需要使用小湯碗盛裝之外，一些多汁的菜餚，也必須採用小湯碗服務，以方便賓客食用。因此服務人員在宴會服務之前，便須依菜單中菜色的需要，準備足夠的湯碗備用。

(十五)轉盤上分湯時需注意轉盤的清潔

服務湯類或多汁菜餚時，在菜未上桌前，服務員必須先從主人右側將小湯碗擺於轉盤邊緣，並預留菜餚或湯品的放置空間，待端上菜餚後，立即站在原位將菜餚或湯分於小湯碗中，分完後再輕輕旋轉轉盤，將小湯碗送至主賓前開始替賓客服務，若發現玻璃轉盤上滴留有湯汁或食物，必須立即以預先準備的濕口布擦拭乾淨，以免客人看了

胃口盡失。

(十六)分菜餚到骨盤時，菜餚不可重疊

　　一道菜餚有兩種以上食物時（例如大拼盤或雙拼盤），在分菜時便需將菜餚平均分至骨盤上，分菜的位置應平均，不可將菜餚重疊放置於骨盤上服務賓客。此外，服務人員分菜時也應留意賓客對該道菜餚之反應，譬如是否有人忌食或對該菜餚有異議，並應立即給予適當處理。

(十七)餐桌上服務魚的技巧

　　服務全魚時需具備一些技巧。當整條魚上桌時，使魚頭朝左，魚腹朝桌緣，轉盤上並需準備兩個骨盤，一個擺放餐刀及服務叉匙，一個備以放置魚骨頭。首先，以餐刀切斷魚頭及魚尾，接著沿著魚背與魚腹最外側，從頭至尾切開其皮與鰭骨，然後再沿著魚身的中心線，從頭至尾深割至魚骨。切完後，以餐刀及服務叉將整片魚背肉從中心線往上翻攤開，同樣的再將整片腹肉往下翻攤開，至此即可很容易將餐刀從魚尾斷骨處下方插入，慢慢的往魚頭方向切入。在輔以餐叉之協助下，將整條魚骨頭取出放在旁邊的骨盤上，然後在魚肉上淋以一些湯汁，再把背肉和腹肉翻回原位即成一條無骨的全魚。一切就緒後，將轉盤輕輕轉到主賓面前，開始使用服務叉匙分魚給賓客。

(十八)上點心前需清理桌面

　　魚通常是最後一道主菜，所以必須在賓客用完魚、上點心之前，先將賓客面前的骨盤、筷架、筷子、小味碟等全部收拾乾淨，轉盤上的配料及剩餘的菜餚也需一併收拾。將餐桌約略整理過後，替每位賓客換上新骨盤和點心叉，接著才可以上點心。

(十九)奉上熱茶或飯後酒

　　上完點心水果之後，服務人員必須再替賓客奉上一杯熱茶，比較講究的餐廳，宴會最後會在現場表演泡老人茶，當場端給賓客品嚐，這也不失為一個很好的噱頭和賣點，但如主人飯後有提供飯後酒時，服務人員須一一詢問賓客所需的飯後酒。

二、中式宴會的桌邊服務

　　桌邊服務，其特色便是必須設有分菜專用的服務車。在西式的餐廳裡，若採用旁桌服務，多會有此種設備，但在國內宴會廳裡，僅利用服務桌來進行分菜。畢竟宴會廳礙於空間有限，宴會時無法在每一餐桌旁均放置旁桌，大部分都利用牆邊臨時布置的備餐桌來分菜。這種使用備餐桌來分菜的缺點是，菜盤遠離賓客視線，嚴格看來並不能算是真正的桌邊服務，而只算是一種服務人員分擔廚房分菜工作的餐盤服務。其實如果餐廳受限於空間而無處擺放旁桌，利用備餐服務桌仍是一種可以接受的選擇，但若在空間不成問題的前提下，便應在備餐服務桌旁另設旁桌，將餐廳內分菜之演出效果予以充分發揮。

　　國人聚餐習慣使用圓桌，在圍圓桌而座的情況下，要找一處能讓大家都能觀賞到桌邊服務的服務位置並非易事，因此在中式宴會的桌邊服務裡，除非是服務沒有觀賞價值的湯類，否則絕對不能省略菜盤展示之步驟。展示時，可將菜盤置於轉盤上轉一圈，並介紹菜名及解說菜餚的特色及做法。假使即將上桌的是一些做法特別的菜色，沒辦法先端上轉盤展示，像是一些包泥土的叫化雞，或富貴火腿，則可請賓客到旁桌來敲破泥土，然後由服務人員剪開荷葉，再將整個大銀盤以左手托住，由主賓開始，順時鐘方向繞行一圈，讓每位賓客都能看到主廚的精心傑作。

之前所述及的桌邊服務並非每張餐桌皆須搭配一張旁桌，原則上只要在分菜時能方便移到旁桌來分菜即可。分菜時，必須將旁桌搬至該桌大部分賓客或至少主人最能看清楚的位置，使賓客能觀賞到服務員正在為他分菜。能夠做到這種服務程度，才堪稱為桌邊服務。另外，分菜時必須雙手並用，不可一手拿持骨盤，一手操作服務叉匙，正確的方法是將骨盤擺放在旁桌上，由服務員右手拿匙、左手拿叉，進行分菜工作。

三、中式宴會的盤式服務

中餐宴會的盤式服務就像西餐美式服務一樣。師傅先在廚房將餐盤一道一道裝飾好，再由服務人員直接端上桌即可，即所謂的中菜西吃，此種方法最為簡單。唯獨在強調中餐西吃而提供刀叉的餐廳，必須在每一道菜上桌後即搭配一副新的刀叉，不能以傳統筷子的使用觀念來看刀叉的功能。有些餐廳只準備一副刀叉便要讓賓客吃盡餐中所有菜餚，收拾殘盤時也往往只收碗盤，而將殘盤上的刀叉再度擺回餐桌上，以致於沾汙檯布，這種做法是錯誤且不足取的。在西餐中，使用過的刀叉會隨殘盤一起收掉，同樣在中菜西吃的情況下，也應確實將每道菜餚所使用過的刀叉一起收掉才行。

近年來，許多宴會廳喜歡將中西餐的菜單合併在一起，稱為精饌名宴，並以西式的方法進行服務。在這種情況之下，服務人員在擺設時便須將中式的筷子及西式的餐具同時擺上桌。西式餐具可預先擺設前三道菜中將使用之刀叉於餐桌上，中式餐具只需擺設筷架、筷子及小分匙即可，以免餐桌上充滿餐具而顯得擁擠不堪。服務員在賓客每食畢一道菜便收掉其使用過之餐具，直到餐桌上預先擺設的刀叉全部收走後，便應於每次出菜前再補放一副新刀叉，酒杯同樣須依照每一道菜所搭配飲用的酒來進行擺設。**圖5-5**用以解說其菜單由來、餐具擺設以及餐中所搭配飲用的酒。

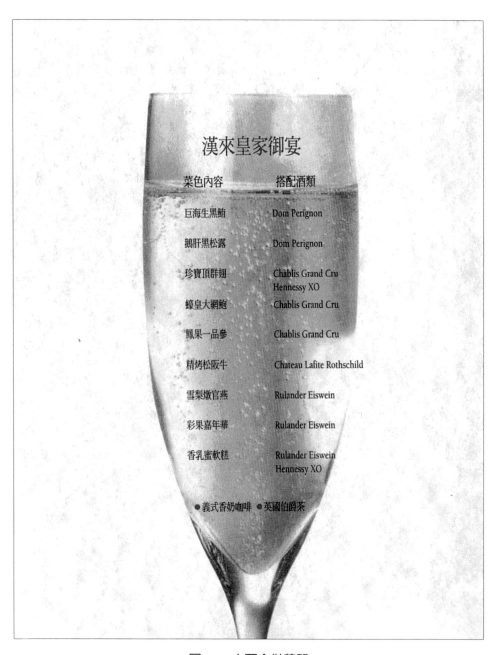

圖5-5　中西合併菜單

圖片提供：漢來大飯店

香檳王
Cuvee Dom Perignon

為紀念唐培里儂修士對香檳酒的卓越貢獻而命名的「香檳王」，是世界上公認最頂級的香檳之一，「香檳王」在各國重要國宴中是不可或缺的角色，亦是中外饕客用以烘托精緻佳餚的最佳選擇。

巨海生黑鮪
Black Tuna Fish Sashimi

《黑鮪魚》為體積龐大的遠洋魚，

因活動量頻繁，故肉質結實，

腹部油脂豐厚，入口即化，是鮪魚中的極品。

近來因捕捉困難，以致價格十分昂貴，

且鮮有品嚐機會。

（續）圖5-5 中西合併菜單

圖片提供：漢來大飯店

香檳王

Cuvee Dom Perignon

為紀念唐培里儂修士對香檳酒的卓

越貢獻而命名的「香檳王」，是世

界上公認最頂級的香檳之一。「香

檳王」在各國重要國宴中是不可或

缺的角色，亦是中外饕客用以烘托

精緻佳餚的最佳選擇。

鵝肝黑松露

Sauteed Goose Liver with Truffle

《松露》法國黑松露通常生長在橡樹或榛樹的根部，

肉眼無法看見，惟有依賴特別訓練之獵犬或豬的靈敏嗅覺去發現。

世界級美食家公認：松露迷人的香味至今沒有一種天然食材比得上！

《鵝肝》法國經典美食，以填鴨式的餵食法飼養鵝隻，

使其肝臟生長至正常鵝肝的3~4倍，

風味絕佳，口感獨特，是不可不嚐的法式料理。

（續）圖5-5　中西合併菜單

圖片提供：漢來大飯店

龍雪夏伯利
特優「布蘭夏」白酒
Domaine Laroche Chablis Grand
Cru "Les Blanchots"

法國夏伯利區（Chablis）僅有七座
葡萄園可冠上「Grand Cru」特優
等級，而布蘭夏 Les Blanchots 葡萄
園因位於得天獨厚的朝南向陽坡
地，是其中最具代表性的葡萄園。
龍雪夏伯利特優「布蘭夏」白酒是
用採自布蘭夏葡萄園的葡萄釀製而
成，口感濃烈香醇，深沈而優雅。

軒尼詩 X.O
Hennessy X.O

軒尼詩 X.O 是超過 100 種來自大香
檳區、小香檳區、邊緣區及茱木區
的「生命之水」調配而成，口味圓
潤均衡，帶有濃郁的胡椒味和獨特
的「ranico」古璞風味。

食用魚翅時，可以加入少許的醋或是
Hennessy X.O 兩種吃法，各具一番風味。

珍寶頂群翅
Jumbo Shark's Fin Soup

《群翅》為鯊魚後腹的鰭部位，稀有而珍貴，

自古就是宮中御品之一，含有豐富的膠質，

對骨髓健康有相當的助益。

群翅有「翅中之王」之稱，翅針粗壯，肉膜薄，入口香滑。

（續）圖5-5　中西合併菜單

圖片提供：漢來大飯店

蠔皇大網鮑

Braised Abalone with Oyster Sauce

《網鮑》產自日本青森縣，外型肥美碩大，

底邊闊大而平，旁邊有粗紋，

枕底呈清晰之珠粒狀，味濃而色澤晶瑩，

嚼勁十足，實為人間美味。

龍雪夏伯利
特優「布蘭夏」白酒

Domaine Laroche Chablis Grand
Cru "Les Blanchots"

法國夏伯利區（Chablis）僅有七座

葡萄園可冠上「Grand Cru」特優

等級，而布蘭夏 Les Blanchots 葡萄

園因位於得天獨厚的朝南向陽坡

地，是其中最具代表性的葡萄園，

龍雪夏伯利特優「布蘭夏」白酒是

用採自布蘭夏葡萄園的葡萄釀製而

成，口感濃烈香醇，深沈而優雅。

（續）圖5-5　中西合併菜單

圖片提供：漢來大飯店

213

龍雪夏伯利
特優「布蘭夏」白酒
Domaine Laroche Chablis Grand
Cru "Les Blanchots"

法國夏伯利區（Chablis）僅有七座
葡萄園可冠上「Grand Cru」特優
等級，而布蘭夏Les Blanchots葡萄
園因位於得天獨厚的朝南向陽坡
地，是其中最具代表性的葡萄園。
龍雪夏伯利特優「布蘭夏」白酒是
用採自布蘭夏葡萄園的葡萄釀製而
成，口感濃烈香醇，深沈而優雅。

鳳果一品參
Imperial Sea Cucumber with Kingko

《刺參》又稱遼參，體壁肥厚，

色黑多肉刺，質細味香且口感爽脆，

是相當優質的海參。

（續）圖5-5　中西合併菜單

圖片提供：漢來大飯店

214

夏托拉費特上等紅酒
Chateau Lafite Rothschild

LAFITE ROTHSCHILD 是頗負盛名
之酒莊，其所生產的夏托拉費特上
等紅酒遠近馳名，亦是波爾多地區
聲望的表徵。

精烤松阪牛
Roast Matsuzaka Beef on Rock Salt

《松阪牛肉》松阪市出雲川到工宮川一帶的農家，

特別用啤酒餵食牛隻以促進其食慾，並用

燒酒為其按摩使其皮下脂肪均勻，因而色澤紋路

美如霜雪，肉質柔嫩遠勝神戶牛肉，

被譽為「肉之藝術品」。

（續）圖5-5　中西合併菜單

圖片提供：漢來大飯店

215

蘿蘭冰之雪香甜酒

Rulander Eiswein

自德國法斯產區摘採攝氏零下六度
左右的結冰葡萄，此時香氣與糖份
相融合，搾取葡萄甜液釀製，為極
品中的極品。

雪梨燉官燕

Sweet Swallow Nest Soup,
Flavoured with Pear

《官燕》燕窩係由燕子所

吐出的唾液凝結而成。官燕

為爪哇金絲燕、白腹金絲燕等初次築立之巢，

色白質光潔，呈半碗狀，略帶清香，

為燕窩的上品。

（續）圖5-5　中西合併菜單

圖片提供：漢來大飯店

蘿蘭冰之雪香甜酒
Rulander Eiswein

自德國法斯產區摘採攝氏零下六度

左右的結冰葡萄，此時香氣與糖份

相融合，搾取葡萄甜液釀製，為極

品中的極品。

彩果嘉年華
Ice Cream on Melon with Assorted Berry

自荷蘭進口的新鮮

紅嘉倫子、藍莓、覆盆子及風沙力，

是國內罕見的水果，

顏色鮮豔，味道鮮美，令人垂涎。

（續）圖5-5　中西合併菜單

圖片提供：漢來大飯店

217

蘿蘭冰之雪香甜酒
Rulander Eiswein

自德國法斯產區摘採攝氏零下六度左右的結冰葡萄，此時香氣與糖份相融合，搾取葡萄甜液釀製，為極品中的極品。

軒尼詩 X.O
Hennessy X.O

軒尼詩 X.O 是超過100種來自大香檳區、小香檳區、邊緣區及萊木區的「生命之水」調配而成，口味醇潤均摘，帶有濃郁的胡椒味和獨特的「ranico」古璞風味。

香乳蜜軟糕
Tiramisu with Brandied Sauce

口味獨特的香乳蜜軟糕是

以特殊的義大利乳酪 Mascarpon 製作，加上

淡淡的甜酒香，風味絕佳。

（續）圖5-5　中西合併菜單

圖片提供：漢來大飯店

圖5-6　精饌名宴擺設

圖片提供：漢來大飯店

　　如圖5-6中西合併餐桌的擺設，中式部分只擺一套筷子及中分匙在筷架上，西餐部分的擺設，可先擺設前三套餐具，其餘不夠部分於上菜前再另外加餐具。

 ## 第三節　餐桌的設計與布置

　　中式宴會餐桌之排列設計是指將餐會中所使用的餐桌，按一既定要求的排列方式，組成各種不同之格局。在餐桌整體設計時，首先必須考量主桌的擺設位置，原則上，主桌應擺放在最顯眼的地方，以所有與會賓客皆能看到為原則；其次，餐桌排列應求整齊有序，桌與桌的間隔距離應適當，以維持賓客就座、進出及服務人員進行餐會服務的便利性。此外，宴會入口處也必須留出主行道，方便參與宴會之賓客入場及就座。

一、餐桌檯型之設計

　　中式宴會通常皆於獨立式的宴會廳舉行，但不論是小型宴會或大型宴會，其餐桌的安排都必須特別注意主桌的設定位置。一般而言，主桌大部分安排在面對正門口之處，面對賓客，並根據桌數的不同，有下列數種不同檯型的設計（**圖5-7**）。

1.三桌時，可排列成「品」字型或「一」字型，上方桌為主桌。

2.四桌時，可排列成「菱」形，上方桌為主桌。

3.五桌時，可排列成「立」字型或「日」字型。以立字型排列時，上方位置為主桌；日字型則以中間位置為主桌設定處。

4.六桌時，可排列成「金」字型或「梅花」型。以金字型排列時，上方位置為主桌；梅花型則以中間位置為主桌設定處。

5.大型宴會時，可依舞台位置進行主桌擺設位置之設定（請參閱**圖4-2**餐會圓桌排法）。

二、中式宴會餐檯布置之注意事項

1.中式宴會大多使用圓桌，至於餐桌的排列，則特別強調主桌位置，通常主桌應擺放在面向餐廳主門的位置；若有舞台布置時，則應置於舞台正前方，能縱觀整個宴會廳。

2.將主賓入席或退席所經之通道闢為主行道，主行道應比其他通道寬2倍以上，才能更顯氣派。

3.主桌之餐桌擺設與桌面裝飾，如檯布、餐椅、餐具及花草等布置，應與其他餐桌有所區別。

4.重要宴會或單價較高之宴會，若要採行桌邊服務，則應另設旁桌服務檯，將所有菜餚先置於旁桌服務檯進行服務，而後再依

小型宴會圓桌排列設計圖

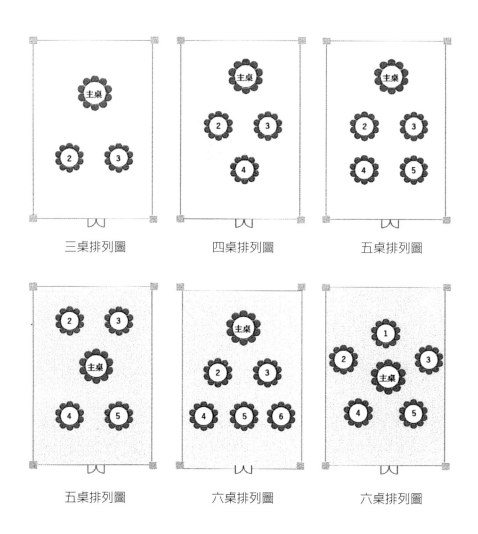

圖5-7 小型宴會圓桌排列設計圖

序分予賓客享用。

5. 大型宴會除主桌之外，所有桌子都應加以編號，並將號碼架置於桌上。除了號碼架的擺設外，宴會入口處最好能放置一張宴會座位圖，讓賓客更容易找尋自己的座位（請參閱**圖4-16**入口處配置圖）。

6. 餐桌的安排需根據宴會廳大小及宴會桌數進行安排，至於桌與桌的距離，則不宜過大或太小。桌距太小時，不僅會造成服務人員服務上的困難，也可能令客人感受到壓迫感；然則若桌距過大，亦會造成賓客之間有疏離之感覺。因此，桌與桌之間最適當的距離應控制在180～200公分之間，一般最少要140公分，最佳桌距則為183公分，即6呎。

7. 布置上，中式宴會餐桌擺設應求視覺上之整齊劃一。一場完美的宴會餐桌擺設，必須達到桌布一直線、桌腳一直線及花瓶一直線等要求。

8. 宴會廳除餐桌的擺設布置之外，尚須考量顧客需求。舉凡現場氣氛、接待桌擺設、禮品備置等事項皆需事先安排；宴會所需設備如麥克風、燈光及音響等硬體設施亦需預先裝置妥當並測試無誤，唯有如此才能順利成就一場成功的宴會。

 ## 第四節　宴會舞台之設計

在大型宴會中，舞台的布置與設計扮演最關鍵的角色，無論宴會主題、宴會風格、宴會進行方式或是宴會整體氣氛營造，皆需仰賴舞台設計與布置之配合。當然，舞台布置與設計必須視顧客預算及需求而定，並非每場宴會的舞台設計都千篇一律。有些顧客選擇簡單便利的宴會形式，僅利用飯店現有設備而不另外花費做其他布置；有些顧客則願意為了展現宴會之氣派而設計所費不貲的舞台布置，有時甚至會出現宴會舞台布置費用遠高於宴會餐費的情形。由此可知，宴會舞台之布置與設計的發展空間極具伸縮性，可隨時依顧客需要，設計出變化多端的舞台布置。

一、宴會舞台之設計

　　一場成功的舞台布置好似一件藝術品，需透過巧妙的設計，輔以花卉的自然美與人工的修飾美相結合之藝術造型，為參與宴會之賓客營造出一種特殊氣氛。因此，舞台的設計與布置已然成為重要宴席中不可或缺的裝飾。布置舞台之前，首先應決定舞台規模，因為舞台大小為活動式的，故可依顧客需求進行舞台搭設。舞台長寬尺寸一律為6'×8'或4'×6'，至於舞台高度則需視宴會廳高度而定。宴會廳中通常備有兩種不同規格的折疊式舞台，一種為16吋高及24吋高，另一種為24吋高及32吋高，兩者皆有兩段式高度可作調整。前者使用於一般宴會廳，後者則使用於廳內有挑高設計的國際宴會廳。其餘宴會中用以搭配舞台設計所需之硬體設備如燈光、投射燈、音響設備等，飯店皆能提供適合一般標準形宴會使用的基本設備；若該宴會有特殊需求，其所需器材超過飯店所能提供的範圍，例如特殊音效設備、電視牆、乾冰等，飯店通常採外包方式，交付特定燈光音響公司或相關廠商進行設計。

　　整體而言，舞台背板為點明宴會主題之處，舞台布置再依該主題進行相關設計。針對各種不同宴會類型，飯店備有各式設計圖以提供顧客配合本身需求作參考。這些設計圖，包括花飾擺設、周邊布置、講台位置、行禮台位置等圖例，皆以電腦繪圖的方式呈現，增加顧客對實際布置的瞭解。宴會部美工人員於顧客選定舞台設計樣式後，接著進行估價，並與顧客確認，待一切準備就緒，方著手從事舞台設計及布置的工作。一般而言，婚宴之舞台分為中式、西式以及中西式三種設計方向，通常西式較需布置，花費較多；反之中式則較不需布

置，花費相對較少。然而，無論花卉設計、舞台布置或宴會設備等需求，皆視顧客需求及預算而定，因此舞台布置費用多寡也因人而異，無一定論。由以上所述可知舞台設計的多元性，以下兩點為設計舞台時所應掌握的基本設計原則：

(一)確認宴會主題

　　舞台布置首重宴會主題之確認，畢竟主辦者舉行宴會通常有其特殊目的，而此一宴會目的便是宴會主題所在。由於宴會主題通常用以作為舞台背板的設計背景，一旦確認宴會主題後，便有具體的設計方向。因此宴會主題應力求明確，並根據主題，依顧客的預算創造出不同類型、不同風格、不同種類的舞台設計。可謂一旦有好的宴會主題，舞台的製作便已然成功一半。

(二)設計需新穎並符合宴會需求

　　舞台設計需不斷創新且富創造力。每種宴會場合皆有不同的舞台設計以搭配營造出適當的宴會氣氛，一場成功的宴會絕對不能僅依傳統制式的設計方式或是一味沿用他人設計來布置舞台。例如婚宴時，場地布置便應呈現出結婚喜慶的氣氛，而中式或西式的婚禮形式亦有不同的舞台布置。舞台設計涵蓋許多不同的變化方式，除了飯店本身設計圖例外，有時也可依顧客的特殊需求作任何形式的布置變化，但不論如何匠心獨具，皆應以符合宴會需求為設計前提。以下列舉數張宴會舞台、會場及門口背板布置之實際圖片做詳細說明，其布置方式常有看似雷同卻大異其趣的效果呈現，可略窺舞台設計與布置之堂奧。

二、宴會舞台及餐桌布置實例說明

圖片提供：漢來巨蛋會館

此婚宴的設計，每一桌的桌上都布置有精緻的燭台花，可依新人的喜好將桌布、椅套的顏色調換搭配。以圖片為例，主桌以白色檯布搭配鮮紅椅套，賓客桌採用明亮的藍色，四周的屏障可依婚宴桌數做隔間的調整。中央走道搭配特效燈光的投射及舞台兩側擺設香檳塔及主持人講桌，舞台中央以新人結婚照為布幕搭配愛心設計，讓會場布滿活潑亮麗的色彩及氛圍，是典型的西式婚宴設計。

圖片提供：漢來大飯店

此張照片所呈現的舞台布置，以投影布幕作為背板設計，紫色的燈光，搭配天花板的水晶吊燈，塑造華麗氛圍。舞台中央兩側擺放五層蛋糕及香檳塔，主桌與其他賓客桌檯布及椅套以不同顏色呈現，突顯主人桌的尊貴體面。

圖片提供：漢來大飯店

此張照片搭配舞台背板布置，於宴會廳進出口處搭設背板，並補以高低不同的鮮花、點心欉的布置以及燈光的投射，供賓客拍照留念之用，在新郎新娘送客時也可以當背板之用，讓所有賓客及新郎新娘留下美好的回憶。

圖片提供：漢來大飯店

此為中式婚宴的設計，走道與天花板上皆有水晶吊燈裝飾及高科技變化的不同燈光，將喜宴點綴得更加喜氣，新人踏著紅地毯經過喜氣洋洋的會場接受眾人的祝福來到主桌，主桌及其他餐桌搭配著銀白色欉布及椅套，轉台上擺放著蘭花的裝飾，另外會場前後LED屏幕，可觀看婚禮的進行，讓與會的貴賓都能參與新人的每個時刻。

圖片提供：寒舍艾麗酒店

此為中式婚宴的設計，舞台中央高掛著金色的囍字，燈光塑造讓人舒服輕鬆的空間環境，地毯兩側搭配著鮮花柱及燭台延伸到主桌，其中主桌的桌布及椅套搭配舞台上的布幕採用大紅色，賓客桌採用白色桌布及椅套，桌上以紅色的鮮花點綴，增添會場婚宴設計的美感。

圖片提供：寒舍艾麗酒店

色調會影響整體空間所呈現出的感覺，紫色的燈光，帶著優雅、浪漫；像是一層薄紗，帶著一點點神秘的魅力氣息。挑高的天花板，與桌面上圓筒玻璃花瓶，增加空間透視度，架高的白色玫瑰，就像白色波斯貓般帶點慵懶與高貴。

圖片提供：台北萬豪酒店

挑高的宴會廳，淨白的牆面及背板，塑造神聖典雅的氛圍，這一條聖潔、通往幸福舞台的路，兩旁搭配銀杏樹，有著雅典女神的風範，在賓客桌上以蠟燭台作為點綴。就像是跨世紀來到另一個世代，給予新人祝福。

圖片提供：台北萬豪酒店

皇宮的建築色彩，採用朱紅色與黃色的燈光塑造阿拉伯宮殿的華麗。背板上除了宮殿造型外，也以實體花卉來增加立體度，更顯得新人對細節關注。宴客桌上以鍍金的相框作為擺飾，並在賓客桌上放上仿古的精裝書，讓賓客參與了一場古典華麗的盛會。

圖片提供：台北萬豪酒店

天花板圓形水晶吊燈，以幾何層次堆疊呈現俐落簡明；側牆有著挑高的拱形門設計，帶有玻璃帷幕，讓賓客們不受空間束縛，能舒服的用餐。桌面上的花卉擺脫以往浪漫色彩改以綠色爲主體，用透明圓筒花瓶妝點，讓整體給人自由、清新、有活力的感受。

圖片提供：台北萬豪酒店

此爲宴會舞台上或舞台兩側擺設之蛋糕台，由飯店提供供新人切蛋糕時之用。蛋糕通常爲五層，上面環繞由糖做成裝飾品及花卉作爲裝飾之用。由於宴會餐中已備有甜點，所以蛋糕台上大多僅擺設以蛋糕模型及一部分蛋糕，供婚宴新人作切蛋糕儀式之用。

圖片提供：台北文華東方酒店

華麗的宮殿風格，壁燈及布幔以古羅馬風格造型點綴會場，充滿慵懶卻華麗的空間感，讓賓客置身在古堡中，參與新人重要的時刻。賓客桌上以像聖杯造型的鮮花作為點綴，紫色的桌巾，更顯主人的非凡氣息。

圖片提供：台北文華東方酒店

天花板玻璃帷幕，搭配藍色地毯，讓整體空間顯得很跳躍，宴客桌上以白色百合搭配黃色跳舞蘭，透漏著輕鬆明亮的節奏。天花板的帷幕上，有著楓葉形狀或深或淺，就像置身在森林裡一般，舒服愉快。

圖片提供：台北文華東方酒店

以木紋的交錯相疊的方式搭建出圓形拱狀的天花板，兩側白色的牆上，以立體雕花及綠色燈罩妝點會場，走道兩旁有著藍色座椅，讓空間在神聖中不顯單調，椅背上的流蘇造型，增添會場的華麗感。舞台上方垂墜以白色帶點粉色的紗幔布，而兩旁也以粉色為主軸的鮮花點綴。

圖片提供：台北文華東方酒店／許順旺攝

此張照片以新郎新娘英文名字為設計，在宴會廳門口附近搭設兩種不同類型背板，一種以白色背板搭米色布簾及鮮花供賓客站立拍照，另一種以丈青藍背板加金框為背景，並補以沙發、茶几及燈座供賓客座下來拍照留念。右邊擺設豐富茶點供先到的賓客使用。

圖片提供：漢來大飯店／許順旺攝

圖中會議為中藥商業同業公會所舉辦。為配合主辦單位的性質及開會內容，舞台設計便以中藥的意象為依歸，於舞台上擺置象徵各類草藥的綠色植物；舞台背板更以著名唐詩以及傳統中國圖繪，傳神的表達中藥之歷史傳承及其獨特性。由此實例可知，成功且切題的舞台設計對宴會整體的確具畫龍點睛之效。

圖片提供：世貿聯誼社／鄭錦銘攝

此圖為世貿聯誼社婚宴現場之宴會廳布置。採用黃白交錯之燈光，呈現出宴會場地的優雅質感。舞台之背板以透明之玻璃材質獨樹一格，更用愛心交疊之圖案刻劃出婚禮甜蜜之氣氛，既簡單又獨具風格。

圖片提供：世貿聯誼社／鄭錦銘攝

此圖堪稱全台北市用餐視野最好的婚宴場所，位於142公尺之高度，讓賓客居高臨下，享受高高在上的婚宴喜樂。中間走道在婚宴時也會鋪設全台最長35公尺之紅地毯。宴會廳以浪漫的紫色色調布置會場，椅套更採用高質感之絨布材質，餐桌中間也擺放桌花，牆上裝設有精緻優雅之壁燈，使整體呈現出歐式浪漫的古典風格。

圖片提供：世貿聯誼社／鄭錦銘攝

圖中為位於33樓的宴會廳，擁有絕佳視野，更有全台首創十九座可同步連線之超大型螢幕，採用無死角之升降螢幕克服L型場地之限制，讓所有賓客都能一同分享新人的喜悅與幸福故事。上菜後會將升降螢幕收起，使與會賓客將台北的美麗景色盡收眼底。

圖片提供：台北喜來登大飯店

此為中式婚宴的擺設，舞台以高科技雷射燈光投射出雙愛心及Happy Wedding字樣，中央走道擺設紅色地毯，上方水晶燈飾可依出菜秀、新人進場等需求設計出各種不同顏色燈光與音樂的組合搭配，營造出不同的氛圍。此婚宴以高雅為主軸，主桌以傳統紅色為主，其他賓客桌以淡紫色桌巾搭白色椅套，會場典雅襯托出新人互許終身的美麗承諾。

圖片提供：台北國際會議中心宴會廳／許順旺攝

此為中式婚宴的設計，新人在中央的紅地毯上接受眾人的祝福，特殊鏡面設計的天花板倒映整個婚宴會場，讓位於兩旁側邊座席的賓客，一抬頭就能將喜宴活動盡收眼裡，也更顯得喜宴場地的氣派。

圖片提供：台北國際會議中心宴會廳／許順旺攝

此圖片為喜宴外走道的擺設，浪漫花卉、粉色雪紡紗、璀璨水晶與燈光的搭配，更襯托出相片中新人的幸福，一旁的相本可讓賓客翻閱，讓賓客從中分享新人的喜悅。

　　由以上宴會實例的照片可知，各種宴會舞台、會場、餐桌及門口背板布置之設計皆具不同的風味。宴會廳必須提供有經驗的舞台設計者，使其可針對不同需求，做適當、合宜的布置，並成功的將各種宴會氣氛彰顯出來。至於宴會中常使用之花卉素材、氣球等裝飾物品，以及其他特殊設備，宴會廳在與顧客確認舞台布置形式後，便向特約廠商洽訂，進行布置工作。

註　釋

❶薛明敏（1995）。〈中餐的餐桌擺設部分〉，《餐廳服務》。台北：明
敏餐旅管理顧問有限公司。
❷同註❶。

Note

第6章

西式宴會擺設與服務

　　西餐中所使用之餐具種類繁多，每種菜餚都可能有其特殊餐具的設置，因此必須先瞭解各式菜餚所須搭配使用之餐具，才能做出適當的擺設。在中餐及西餐當中皆有所謂的「擺設基準」，作為其他餐具擺設的基準，置於「擺設基準」的前或後或左或右，中餐之「擺設基準」是骨盤；西餐之「擺設基準」則是餐盤。適當且正確的西式宴會餐具擺設不僅賞心悅目，更可以使顧客擁有流暢的用餐流程，獲取良好之消費體驗。而本章節是依據瑞士旅館學校所教授的西式宴會餐桌擺設為主，涵蓋多項原則，將其分別敘述於本章節；此外，西式宴會的餐桌服務也有其流程與技巧所在，服務可謂是一種態度，好的服務能吸引顧客產生再購意願，因此為求服務員能維持良好之服務品質，本章節亦將服務人員所必須履行的服務要點與各式服務方式詳述其中。

 # 第一節　西式宴會的餐桌擺設

　　凡多數人共聚一堂，採用同一款式菜單且飲用相同飲料的餐會，稱之為宴會。那麼所謂「西式」宴會，顯然表示顧客已對菜單及飲料的選擇做下決定，所以在餐具擺設方面，只需按照顧客所決定之菜單與酒單進行擺設即可。依據瑞士旅館學校的傳授，西式宴會之餐桌擺設有幾項原則，詳述如下。❶

一、宴會餐具擺設原則

　　西餐中所使用之餐具種類繁多，每種菜餚都可能有其特殊餐具的設置，因此必須先瞭解各式菜餚所須搭配之餐具，才能做出適當之擺設。如顧客事先都已選妥宴會菜單，服務人員便只需於宴會開始前，遵照菜單結構進行餐具擺設即可。在擺設餐具之前，應先瞭解擺設的基本原則：

(一)左叉，右刀、匙，上點心餐具

　　擺設時以墊底盤（show plate）的擺設位置為基準，盤緣距離桌緣約一指寬，右側擺放各種配合菜單內容所需之餐刀類餐具及湯匙，左側放置各式配合菜單內容所需之餐叉類餐具，上側則橫向擺放點心類餐具，即刀、匙置於墊底盤右側，叉類則置於左側；但若叉子單獨使用時，應置於右側，如蠔叉。叉齒、湯面向上，刀刃朝左，距離桌緣一指寬；餐刀、餐叉及湯匙的握柄末端與定位盤的邊緣應處於同一水平線上；餐具間應保持一定的距離約0.5～1公分左右，不宜太鬆散，以保持桌面的整齊美觀；擺設點心餐具時，點心叉須緊靠墊底盤上方，點心匙或點心刀則置於點心叉上方，擺放方向應以最容易拿取

使用為原則，以右手使用刀叉者，柄朝右方；以左手使用者，柄朝左方。而因麵包盤都置於左手邊，所以奶油刀應擺設在麵包盤上，亦即位於餐叉左側。菜單如有起司（cheese）時，所使用的點心刀及點心叉會隨餐擺設上桌。另外如使用麵食類時會將餐叉擺放在右側、匙擺放在左側。

(二)先使用之餐具擺設於外側，依序往內使用，點心餐具則先內後外

擺設時以墊底盤為主，最後使用之主餐餐具應先擺設於墊底盤左右兩側，依此往外來擺設餐具。意即，餐中最先使用的餐具，將最後擺設在最外側。點心餐具通常只須先擺設一套即可，若遇有兩種點心，另一道點心的餐具則可以隨該點心一起上桌。譬如主菜之前如果有一道雪碧（Sherbet）時，其所需餐具便可隨Sherbet一起上桌，不必先行擺設，若要先行擺設亦可，唯需全部擺法一致。

(三)宴會餐具悉數擺放上桌

依據瑞士旅館學校的主張，宴會餐具擺設應以不超過五套餐具為原則，此種說法顯然是基於美化餐桌而來的。然則為了講求效率，通常除特殊餐具外，正式宴會場合都將菜單上所要求的餐具全部擺設上桌。這種擺設方式不僅使服務時得以節省很多時間，服務人員進行服務也較為順手。

一般除了早餐以外，在正式宴會場合中，並不將咖啡杯預先擺上桌，而應置於保溫櫃內，直至上點心時方取出擺設。如此才能夠維持咖啡杯的溫度，並且避免餐桌擺放太多餐具而顯得過於雜亂。

二、宴會酒杯擺設原則

(一)擺設不宜超過四個杯子

在歐洲地區，人們習慣在宴席上每道菜搭配一種葡萄酒，因此在宴席上常使用很多酒杯。但東西方國家在正式宴會當中，由於海鮮類（即白肉類）會以白葡萄酒來搭配，紅肉類會搭配紅葡萄酒，點心類則搭配香檳酒，再加上水是西餐的必備之物，所以正式宴會餐桌上皆擺設有四種不同的杯子，即水杯、紅葡萄酒杯、白葡萄酒杯及香檳杯。其他一些如飯前酒和飯後酒杯都不預先擺上桌，以免餐桌顯得過於雜亂，因此，擺設時不宜超過四個杯子擺上桌為原則。

(二)不擺放形狀、大小相同的酒杯

餐桌上不宜擺放兩個形狀與大小皆相同的酒杯。一般紅葡萄酒杯的容量約為7～9盎司（210～270ml），白葡萄酒杯的容量約為6～8盎司（180～240ml）。但目前許多旅館宴會廳在大型喜宴時為了節省費用並解決倉儲問題，都採用通用型的紅白葡萄酒杯，將紅、白葡萄酒杯選用為同一種酒杯。此種通用型的酒杯的使用，便無法遵守此擺設原則。但一般小型宴會時還是會將紅、白葡萄酒杯大小不同分開使用。

(三)酒杯由左至右依高矮擺設

酒杯通常採用左上右下，斜45度的擺設方式，排列時應將最高者水杯置於左側，最矮者放在右側，以方便服務員倒酒。假使右側擺放較高的酒杯，服務員要倒左側的矮酒杯時便會受到阻礙。大致上，酒杯也是依據此原則進行設計。由於白葡萄酒杯較紅葡萄酒杯先使用

的機會較大，應擺放於右側下方，故白葡萄酒杯設計較紅葡萄酒杯爲矮小，如此不但方便倒酒，也方便顧客舉杯飲用。須特別注意的是水杯，通常水杯一定高於紅葡萄酒杯，同時因將持續擺在桌上使用至宴會結束，所以其正確擺放位置應位在所有杯類之最左上方。

(四)不可妨礙右側顧客用餐

在考慮服務人員工作方便的同時，酒杯擺設尙須注意不可妨礙右側顧客用餐。在歐洲國家，以往都把酒杯擺放在點心餐具的正上方，這種方法雖然仍舊有人採用，不過服務員在替顧客倒酒時將倍感不便。因此，酒杯還是應儘量往右邊擺放較爲合適，但必須掌握適當距離，以免有妨礙右側賓客進餐之虞。基本上，擺設酒杯應以最靠近餐盤的大餐刀爲基準。一個杯子時，擺放在大餐刀的正上方約5～6公分處；兩個杯子時，高杯擺放在餐刀正上方約5～6公分的位置，矮杯則置於其右下方之處；三個杯子時，將中間的杯子擺設在大餐刀正方上約5～6公分處，高杯子排於其上方左側，矮杯子置於其下方右側。例如，若設有水杯、紅葡萄酒杯和白葡萄酒杯三種杯子，紅葡萄酒杯應擺在大餐刀正方上約5～6公分處，水杯排在其上方左側，白葡萄酒杯則擺設在紅葡萄酒杯下方右側。如果設置有第四個酒杯——香檳杯，當香檳杯較水杯高時，便可將其擺放在水杯上方左側，或是放置於水杯與紅葡萄酒杯中間亦可。

三、宴會餐桌擺設

(一)宴會菜單

以一張宴會菜單爲例（**表6-1**），遵照以上介紹之擺設原則進行擺設。

表6-1 宴會菜單

SET MENU

Thinly Sliced Scottish Smoked Salmon

with Traditional Accompaniments

蘇格蘭煙燻沙門魚

Essence of Pigeon and Truffles

Poached Quail Egg

原味鴿湯

Steamed Tiger Prawn in Lime-Butter Sauce

with Broccoli Flan

檸汁蒸明蝦

U.S. Beef Tenderloin Baked in Flaky Puff Pastry

with Mushroom and Goose Liver Stuffing

Madeira Wine Sauce, Berny Potatoes

Vegetable Garnish from the Morning Market

美國菲力牛排酥盒

"Gateau Poera"

A Rich Chocolate Layer Cake on an Apricot Coulis

巧克力蛋糕

Coffee or Tea

咖啡或茶

Pralines

小甜點

(二)擺設說明

個別擺設圖

宴會擺設圖

　　墊底盤（show plate）應置於離桌緣一個大姆指（約1～2公分）處。若盤上有飯店標誌（Logo），擺設時必須使其朝向正前方12點鐘位置。墊底盤通常使用於正式宴會，在非正式宴會場合則不一定要使用。

個別擺設圖

宴會擺設圖

　　擺設時應先從主餐餐具著手。此菜單之主菜為美國菲力牛排酥盒（U.S. Beef Tenderloin Baked in Flaky Puff Pastry），需使用大餐刀及大餐叉。餐刀應擺設於墊底盤右側，離桌緣約1～2公分處，餐叉則擺設在墊底盤左側，同樣為離桌緣約1～2公分處。

個別擺設圖

宴會擺設圖

　　由主餐往前推之菜餚為檸汁蒸明蝦（Steamed Tiger Prawn in Lime-Butter Sauce），需使用點心刀及點心叉，分別排在大餐刀右側以及大餐叉左側。點心刀應離桌緣約1～2公分，點心叉則須置於離桌緣約4～5公分處，使叉與叉之間呈現有高低變化以求美觀。

個別擺設圖

宴會擺設圖

檸汁蒸明蝦後，再往前推之菜餚為原味鴿湯（Essence of Pigeon and Truffles Poached Quail Egg），需使用湯匙。擺設時應置於點心刀右側，離桌緣約1～2公分處。

個別擺設圖

宴會擺設圖

原味鴿湯後，再往前推是蘇格蘭煙燻沙門魚（Thinly Sliced Scottish Smoked Salmon），需使用魚刀和魚叉（但有些餐廳會使用點心刀、點心叉，其實只要按餐廳的SOP流程，一致性的擺設就可以了）。將魚刀擺設在湯匙的右側，離桌緣1～2公分處；魚叉則置於點心叉左側，離桌緣1～2公分處。

個別擺設圖

宴會擺設圖

當主餐之前所有菜餚的餐具皆擺設完成後，接著便可往下進行點心餐具之擺設。在此菜單中，點心是巧克力蛋糕（A Rich Chocolate Layer Cake on an Apricot Coulis），需使用點心叉及點心匙。點心叉應擺設於墊底盤上方約2公分處，叉柄朝左，點心匙則置於點心叉上方，匙柄朝右。

個別擺設圖

宴會擺設圖

正式宴會時，咖啡杯不應預先擺上桌，而須將其保溫在保溫櫃裡，等上點心後再取出擺設，以維持咖啡杯的熱度。又因小甜點不需使用餐具，而於最後由服務人員用pass around或放在桌上，讓客人直接用手取用即可。所以接著應擺設麵包盤（b/b plate），它是西餐必備之擺設，應置於叉子左側約1～2公分處，離桌緣3～4公分。

個別擺設圖

宴會擺設圖

接著應擺設奶油刀，將其置於麵包盤右側，亦即餐叉左側，離桌緣1～2公分處。在國外，有些擺設採用將奶油刀橫擺在麵包盤上方，刀刃朝下的方式。至於應使用何種擺法，一般無特別限制，但求整個宴會廳之擺設統一、擺法一致即可。

個別擺設圖

宴會擺設圖

當Set Menu餐具擺設完成後，便應開始擺設酒類杯子。以此張Set Menu為例，假設客人點用白葡萄酒和紅葡萄酒，其擺設應將紅葡萄酒杯放在大餐刀上方約5公分處，置白葡萄酒杯於紅葡萄酒杯右下方，而水杯是西餐必備之物，則應擺放在紅葡萄酒杯左上方。

個別擺設圖　　　宴會擺設圖

接著擺設胡椒罐、鹽罐，每桌最少應擺設兩套。至於菸灰缸，則因目前《菸害防制法》的施行，因此不需擺設。

個別擺設圖　　　宴會擺設圖

接著擺放口布，口布摺法可自行決定。

個別擺設圖　　　宴會擺設圖

擺放菜單，每桌最少兩份。

個別擺設圖

擺設花卉。擺設時必須注意花卉的高度，當賓客坐下時，不可擋住賓客彼此間的視線為原則，左邊有兩種擺設方式一高一低可供參考。

宴會擺設圖

第二節　西式宴會的餐桌服務

一般而言，在正式的西式宴會上，通常會於宴會開始之前，先安排大約半小時至一小時左右的簡單雞尾酒會（cocktail），讓參加宴會之賓客有交流之機會，互相問候、認識。在酒會進行的同時，服務該宴會之員工必須分成兩組，一組負責在酒會現場進行服務，另一組則在宴會會場做餐前的準備工作。餐前的準備工作包括：

1. 準備大小托盤及服務布巾。
2. 準備麵包籃、夾子、冰水壺、咖啡壺等器具。
3. 準備宴會用餐時所需使用之餐盤、底盤，以及咖啡杯保溫等。
4. 將冰桶（wine cooler）準備妥當，放在各服務區，並將顧客事先點好的白酒打開，置放於冰桶中。
5. 備置紅酒籃，並將紅酒提前半小時打開，斜放在紅酒籃內，使其與空氣接觸，此稱之為「呼吸」。
6. 於賓客入座前五分鐘，事先倒好冰水。
7. 於賓客入座前五分鐘，事先將奶油擺放在餐桌上。
8. 於賓客入座三分鐘前，將桌上蠟燭點亮，並站在各自工作崗位上，協助賓客入座。

待一切工作準備就緒後，接著便可著手進行宴會之餐桌服務。整體而論，西式宴會的餐桌服務方式有其特定之服務流程與準則，但宴會時所採取的餐飲服務方式仍須視菜單而定，意即服務人員應依照菜單內容，進行不同的餐具擺設與服務。餐具擺設方式已於前一節介紹過，以下將以一張西式套餐菜單為例（**表6-2**），詳細說明大型西式宴會之服務方式。

表6-2　西式套餐菜單

SET MENU

Home Made Terrine of Finest Goose Liver

in Portwine Jelly with a Nutty side Salad

鵝肝醬餅

Grass Shrimp Consomme Truffle Julienne

鮮蝦清湯

Fillet of Pomfret Poashed in Riesling

Tomato Butter Sauce with Fresh Basil

白酒茄汁蒸鯧魚

Lime Sherbet. Fresh Mint

青檸雪碧

Roasted Lamb Loin Fillet with Mustard Seed Souffle

Tarragon Gravy. Gratin Dauphinois

Small Ratatouille. Young Corn French Beans

烤芥末菲力羊排

International cheese Seclection from the

Trolley Relishes and Crackers

各式精選乳酪

Mille Feuille with Seasonal Berry Fruits

Raspberry Coulis and Vanilla Cream

莓子千層蛋糕

Coffee or Tea

咖啡或紅茶

Friandises

小甜點

一、西式宴會之服務方式說明

(一)服務麵包

1. 將現烤的各式麵包置於麵包籃的口布中，並保持應有的熱度，從賓客的左側服務至賓客之麵包盤上。

2. 在正式餐會中，麵包是西餐必備之物，也是無限供應的，因此賓客食用完麵包後必須再次服務之，直到賓客表示不需要為止，但目前某些餐廳提供高品質、多選項的麵包，若再點叫則須付費。

3. 在正式宴會時，不管麵包盤上有無麵包，麵包盤皆須保留到收拾主菜盤後才能收掉；若該菜單上設有起司，則需等到服務完起司後，或於服務點心前，才能將麵包盤一起收走。

(二)服務白葡萄酒

1. 以口布托著酒瓶，並將酒的標籤朝上，從右側展示給主人觀看，以確認其點用之葡萄酒是否正確。

2. 先倒少量的白葡萄酒（30ml以內）讓主人試酒（但有些餐廳白葡萄酒是不試酒的），等主人允許後便可由女主賓及女士們開始進行服務，最後才以服務主人做結束。

3. 倒酒時務必將酒瓶之標籤朝上，慢慢地將酒倒進賓客白酒杯中約1/2～1/3滿即可。

4. 倒酒時應注意不可使酒瓶碰觸酒杯；每倒完一杯酒，需輕輕地轉動手腕以改變瓶口方向，避免酒液滴落。

5. 服務完所有賓客之後，服務人員必須將酒再度擺回冰桶中以繼續維持白葡萄酒的冰涼溫度。

6. 餐中如有兩道白葡萄酒時，先喝淡酒，再喝濃酒；先喝新酒，再喝老酒；先喝不甜的酒，再喝甜的酒。酒的服務必須搭配菜餚的服務。

(三)服務冷盤——鵝肝醬餅

1. 廚房通常先將鵝肝醬擺妥於餐盤上，而後再放到冷藏庫冷藏。
2. 服務人員應從賓客右側進行服務。上菜時，拿盤的方法應為手指朝盤外，切記不能將手指頭按在盤上。
3. 鵝肝醬餅一般附有每人二片烤成三角形的小吐司，服務人員同樣必須用麵包籃，將小吐司由賓客左側遞送至麵包盤上，讓賓客搭配鵝肝醬食用。
4. 正式餐會時，服務員必須要等該桌賓客皆食用完畢，才可同時將使用過之餐具撤下，收拾餐盤及刀叉時，應從賓客右側進行。

(四)服務鮮蝦清湯

1. 從賓客右側送上湯，並注意若湯碗有雙耳，擺放時應使雙耳朝左右兩邊，平行面向賓客，而不可朝上下。
2. 待整桌同時用完湯後，將湯碗、底盤連同湯匙從賓客右側撤下。
3. 此時，服務人員須注意賓客是否有添加麵包或白酒之需要，應給予繼續的服務。

(五)服務白酒茄汁蒸鯧魚

1. 白酒茄汁蒸鯧魚是一道熱開胃菜。為了保持熱菜的新鮮度和熱度，當師傅在廚房將菜餚裝盤妥當後，便應立即由服務人員端送服務給賓客，而不像冷盤可先裝好再放入冰箱冷藏預備。

2. 為應付上述情況，該宴會負責主管在大型宴會中必須有技巧地控制上菜的方法。因為在正式餐會裡，必須等整桌都上完菜後才能同時用餐，若仍讓每位服務人員同時服務自己所負責的桌，便常造成同一桌次之賓客有的已經上菜，有的仍須等菜，導致已上桌之熱菜在等待過程中冷掉。舉例來說，每位服務人員服務一桌（通常為八位至十位賓客）時，冷盤類因可事先做好放置於冷藏庫，服務人員拿取容易；湯類僅以托盤即可拿完；而熱食類則因廚房必須現場打菜，故服務人員需排隊取菜，每次只能端二到三盤，等到上好一桌八位或十位賓客時，已然排隊數次，已上桌之熱菜冷掉乃意料中之事。

3. 基於上述理由，全體服務人員在該狀況下必須互相協助，不能只服務自己所負責的桌次。應由領班到現場指揮，讓全體服務人員按照順序一桌一桌上菜，避免造成每桌均有賓客等菜的現象，並方便讓整桌先上完菜的賓客先用餐。

4. 服務人員須等該桌賓客全都用完白酒茄汁蒸鱈魚後，從賓客右側同時將餐盤及魚刀、魚叉同時收走。

(六)服務青檸雪碧

1. 主菜之前如有一道雪碧（Sherbet），其目的是為清除之前菜餚的餘味並幫助消化，以便能充分享受下一道菜——主餐烤芥末菲力羊排。

2. Sherbet一般皆使用高腳杯以盛裝。服務時可用麵包盤（b/b plate）或點心盤（dessert plate）加花邊紙，由賓客右側上菜服務。

3. 須等同桌賓客都用完Sherbet時才能一起清理，但在清理時必須同時將墊底盤（show plate）於主餐之前一起撤下。

(七)服務紅葡萄酒

1.除非賓客要求繼續飲用白葡萄酒，否則在服務紅葡萄酒前，若賓客已喝完白葡萄酒，便應先將白葡萄酒杯收掉。

2.為使紅葡萄酒能先接觸到空氣，因此紅葡萄酒在上菜前半小時已先開瓶，所以服務人員可直接從主人或點酒者右側，將酒瓶放在酒籃內，標籤朝上，讓主人或點酒者先過目，然後倒少量約1盎司左右（30ml）的紅酒給主人或點酒者試酒。

3.當主人或點酒者評定酒的品質後，服務人員便可將酒瓶從酒籃中移出或仍然置於籃中，並維持標籤朝上地依序服務所有賓客。

4.服務紅酒時，如遇賓客不喝紅酒，服務人員必須將該賓客的紅酒杯收掉，不可將其倒蓋於桌上。

5.倒葡萄酒時速度不可求快，應該慢慢地倒並注意別讓酒瓶碰觸到酒杯；每當倒完一杯酒之後，服務人員可輕輕轉動手腕以改變瓶口方向，避免酒液滴落。

(八)服務主菜—烤芥末菲力羊排

1.採用與白酒茄汁蒸鯧魚相同之服務方式，必須由領班在現場指揮，一桌一桌地上菜，不可各自上自己服務的桌。否則，一樣會造成同桌賓客有人已上菜，有人仍在等菜的情況。

2.醬汁（sauce）需由服務人員從賓客左側一一詢問賓客是否有需要並服務之。

3.服務人員必須等所有賓客都已用完餐，才能從賓客右側收拾大餐刀、大餐叉及餐盤。麵包盤則必須等到起司用完後才能撤下，並非撤於食畢主餐之後。

4.用完主餐後，應將餐桌上的胡椒罐與鹽罐同時撤下。

5.替客人添加紅酒時，最好不要將新、舊酒混合，必須等到賓客喝完後，再進行倒酒服務。

6.另外特別提醒：此道菜餚如為可用手拿起食用的菜餚，需附帶供應洗手盅，洗手盅內裝六分滿的清水及檸檬片或玫瑰花瓣，服務員要口頭說明，以免賓客誤用，收盤時亦須一起收走。

(九)服務各式精選乳酪

1.服務起司（cheese）之前，服務人員必須左手拿持托盤，右手將點心刀、點心叉擺設在賓客位置上。

2.將各種起司擺設在餐車上，由賓客左側逐一詢問其喜好，依序服務。若餐會人數眾多，便會先於廚房中備妥，再採用餐盤服務（plate service），從賓客右側上起司服務。

3.服務起司的同時，亦需繼續服務紅葡萄酒和麵包。

4.同桌賓客皆食用完後，服務人員必須將餐盤、點心刀及點心叉從賓客右側收掉，麵包盤可拿著托盤由賓客左側撤下。

(十)清理桌面

1.用完起司後應清理桌面，將桌面上的酒杯、麵包盤、奶油刀等撤走，只留下水杯。

2.服務員應手持麵包屑斗（crumb scoop），一手持服務盤，從賓客左側，由右至左，以麵包屑斗刷掃麵包屑至服務盤內，來回幾次至乾淨為止。

3.擺放點心餐具，從賓客右側將餐桌上原擺設的點心匙移至賓客右側，再從賓客左側將點心叉移至賓客左側。

(十一)服務莓子千層蛋糕

1.上點心之前，桌上除了水杯、香檳杯及點心餐具外，全部餐具

與桌面物品皆需清理乾淨。假使桌上尚有未用完之酒杯,則應徵得賓客同意後方可收掉。

2.上點心之前若備有香檳酒,須先倒好香檳才能上點心。

3.點心應從賓客右側上桌,餐盤、點心叉及點心匙之收拾也將從賓客右側進行。

4.在咖啡、茶未上桌之前,應先將糖盅及鮮奶盅放置在餐桌上。

(十二)服務咖啡或紅茶

1.點心上桌後,即可從保溫櫃取出咖啡杯擺設上桌。

2.上咖啡時,若賓客面前尚有點心盤,則咖啡杯可放在點心盤右側。

3.如果點心盤已收走,咖啡杯便可直接置於賓客面前。

4.服務咖啡時,服務人員左手應拿著服務巾,除方便隨時擦掉壺口滴液外,亦可用來護住熱壺,以免燙到賓客。

5.服務咖啡或茶時至少需倒七分滿,除非賓客有特別要求。

6.隨餐服務的咖啡或茶必須不斷地供應,但添加前應先詢問賓客,以免造成浪費。

(十三)服務飯後酒

服務完咖啡或茶後,即可提供飯後酒之點用,其方式跟飯前酒相同。通常宴會廳都備有裝滿各式飯後酒的推車,由服務人員推至賓客面前推銷,以現品供賓客選擇,較具說服力。

(十四)服務小甜點

服務小甜點時不需要餐具,由服務人員直接pass around或每桌放置一盤,由賓客自行取用。

二、西式宴會之基本服務要領

　　以上是藉西式宴會套餐菜單實例所做之服務方式說明，然則除如上所述之各項菜餚之服務方法外，在西式宴會中，服務人員尚有一些基本服務要領必須注意：

(一)同步上菜、同步收拾

　　在宴會中，同一種菜單項目需同時上桌。若遇有人其中一項不吃，仍需等大家皆用完該道菜並收拾完畢後，再和其他賓客同時上下一道菜。

(二)確保餐盤及桌上物品的乾淨

　　上菜時須注意盤緣是否乾淨，若盤緣不乾淨，應以服務巾擦乾淨後，才能將菜上給賓客。餐桌上擺設的物品如胡椒罐、鹽罐或杯子，也須留意其乾淨與否。

(三)保持菜餚應有的溫度

　　服務時，應注意食物原有溫度之保持。有加蓋者，需於上桌後再行打開盤蓋，以維持食物應有之品質；盛裝熱食的餐盤也需預先保溫加熱，才能用以盛裝食物。因此，服務用的餐盤或咖啡杯，必須存放在具保溫功能之保溫櫃中，而冷菜類之菜餚也需用冷盤來盛裝，絕對不能使用保溫櫃內之熱盤子來盛裝，以確實維持菜餚應有的溫度及品質。

(四)餐盤標誌及主菜餚的位置應放置在既定方位

擺設印有標誌的餐盤時,應將標誌正對著賓客。而在盛裝食物上桌時,菜餚亦有一定的放置位子,凡是食物中有主菜之分者,其主要食物(如牛排)必須靠近賓客;點心蛋糕類有尖頭者,其尖頭應指向賓客,以方便賓客食用。

(五)調味醬應於菜餚上桌後才予服務

調味醬分為冷調味醬和熱調味醬。冷調味醬一般均由服務員準備好,放在服務桌上,待賓客需要時再取之服務,例如番茄醬、芥末等;而熱調味醬則由廚房調製好後,再由服務人員以分菜方式服務之。最理想的服務方式應為一人服務菜餚,一人隨後服務調味醬,或者在端菜上桌之際,先向賓客說明調味醬將隨後服務,以免賓客不知另有調味醬而先動手食用。

(六)應等全部賓客用餐完畢才可收拾殘盤

小型宴會時,需等到所有賓客皆吃完後,才可以收拾殘盤,但大型宴會則以桌為單位即可。在正式餐會中,若有人尚未吃畢就開始收拾,似乎意在催促仍在用餐者,有失禮貌。此外,由於必須等全部收拾完畢後,才能上下一道菜餚,所以太早收拾部分餐盤,對工作進度亦無太大幫助,因此應等全體賓客用完餐再一起收拾較為適當。

(七)賓客用錯刀叉時,需補置新刀叉

收拾殘盤時要將桌上已不使用的餐具一併收走,若有賓客用錯刀叉時,也需將誤用之刀叉一起收掉,但務必在下道菜上桌前及時補置新刀叉。

(八)服務有殼類或需用到手的食物時，應提供洗手碗

凡是需用到手的菜餚如龍蝦、乳鴿等，均需供應洗手碗。洗手碗內盛裝約六分滿左右的溫水，碗中並通常放有檸檬片或花瓣。有些賓客可能不清楚洗手碗的用途，所以上桌時最好能稍做說明。隨餐上桌的洗手碗視同為該道菜的餐具之一，收盤時必須一起收走。

(九)拿餐具時，不可觸及入口之部位

基於衛生考量，服務人員拿刀叉或杯子時，不可觸及刀刃或杯口等將與口接觸之處，而應拿其柄或杯子的底部，當然手也不可與食物碰觸。

(十)水應隨時添加，直到賓客離去為止

隨時幫賓客倒冰水，維持水杯適當水量約在1/2～2/3之間，一直至賓客離去為止。

(十一)應瞭解牛排的生熟度

在西式餐會中如遇菜單中有提供牛排服務時，服務人員須先詢問賓客牛排的生熟度？(1)R→1～2分熟（Rare Cooked）；(2)MR→3～4分熟（Medium Rare Cooked）；(3)M→5～6分熟（Medium Cooked）；(4)MW→7～8分熟（Medium Well Cooked）；(5)WD→9～10分熟，亦即全熟（Well Done Cooked），共分為五種生熟度供賓客選擇。

 第三節　西餐的服務流程

　　大多數的人到餐廳用餐，都有其特殊目的。除了解決因饑餓所產生的生理需求外，顧客至餐廳用餐可能出自商務上之需求，或是為了宴請親朋好友、慶祝某種紀念日，抑或為享受在餐廳用餐的氣氛，甚至專為品嚐餐廳推出的若干道特別菜餚。無論其目的究竟為何，每位顧客皆希望藉由一頓豐盛的佳餚和一種愉悅、特殊的氣氛來滿足自身需求的消費動機。因此，餐廳便肩負著將菜餚與服務工作做最妥善安排的重責大任。菜餚有賴於師傅的手藝技術與不斷的研發創新，服務工作則需依靠全體服務人員的執行，缺一不可。❷

一、何謂服務

　　服務意指透過全體員工的努力，滿足顧客的需求。它是一種態度，一種想把事情做得更好的欲望。意即身為服務人員，應經常設身處地替顧客著想，及時瞭解並確實提供所需之服務，而為求能維持良好的服務品質，服務人員必須履行下列六項服務要點：

(一)熟悉本身的工作

　　所謂熟悉本身的工作，意思就是能迅速、確實而且有技巧地處理顧客需求，此亦為提供良好服務的第一基礎。有些人長年累月地工作，具備豐富的實務經驗，但卻不肯花費心思來改進自身的工作品質。如此積習不改，縱使工作年資再長，若未能投注精神與心思在工作品質的改善上，服務品質終究無法提升；尤有甚者，更經常有著不佳的服務，導致顧客抱怨，使公司名譽受損。所以，一旦服務人員在工作上遭遇困難或有需要改善之處，千萬不可猶疑，應尋求主管或資深同仁的幫助，因為他們也都非常明白，一位對工作技巧不甚熟悉的服務人員，無法真正給予顧客妥善的服務。在此同時，領班和主任的責任尤其重大，必須確實負責指導其下所屬之服務人員，培養其必備之工作能力與技巧。

(二)瞭解飯店產品等相關知識

在飯店中，顧客時常會向服務人員詢問有關飯店的各種問題，因此服務人員必須對飯店中各項設施以及服務瞭若指掌，舉凡各餐廳之特色、營業時間、各類服務之負責部門等，甚至對商務、旅行等相關常識都應有所瞭解。若服務人員能掌握飯店產品等相關資訊，即便顧客之提問不在本身所屬部門之範疇內，仍可在顧客隨口提出疑問或是實際發生困難時，即刻答覆顧客並協助顧客解決困難，提供令人信賴的服務。

(三)具備敬業精神

敬業的意義在於對自己的工作感到驕傲，並且具有專業的責任感。無論面對任何工作，「敬業」都是最重要的精神指標。身為第一線的服務人員，必須隨時自省服務品質之良窳並關心本身的工作內容——有無在每次服務時，都替顧客仔細著想每個細節？是否花時間用心學習工作上的新知？唯有具備敬業的態度，才能不斷在工作中求得進步，同時充滿活力與熱忱，積極地服務顧客。

(四)注意服務態度

在顧客對服務的要求項目中，禮貌的服務態度是極為重要的一項。因此，服務人員進行服務工作時，應以顧客立場省視自己服務態度的表達，設身處地地試想顧客看法，譬如：

1.身為顧客，希望服務人員能注意聽我的話。再也沒有比用心傾
　聽我的需求更能表現出服務禮節了。

2.如果我是顧客，希望能在電話中聽到基本的應對禮節，譬如
　請、謝謝、對不起、不客氣等。

3.服務禮貌不該只是表面的言辭或行為，也應包括用心地瞭解我
　的需求，並顯露真誠幫助的態度。

在瞭解顧客心理及其對服務態度之預期後，服務人員便可對服
務之提供有較為具體的實現目標。切記，不管服務技巧及知識如何卓
越，沒有服務禮節作為後盾，便無法真正展現良好的服務水準。

(五)注重儀表及姿態

服務人員之儀表及姿態，隨時對顧客展露出其對工作或服務的用
心程度。許多服務人員常認為工作時的儀表及姿態遠不如服務技巧和
知識般的重要，但對顧客而言，儀態卻攸關決定性的第一印象。倘若
服務者儀表或姿態不佳，難免使顧客留下不佳的第一印象，以致於無
論後續的服務能力、技巧多麼優異，大多數客人也不會再多加注意，
因為其心思將只停留在「這個服務人員的儀態真差」的最初認知上。
所以對一個服務人員而言，注重儀表及姿態是基本且重要的觀念。

(六)提供完美周到之服務

總而言之，服務人員在服務時，除達成顧客要求外，應多為顧客
的需求著想，體貼顧客立場，並加上主動協助的意願，以提供完美周
到的服務為職志。如此一來，便可使顧客深感服務品質之優異，留下
美好的印象。再複述此服務人員所需具備之六項要點：

1.熟悉本身的工作：增進工作技巧，迅速、確實、有技巧地處理
　本身的工作。

2.瞭解飯店產品等相關知識：透澈瞭解飯店以及本身工作的知識，隨時做好答覆顧客疑問或解決顧客困難的準備。

3.具備敬業精神：隨時自省對工作所抱持的態度如何？工作的投入程度？服務時用心與否？是否時常試著提升自身的工作品質？

4.注意服務態度：顧客都講究服務禮貌，所以不論工作內容為何，應養成隨時注意禮貌的習慣。

5.注重儀表及姿態：注意儀容整潔，因其反應出公司的服務品質與形象。

6.提供完美周到之服務：體貼顧客的需求並主動給予幫助，這才是優異的服務。

二、服務的重要性

服務人員的儀表、工作態度以及專業的服務品質，不僅對顧客所預期的成功餐敘有莫大影響，對餐廳生意興淡亦有直接相關。一位訓練有素的服務人員應該知道什麼是好的服務，除了瞭解並遵照各餐廳既定的服務方式外，還需清楚掌握各種場合所適用之服務方式。

三、西餐的服務流程

(一)迎賓

無論主管或領檯人員，都應在餐廳的進門處接待光臨惠顧的顧客，並以微笑、愉悅的態度，友善地招呼來客，使顧客的用餐有一個美好的開始。不可在門口猶豫，亦不可讓顧客在門口等候。引導顧客入席時，必須配合其行進速度，走在顧客二、三步之前帶路（斜右

前方約45度），並以手勢禮貌地做方向指引。途中若遇有台階或特殊狀況，應事先預告可能碰到之地形情況，避免顧客在途中跌倒發生意外。到達餐桌時，應馬上介紹該區的領班或服務人員，被介紹的領班或服務人員須主動跟顧客打招呼。如果有兩組顧客幾乎同時入座，服務員應該嚴守「先到先服務」的原則，以免讓自以為先到的顧客感到不受尊重而不愉悅。迎賓前，餐廳應備妥下列事項：

1.將餐廳營業前的準備工作（Mise En Place）檢查就緒，例如餐具、冰水的備置。

2.服務人員之服裝儀容及名牌都應整裝完畢，並在各自的工作崗位上。因為只要一穿上制服，服務人員即代表整個餐廳。

3.確定餐廳裡無員工聚在一起聊天的情形，服務人員更不可以嚼口香糖或是靠著牆壁休息。

4.所有服務人員都應瞭解當天的訂席狀況。

(二)帶位

帶位時，帶位人員必須在顧客斜右前方45度位置帶引，配合顧客的速度行進，途中需頻頻回顧，注意顧客是否跟上，並且囑附顧客小心地形的變化（如台階）。除了事先已訂位的顧客，帶位人員可將其直接帶至預訂位置外，其他沒有訂位的顧客，帶位（領檯）人員在安排座位時需注意下列要領：

1.年輕的情侶宜儘量安排於安靜的地方或牆角的餐桌。

2.單獨用餐的顧客宜儘量安排至較不顯眼的座位，使其不會自覺孤單。

3.若餐廳座位不是很滿的情況下，則可依照顧客的意願來選擇喜歡的座位。

4.年紀較大或行動不便的顧客，儘量安排於入口處附近，以減少其走動的距離。

5. 帶位時以不併桌為原則，即不同組或互不認識的顧客，絕對不安排共桌而食。

6. 勿將顧客集中安排在同一區域，而宜分散於餐廳各處，以平均服務員的工作量。如此，顧客才能得到較為周到的服務。

7. 剛開始營業時，宜先安排顧客至餐廳進門口處較為顯眼的座位，使餐廳不會顯得冷清。生意愈好的餐廳通常會愈吸引顧客。

8. 勿安排大餐桌給少數人。此安排方式除了基於增加餐桌使用率的考量外，亦可避免顧客因空間閒置而感到空虛。若遇非得在大餐桌用餐不可的狀況，必須先解釋原因，使顧客明白。

(三)入席

領檯人員應比顧客先抵達餐桌，以便指引顧客座位。同時，領檯人員尚須配合領班或服務員協助顧客就座，切記女士、年長者或小孩優先。協助就座的動作不可太粗魯，大致以幫助顧客拉出椅子或餐桌，方便顧客入座即可。

1. 顧客人數與餐桌擺設之餐具份數不同時，必須立即增補或撤走，最好能於顧客尚未入座前就先完成。

2. 增補或是撤走餐具時，服務人員必須使用托盤，托盤上需墊有口布，以防餐具滑落或是碰撞發出聲響。

3. 翻過檯的桌面，應注意麵包屑及桌邊的環境。

4. 當顧客入座後，應協助將口布打開輕放於顧客膝蓋上。

(四)遞送菜單

服務人員待顧客坐定後，應立即上前問好，並先替顧客倒置冰水，而後再將菜單及酒單遞送給顧客，詢問是否需要餐前酒之服務。

1.服務員在呈遞餐單前，務必檢查餐單是否有汙損，並確定其完整性。

2.原則上，每一位顧客都應備有一份菜單，所以必須等備妥足夠菜單份數後，才可以接受點菜。如果菜單不夠分配，應先給予女賓，若顧客皆為同性，則以年長者優先。遞送菜單後，應稍等顧客決定，再上前接受點菜。

3.12歲以下的孩童大都由同座的成人代為點菜，故可不必給予菜單，不過若有特別為兒童設計的菜單，當然就不在此限。

4.成對的男女顧客，應先從女士開始分發菜單。

5.成群的顧客，應從主人右邊之賓客（主賓）開始分發菜單，沿著餐桌依逆時鐘方向的順序遞送，而結束於主人。

6.遞送菜單時以左手臂持拿菜單走至餐桌旁，雙手從賓客右側呈遞，或以右手從菜單上方打開第一頁來呈遞。

7.如果不知道主人或主賓為誰，則以年長者或女士優先遞給。

(五)接受點菜

遞給顧客菜單後，如果餐廳有特別值得推薦的菜餚或當日的特別菜單，服務員可再以口頭補充說明，然後退回兩步以外（不宜站在桌邊），讓顧客有時間慢慢研究菜單。千萬不可在遞給菜單後，馬上要顧客點菜，這是非常不禮貌的舉動。若發現顧客露出疑惑或要求協助的表情，則須立即趨前說明，協助點菜。接點餐食、飲料時應注意：

1.點菜的順序和遞給菜單的順序相同，不過若有人尚未決定，則可先跳過他而先接受下一位的點菜。

2.點菜最能表現服務人員的技巧與能力，一個優良的服務人員，點菜時必須同時兼顧顧客需求的滿足與餐廳的促銷政策，不但可提升顧客的滿意度，並能降低餐廳的食材成本。

3.為了做好點菜的工作，每位服務人員必須熟諳菜單內容，並且對菜單中每一道菜的做法、材料和烹調時間相當瞭解，才有辦法替顧客解說，並達到促銷的目的。

4.服務常客時，應瞭解並記住其嗜好、喜愛的菜單或飲料項目，以便能推薦並提供令其滿意的服務。在顧客點菜之時，若能提供一些和他喜好相關的菜色訊息，必定會讓顧客驚訝且高興。

5.對於不是常客的顧客，應嘗試獲知其姓名、所屬社會層次及形象，試著稱呼其頭銜，並從在服務時所交談的一些言語中，察覺其飲食習慣、需求與厭忌的東西，以便提供適切的服務。此外，應注意顧客的身分（如生意人、觀光客、情侶或家族等），幫助瞭解其消費趨向，並針對顧客身分做合適的促銷。

6.接點餐食及飲料時，服務人員應在顧客的左手邊（或右手邊，只要全餐廳方式一致即可）接點，並注意：

(1)詢問主人意見，是否主人要為其他顧客代點或由顧客自行點菜（在自助餐裡就沒有「點餐」這方面的問題）。

(2)接點時，要有系統地清楚記錄下所接點的餐飲，並在確認無誤後方可離開。如此在上菜時，才不會上錯而造成顧客的不便。

(3)瞭解菜餚的烹調時間，視情況預先告知顧客。

(六)點菜單之分送及出菜

一般而言，傳統式點菜單（captain order）最少需有一式三聯或四聯（**圖6-1**），各有用途：

1.第一聯：交付出納員，供結帳用。
2.第二聯：交付廚房或酒吧，作為領料憑據。
3.第三聯：交付顧客或服務人員，供作稽核或服務之用。
4.第四聯：交付出菜口備用，供跑菜人員核對。

CAPTAIN ORDER

GRAND HI-LAI HOTEL

№ 040033

☐ Room No＿＿＿　☐ Member Card
☐ Cash　　　　　☐ Credit Card
☐ City Ledger　 ☐ Hotel Card

廳 名： 鴨川日本料理　統一編號：＿＿＿＿＿＿＿

TABLE 桌號	COVER 人數		WAITER 服務員		DATE 日期	

No.	ITEM 品　名	CODE 代　號	QTY 數量	UNIT PRICE 單　價
1				
2				
3				

第一聯：出納

CAPTAIN ORDER

GRAND HI-LAI HOTEL

№ 040033

☐ Room No＿＿＿　☐ Member Card
☐ Cash　　　　　☐ Credit Card
☐ City Ledger　 ☐ Hotel Card

廳 名： 鴨川日本料理　統一編號：＿＿＿＿＿＿＿

TABLE 桌號	COVER 人數	WAITER 服務員	DATE 日期

No.	ITEM 品　名	CODE 代　號	QTY 數量	UNIT PRICE 單　價
1				
2				
3				
4				
5				
6				
7				
8				

第三聯：客人結帳轉交外場

5105073

GRAND HI-LAI HOTEL

☐ oom No＿＿＿　☐ Member Card
☐ ash　　　　　☐ Credit Card
☐ ty Ledger　 ☐ Hotel Card

編號：

			WAITER 務員	DATE 日期	

	CODE 代　號	QTY 數量	UNIT PRICE 單　價

第四聯：出菜口備

5105073

GRAND HI-LAI HOTEL

	WAITER 務員	DATE 日期	

CODE 代　號	QTY 數量	UNIT PRICE 單　價

第二聯：廚房（酒吧）轉交成控

5105073

圖6-1　傳統式點菜單

264

　　目前隨著電腦資訊化時代的來臨，許多餐廳都已改用電腦化的點餐系統（含叫菜在內），而因電腦的普及化，電腦點餐勢必將更爲普遍。儘管如此，良好的電腦點餐系統仍須以傳統的點菜與叫菜功能作爲基礎，所以餐廳的服務人員對於傳統式的點菜與叫菜處理方式，仍必須有所瞭解。

　　點餐系統電腦化的基本模式爲——除電腦主機之外，在餐廳內設置點餐終端機，在廚房內各出餐處設置印表機，並在出納的地方設置收銀終端機與發票印表機。服務人員在接受顧客點餐時，不需再開立傳統的三聯或四聯點菜單，只要從餐廳的終端機輸入點餐的資料，例如：桌號、顧客數、點餐項目與數量、服務員代號等即可。這些資料將存入電腦主機中，由廚房的印表機立即自動列印出點餐單，同時出納處的收銀終端機也能隨時列印出點餐資料來開立發票，而餐廳的終端機亦可隨時叫出點餐資料來核對出菜是否有誤（**圖6-2**）。

　　如此一來，服務員便可省略再填寫點餐單以及送單到廚房的麻煩。此外，出納也可節省很多開立發票的時間，而只要在終端機按幾個鍵就可以列印出發票和日報表，將出納的工作簡化至點錢和找錢的任務而已。因此，目前已有很多規模較小的餐廳安排出納人員出來外場協助當領檯，或取消出納的職位，由領檯兼任之。

湘園　點餐單

桌號：0748-0001　　日期：10/01
人數：4　　時間：20:10:27
點餐員：○○○　　單號：3
滷水雙拼　　　　1　　份　　400
生抽煎明蝦　　　4　　隻　　600
黑椒牛柳條小　　1　　份　　320
脆皮炸子雞　　　1　　隻　　700
潮洲一品　　　　1　　份　　450
原盅菜膽翅　　　4　　位　3,200

小計　　　　　　　　　　　5,670
累計：5,670
服務：567
總計：6,237

服務人員幫顧客點完餐後，只需在餐廳內設置的點餐終端機輸入桌號、人數、服務員代號及點菜資料，同時在餐廳的印表機馬上會印出點餐時間及點餐單來，讓服務人員核對。

湘園　結帳單

桌號：0748-0001　　日期：10/01
人數：4　　時間：21:30:00
結帳員：○○○　　單號：1
滷水雙拼　　　　1　　份　　400
生抽煎明蝦　　　4　　隻　　600
黑椒牛柳條小　　1　　份　　320
脆皮炸子雞　　　1　　隻　　700
潮洲一品　　　　1　　份　　450
原盅菜膽翅　　　4　　位　3,200

累計：5,670
服務：567
總計：6,237

房號／貴賓編號：
貴賓簽章：

結帳時，出納的收銀終端機會跑出結帳時間及結帳單來。如需馬上開立發票，只要按發票鍵即可，可省掉出納人員重開立結帳單的手續。

圖6-2　電腦點菜系統

餐　　廳：湘園 桌　　號：0748-0001 流水號：126-063 服務員：2294（101/10/01 20:10） 菜　　名：黑椒牛柳條（小） 數　　量：1份 人　　數：4	餐　　廳：湘園 桌　　號：0748-0001 流水號：126-064 服務員：2294（101/10/01 20:10） 菜　　名：脆皮炸子雞 數　　量：1隻 人　　數：4
餐　　廳：湘園 桌　　號：0748-0001 流水號：126-065 服務員：2294（101/10/01 20:10） 菜　　名：鹵水雙拼 數　　量：1份 人　　數：4	餐　　廳：湘園 桌　　號：0748-0001 流水號：126-066 服務員：2294（101/10/01 20:10） 菜　　名：生抽煎明蝦 數　　量：4隻 人　　數：4
餐　　廳：湘園 桌　　號：0748-0001 流水號：126-067 服務員：2294（101/10/01 20:10） 菜　　名：潮洲一品 數　　量：1份 人　　數：4	餐　　廳：湘園 桌　　號：0748-0001 流水號：126-068 服務員：2294（101/10/01 20:10） 菜　　名：原盅荼膽翅 數　　量：4份 人　　數：4

（續）圖6-2　電腦點菜系統

　　服務人員將桌號、人數及點餐單輸入點菜終端機後，廚房印表機立刻分別列印出每一道菜名及點餐時間，師傅再按照點餐單分送冷廚、熱廚及點心廚來準備。

分送點餐單後，緊接著便應進行出餐工作。大體上，出餐必須注意以下三大要點：

1. 出餐前，服務人員應確知及掌握各式菜餚的準備時間，以免白跑廚房而浪費時間並造成服務時的混亂。
2. 出餐時，每位服務人員必須備有一條乾淨的服務手巾，以便拿餐盤時避免燙傷。
3. 出餐時的方法：
   (1) 使用托盤，將食物或飲料整齊排放在托盤內，以左手端走。
   (2) 使用服務手巾，將盤、碟放置於左手直接端走，注意避免手指碰到盤、碟上角。

(七)服 務

一般可將服務方式分為美式服務、法式服務、英式服務及俄式服務等四種，其服務方法及各優缺點分述如下：

◆美式服務（又稱盤式服務，即Plate service）

1. 因為人工昂貴，而美式服務恰可有效節省時間及人力，所以目前許多餐廳皆採用此服務方式。
2. 所有菜餚皆在廚房準備好裝盤，由服務人員直接端出並從顧客右手邊上菜服務。
3. 麵包、奶油及菜餚的配料（sauce）應由顧客左手邊服務。
4. 適用於翻檯次數頻繁的餐廳，如咖啡廳或大型宴會。
5. 優點：
   (1) 服務時便捷有力，同時間內可服務多位顧客。
   (2) 不需做獻菜、分菜的動作。工作簡單且容易學習，不需要熟練的服務人員。
   (3) 服務最快速，能將食物趁熱服務給顧客享用。

6.缺點：

(1)缺少演出的機會，沒有獻菜、分菜及桌邊服務那般細膩。

(2)並非一種很親切的服務方式。

◆法式服務（French service）

1.服務人員先將保溫的主菜盤（dinner plate）從顧客右手邊呈放於餐桌上。

2.服務人員獻上「盛菜盤」，由顧客左手邊呈現給顧客過目，然後由顧客自行挑選，夾取喜歡的食物以及所需要的分量到餐盤上享用。

3.服勤方式為左手腕托持「盛菜盤」，將服務用手巾墊於盤下，並在「盛菜盤」上放置服務用的叉匙反扣置於盤上。

4.服務完一人，服務員原則上以逆時鐘方向繼續為其他顧客服務。

5.在服務下一位顧客之前，服務人員必須先將「盛菜盤」中其他菜餚重新排列擺設。

6.適用於精緻華麗的場合或宴會上。

7.優點：

(1)不需要眾多或技巧熟練之服務人員即可進行服務，也不需太大的空間擺放器具。

(2)顧客可依需要自行選擇菜餚的種類與數量，服務人員工作較為輕鬆容易。

8.缺點：

(1)服務過程緩慢，因為由顧客自己動手取菜勢必造成服務速度遲緩。

(2)由顧客自己動手取菜，必會打擾到顧客，同時似乎並未盡到服務顧客的責任。

(3)因為由顧客自行夾取，所以上的菜餚常有剩餘或是不夠的情

況發生。

◆英式服務（English service）

1.服務人員先將保溫的主菜盤（dinner plate）從顧客右手邊呈放於餐桌上。

2.服務人員獻上「盛菜盤」，由顧客左手邊呈現給顧客過目，然後由服務人員替顧客夾取所需之食物及分量到餐盤上供顧客享用。

3.服務完一人後，服務人員原則上以逆時鐘方向繼續為其他顧客服務。

4.當宴席中需要較快速的服務時，適用此服務方式。

5.與法式服務泰半雷同，唯一不同者是顧客之食物須由服務人員以右手操作，用服務叉匙將菜餚配送到客人盤中，供其享用。

6.優點：

　(1)提供個人服務，但較法式服務更迅速、更有效率。

　(2)可為顧客提供分量均等的食物。因為菜餚已事先在廚房內按規定的分量切好，並由服務人員控制分菜的量，不必讓顧客自己動手。

7.缺點：

　(1)有些菜餚不適用於此類服務，例如魚或蛋捲。

　(2)假使很多顧客各點不相同的菜餚，服務人員便須從廚房端出很多「盛菜盤」。

　(3)分菜服務必須要有技巧熟練的服務人員，工作較為辛苦。

◆俄式（手推車）服務（Russian service）

1.菜餚先以原樣（整塊，如牛排）展示後，當場在顧客面前切割，然後再進行桌邊式服務。

2.由服務人員左手持服務叉，右手持服務匙，將菜餚送到顧客的餐盤內，同時可藉此機會詢問顧客的喜好以及分量的需求。

3.由服務人員配送在餐盤中的菜餚，並排列美觀。

4.服務員以右手端盤，由顧客右手邊上桌，供顧客享用。

5.適用於在顧客面前調製菜餚的桌邊服務之高級餐廳或私人小型宴會。

6.優點：

(1)適於服務各式菜餚，湯、冷盤、主食等均適用。

(2)因為服務工作在手推車上執行，所以不易弄髒檯布和顧客衣物。

(3)對顧客提供最周到的個人服務。

(4)使顧客感覺備受重視。

7.缺點：

(1)因使用手推車進行服務，故需較寬敞的空間，餐廳座位因而相對減少。

(2)服務速度緩慢，食物較易變涼。

(3)需要較多且技巧熟練的人手進行服務，人力成本增加。

(4)需多準備一些旁桌的設備，投資費用增加。

(八)用餐中檯面的清理

1.盤、碟及餐具類應從顧客右手邊取走。

2.杯類也是從顧客右手邊收掉，但一定要使用托盤。通常在上完咖啡或茶後，桌上僅留水杯，其他杯子一律取走。

3.在宴席中，若需要服務二道以上的餐中酒時，通常在顧客喝完一道後即將杯子收走，以免滿桌盡是酒杯。

4.餐席中，在主菜用完而未上點心之前，服務人員需清理桌面的麵包屑或碎粒。操作時通常使用刮麵包屑斗（crumb scraper）將桌面麵包屑集中掃入盤中帶走，操作時亦需很客氣，勿讓顧客覺得是他們弄髒或弄亂了檯面。

(九)結帳

當全部的餐食及飲料服務完畢後，不能因為應該服務的項目都已服務，就不再注意顧客的需要。在適當時機，服務人員或領班仍然需要再向顧客詢問是否對一切服務均滿意，順便也可以詢問有無其他服務之需要，假使顧客表示滿意而且不需其他服務的話，就可以準備帳單了。但仍需等到顧客要求結帳時，服務人員方可呈送帳單。結帳是整個餐廳作業中最重要的一環，應注意：

1. 勿讓顧客等待帳單的時間過長。
2. 將帳單放入結帳夾裡，勿讓其他賓客看到帳單中的消費金額。
3. 結帳之服務人員必須站在桌邊，但不要太靠近桌旁，除非顧客需要解釋帳單時。
4. 需將零錢及帳單之收據或信用卡，送交給顧客。

(十)送客

餐廳服務並非付完帳即告結束，尚須延續至顧客離開餐廳後才算大功告成。畢竟最後的印象，其重要性不亞於第一印象，所以歡送的步驟與迎接的步驟同樣不可輕忽。為了在顧客用餐完畢、離開餐廳時，使其感受到與進入餐廳時同樣地受到重視，餐廳人員應熱情、親切、友善地歡送之。送客時，尚需注意下列事項：

1. 當顧客起身準備離去時，服務員必須立即迎上，幫顧客拉出座椅或是餐桌，以方便顧客離座。
2. 顧客離開前，應將其寄放之衣物或任何物品歸還給顧客。
3. 詢問在餐席間是否服務周到，以及對菜餚的口味、品質滿意與否。
4. 記得說「歡迎再來」。

如此，餐廳與顧客的感情會自然地建立起來。

(十一)重新擺設以迎接下一位顧客

當顧客離開後六至八分鐘內應收拾好並擺設完成，以便迎接下一桌顧客。

註　釋

❶薛明敏（1995）。〈餐具及酒杯的擺設原則〉，《餐廳服務》。台北：
明敏餐旅管理顧問有限公司。

❷交通部觀光局委託（1992），《旅館餐飲實務》。台北：台北市觀光
旅館商業同業公會編印。

第7章

雞尾酒會及宴會自助餐的擺設與服務

　　雞尾酒會亦稱為酒會，它是西方國家比較傳統的一個社交方式，在亞洲華人圈談到雞尾酒會，總會與華麗的場面、精緻小量的餐點以及衣冠楚楚、彬彬有禮的賓客這些印象聯結起來。雞尾酒會是時下流行的社交、聚會所舉辦宴客的方式之一，以供應各式酒水飲料為主，並附設多種小吃、點心和一定數量的冷熱菜，為一種簡單且活潑的宴客方式。由於酒會擁有實用、熱鬧、歡愉且適合在各種不同場合舉辦的優點，頗能符合現代社會求新求變又不拘泥形式的需求，導致越來越多人選擇以舉辦雞尾酒會的方式宴請賓客。

　　而自助餐則是源起於十七世紀的瑞典，發展至十九世紀中，已經和今日的菜式非常相似。由於自助餐能使賓客在某段時間內無限量從餐檯中自行取用喜好的食物，對追求自由與方便的顧客來講，實屬一項不錯的選擇，因此這種只需要付單一價錢就可以嚐到數十種菜色的吃法越來越普遍，地位也歷久不衰。從一般餐廳到五星級旅館，從早餐、午餐、下午茶、晚餐至宵夜，都可以看到自助餐的蹤跡，但如何以同等的價格享受到最高的用餐品質及環境，也逐漸變成消費者所關心的議題。

　　綜上所述，不難發現雞尾酒會與自助餐的發展潛力，兩者更為飯店不可或缺的服務型態，因此瞭解雞尾酒會與自助餐之相關內容，乃為至關重要的。本章首先將簡介雞尾酒會與自助餐會，然後介紹雞尾酒會與自助餐會之擺設與服務，並於最後將兩者做個比較以使讀者更加瞭解其中差異。

 # 第一節　雞尾酒會的擺設與服務

一、雞尾酒會的供應方式

雞尾酒會是時下流行的社交、聚會宴請方式，以供應各式酒水飲料為主，並附設多種小吃、點心和一定數量的冷熱菜，為一種簡單且活潑的宴客方式。由於酒會擁有實用、熱鬧、歡愉且適合在各種不同場合舉辦的優點，頗能符合現代社會求新求變又不拘泥形式的需求，導致越來越多人選擇以舉辦雞尾酒會的方式宴請賓客。從雞尾酒會舉辦的主題來看，多是歡聚、歡迎、紀念、慶祝、歡送或開業典禮等，可知無論是隆重、儉樸或嚴肅的形式，雞尾酒會都不失為一種可行的宴客方式。在雞尾酒會中不可缺少的就是輕鬆而小量的小點心，而開胃餐食宜種類多樣化，但食物簡單、俐落而精緻即可。雞尾酒會上一般不用刀叉，因此準備餐食的大小宜可以一口吃下去，不宜準備含太多汁、也不油膩，以免濺到禮服上。

一般而言，雞尾酒會的形式較為自由，席間由主人和主賓即席致詞，賓客可以晚點到或提早離開。然則為避免宴會主人不好意思開口結束酒會的尷尬情況，雞尾酒會通常有時間上之限制。至於雞尾酒會的舉辦時段，通常以早上10～12時、下午3～5時或下午4～6時比較適合，但酒會時間仍然可做適當地調整，以給予主人及與會賓客充分的自由與方便。儘管酒會的舉辦方式相當多元並且具有很大的發揮空間，我們仍可依價格及舉行的方式，將雞尾酒會分為以下三種不同類型：

1.僅供應簡單的開胃品。酒會中的開胃品通常放置於酒吧檯或沙發旁的茶几上，供賓客自行取用。而這些開胃品不外乎是一些

　　洋芋片、腰果、花生、蔬菜條、麵包條等簡單且方便食用的小
　　餐點。

2. 除了開胃品的供應之外，會增加一些由服務人員傳遞（pass
　　around）之類的食物，服務人員端著各種開胃小吃來回穿梭於賓
　　客之間，供賓客們依個人喜好自行取用。此種型態的雞尾酒會
　　通常在正式餐會開始之前的三十分鐘至一小時舉行，同時會提
　　供餐前酒給賓客飲用。這種餐前酒的服務，不但能使賓客在用
　　餐前能享受酒的美味，也能幫助先到達會場的賓客在自由輕鬆
　　的氣氛下與他人寒暄，打發等待其他與會賓客到齊的時間，而
　　不致於感到枯燥乏味。

3. 採用「餐檯式」來舉行雞尾酒會。若以這種方式舉辦酒會，便
　　必須提供一些冷盤類食物以及其他簡單易食的熱食類、切肉類
　　與點心類等餐點，除此之外，小餐盤和叉子的設置亦為餐檯式
　　雞尾酒會所不可或缺的。

　　綜上所述，雞尾酒會的服務型態可以簡單區分成三種不同類型。
其中，前兩種舉辦方式都不供應小餐盤或叉子，故所有的食物都必須
較不油膩，並且以能單手方便取用為供應原則。例如一些雞尾小點
（canapés）之類的食物，便是很適合的選擇。本節擬就第三類雞尾酒
會形式，亦即餐檯式酒會的進行方式做更進一步的探討，其中包括酒
會菜單的設計、菜單結構、酒會形式、場地設計、餐檯布置、餐具備
置及服務工作等皆將於文中詳加說明。

二、雞尾酒會菜單設計之注意事項

1. 雞尾酒會中，除非有些特殊需求，一般皆不設置桌椅供賓客入
　　座，意即賓客通常以站立的方式食用餐點。因此，酒會餐點在
　　刀法上必須講求精緻、細膩，食物亦應切分成較小塊、少量，

使賓客能夠方便拿取餐食入口，而不必再使用餐刀切割。

2. 雞尾酒會的餐點要以滿足賓客們不同口味的需求爲主，清爽精緻的雞尾酒會餐點，要讓賓客們在雞尾酒會中優雅的取用且不黏手爲原則。

3. 雞尾酒會與自助餐之菜單設計有很大的不同。一般除了heavy cocktail之外，酒會所提供之菜餚並不若自助餐般的以能讓賓客吃到飽爲目的，而是採限量供應，講求精緻、簡單、方便，所以分量有限，主人訂的份數如果吃完了便不再提供，除非主人再另外增加份數。

4. 在菜單的設計上，雞尾酒會菜單採取精緻取向，因此雞尾酒會中每道菜所使用的手工較自助餐爲多，人事費用的分攤也會比較高。有鑑於此，雞尾酒會食材成本也必須相對降低，才能達到控制宴會廳經營成本的開銷及維持宴會廳的盈利目標。

5. 雞尾酒會菜單一般不提供沙拉和湯類食物，以符合簡單、方便爲原則。但有些場合爲了要營造地方特色，會準備現場製作擔擔麵及一些地方小吃，同時現場會準備一些較矮的桌椅供賓客坐下來使用。

6. 當雞尾酒會參加人數越多時，菜單開出的菜餚種類也會隨之增加。例如，兩百人和兩千人與會的酒會，儘管每人單價相同，但酒會中出現的菜餚種類數量理當有很大的差別。由此可知，與會人數也是決定菜單內容設計的重要依據。

三、雞尾酒會菜單結構

1. Canapés（雞尾小點）：如Duck Liver, Fig with Chocolate Cup（巧克力無花果鴨肝杯）；Parma Ham、Truffle with Crostini（帕瑪火腿松露脆麵包）；Maine Lobster、Potato Blini with Roselle Couli（緬因龍蝦洋芋煎餅洛神花）。

2.Cold Cuts（冷盤類）：如Japanese Style Smoked Salmon with Garnish（日式煙燻鮭魚）、Pyramid of Jumbo Shrimps with Brandy Sauce（白蘭地明蝦）。

3.Hot Items（熱菜類）：如Burgundy Snails in Mushrooms with Garlic Butter（法國田螺洋菇盅）。

4.Carving Items（現場切肉類）：為酒會中必備的菜色，最起碼需設置一道此類食物，若多設幾道亦無妨。但服務者在切肉時，務必要將肉塊切至大小適中，以方便賓客能一口品嚐為原則。如Roast U.S. Striploin of Beef with Onion Gravy Mini Buns and Mustard（美國沙朗牛排附芥末醬）、Bread Basket（各式麵包）。

5.Pass Around or Special Addition（繞場服務小吃）：如Canapés（油炸小點心）、Selection of Assorted Satays with Peanut Sauce（各式沙嗲肉串附花生醬等，或者特別增加類，如擔擔麵、手捲、烤乳豬等）。

6.Pastries & Fruit Plate（甜點及水果類）：如Dark Chocolate Mousse, Gianduja Glaze, Chocolate Sable（黑巧克力慕斯、占度亞淋面、巧克力莎布蕾）、Seasonal Fruit Platter（季節鮮果盤）。

7.Condiments（配酒料）：如Relish Platter with Cream Cheese Dip（什錦蔬菜條加乳酪醬）、Cashew Nuts, Potato Chips（腰果、洋芋片），通常放置在酒會中必備之小圓桌上，以便客人自行取用。

　　舉辦雞尾酒會時，如果能確實地以上述七點原則作為菜單設計的結構，便能輕而易舉地訂出一份適當且賓主盡歡的酒會菜單。以下為兩款酒會菜單實例，可供參考（**表7-1**、**表7-2**）。

表7-1　Cocktail Menu雞尾酒會菜單(一)

CANAPÉS	雞尾小點
Duck Liver, Fig with Chocolate Cup	巧克力無花果鴨肝杯
Smoked Eel on Rye Bread with Horseradish	煙燻鰻魚
Steak Tartar on Mini Buns	德式生牛肉
Smoked Salmon with Quail Eggs	煙燻鮭魚加鵪鶉蛋
Parma Ham, Truffle with Crostini	帕瑪火腿松露脆麵包
Finest Goose Liver Mousse with Walnuts	鵝肝慕司
COLD CUTS	**冷盤類**
Classic Parma Ham with Melon	義式洋瓜冷肉盤
King Prawn Barquette	明蝦船
Assorted Chinese Cold Cuts	什錦中式冷盤
Smoked Salmon	極品挪威燻鮭魚
Assorted Cold Cuts with Salami	法式火腿沙拉米
Tiger Prawns with Honey Melon in Cocktail Sauce	大蝦哈蜜瓜
Sashimi and Assorted Nigiri Sushi with Wasabi	日式生魚片及各式壽司
HOT ITEMS	**熱菜類**
Taiwanese Style Fried Crab with Onion and Egg	桂花風味三點蟹
Crepes with Scallop Ragout in White Wine Sauce	白酒干貝捲
Burgundy Snails in Mushrooms with Garlic Butter	法國田螺洋菇盅
Assorted Dumplings in Bamboo Basket	什錦蒸餃
Chinese Crispy Seafood Roll	中式香脆海鮮卷
Mini Vol Au Vent with Spring Chicken in Port Wine Sauce	迷你雞肉起酥盅
CARVING	**現場切肉**
U.S. Beef Tenderloin with Goose Liver Stuffing	燒烤美國菲力牛排
Perigourdine Sauce	黑菌汁
Bread Basket	各式麵包
PASS AROUND	**繞場服務小吃**
Grilled Seafood Skewers, Herb Butter	香烤海鮮串
Maine Lobster on potato blini with roselle couli	緬因龍蝦洋芋煎餅洛神花
PASTRIES	**甜點**
Exotic Fruit Tartelettes×3	季節水果塔×3
Mini French Pastries×3	法式小點心×3
Croque en Bouche	法式小餅
Seasonal Fruit Platter×4	季節鮮果盤
CONDIMENTS	**配酒料**
Relish Platter with Cream Cheese Dip	什錦蔬菜條加乳酪醬
Roast Pine Seeds, Walnuts	香烤松子、核桃
Cashew Nuts, Potato Chips	腰果、洋芋片
Cheese Straws	乳酪棒

表7-2　Cocktail Menu雞尾酒會菜單(二)

CANAPÉS	**雞尾小點**
Pork Knuckle Terrine with Cucumber Roll	燻豬肉凍、黃瓜捲
Smoked Salmon Rose on Toasted Brioche with	玫瑰形煙燻鮭魚
Horseradish Cream	乳酪番茄船
Baby Tomatoes Stuffed with Camembert Cheese	黃瓜烤牛肉片
Roast Beef with Pickles on Rye Bread	燒烤春雞胸
Spring Chicken Breast on Mini Bun	天鵝肝醬起酥盒
COLD CUTS	**冷盤類**
Silver Anchory with Chili and Sesame	芝麻丁香魚
Assorted Cold Meats with Condiments	西式什錦冷盤
Japanese Style Smoked Salmon with Garnish	日式煙燻鮭魚
Pyramid of Jumbo Shrimps with Brandy Sauce	白蘭地明蝦
Roast Prime Rib of Beef with Baby Tomatoes	烤美國牛排
Chinese Cold Cuts "Four Seasons"	中式四式拼盤
HOT ITEMS	**熱菜類**
Roasted Fresh Scallop with Cheese	起士焗鮮貝
Sea Bass Ragout with Chive Cream Sauce	奶油蝦黃蝦蔥鱸魚
Chinese Style Deep Fried Crab Claws	廣東炸蟹鉗
Assorted Spring Rolls	香炸春捲
Mutton Curry Puffs, Malaysian Style	馬來西亞咖啡羊肉包
Deep-fried Shrimp Fillet	古早味金錢蝦餅
CARVING	**現場切肉**
Roast U.S. Striploin of Beef with Onion Gravy Mini Buns and Mustard	美國沙朗牛排附芥末醬
Bread Basket	各式麵包
PASS AROUND	**繞場服務小吃**
Selection of Assorted Satays with Peanut Sauce	各式沙嗲肉串附花生醬
Mascarpone cheese cannoli with caviar	馬士卡彭乳酪捲附魚子醬
PASTRIES	**甜點**
Mini French Pastries×3	法式小點心×3
Vanilla Chantilly Cream with Mint Jelly and Parmesan Cheese Sable	香堤香草奶油、薄荷凍及帕馬森起士莎布蕾
Fresh Fruit Cocktail in Silver Punch Bowl	新鮮水果沙拉
Mini Chocolate and Mocca Eclair	迷你巧克力及咖啡泡芙
CONDIMENTS	**配酒料**
Roast Pine Seeds, Walnuts	香烤松子、核桃
Cashew Nuts, Potato Chips	腰果、洋芋片
Cheese Straws	乳酪條
Relish Platter with Sour Cream Dip	什錦蔬菜條加酸奶油

四、雞尾酒會的形式

　　一般雞尾酒會大部分是不擺放桌椅（但有行動不便或年長者可另行替其準備），也不設置主賓席，只擺設餐檯以及一些小圓桌或茶几，賓客於酒會中以站立方式進餐。寬敞的空間使主人及賓客皆得以自由地在會場內穿梭走動，自在地和其他與會賓客交談。雞尾酒會的另一項好處便是賓客可依照邀請函裡所邀請的酒會時段，依自身方便、喜好，在既定的時間內隨時到達或離開會場，不受拘束和限制。此外，假如是一個小規模的雞尾酒會，主人可以在一兩個星期之前以電話邀請賓客，至於大型而較隆重的雞尾酒會，一定要設計邀請函，且須在兩星期前或更早時間就發出邀請函。若宴請賓客人數眾多，主人亦可以將既定的雞尾酒會時間加以區隔成數個時段，並註明不同時段的邀請函邀約不同的賓客，以避免同一時間內之與會賓客人數過多，造成場面擁擠，也使得主人無法兼顧所有賓客。由此可知，雞尾酒會是屬於一種比較活潑且較具彈性的宴會進行方式。

五、雞尾酒會場地之設計

　　接受一場雞尾酒會的訂席時，業務訂席人員必須依顧客的需求提供一份雞尾酒會的布置設計圖，並同時向顧客報價。在設計雞尾酒會場地之前，必須事先瞭解顧客舉辦酒會的目的、與會人數多寡，以及所希望之菜色等。在獲悉顧客的需求與宴會的目的後，業務訂席人員便可就相關細節與行政主廚做進一步之溝通，舉凡雞尾酒會的菜色、菜餚道數、擺設的呈現方式、餐檯大小等考量，皆為影響一場雞尾酒會能否成功的關鍵因素。因此業務訂席人員對於以上所述的諸多細節都必須事先瞭解，否則一旦設計出來的餐檯過大而菜色太少，便會令人感覺餐檯太過空洞；反之，如果餐檯太小而使菜餚擺設起來顯得太擁擠時，則不論其菜色如何，其餐檯之設計會給賓客感覺到有一種壓迫感而減低該雞尾酒會的價值。

　　在雞尾酒會的場地設計中，舞台設計是其中非常重要的一環。倘若舞台布置得宜、主題明確，便能讓所有與會賓客在進場後便留下深刻的第一印象，那麼這場雞尾酒會已經成功了一半。而另外一半的成功，有30％取決於餐檯的布置，而最後的20％則決定於服務人員的服務技巧與態度。也就是說，一場成功的雞尾酒會中，單就「布置」便已占了80％的影響因素，由此可見場地的設計對一場雞尾酒會的成敗扮演著關鍵角色。**圖7-1**、**圖7-2**和**圖7-3**為「漢來大飯店暨漢神百貨週年慶」酒會的場地設計圖，供讀者參考。

六、場地及餐檯布置之注意事項

1. 雞尾酒會中餐檯的擺設方式主要著重於酒吧檯與餐檯的位置規劃。雞尾酒會通常採用活動式的酒吧檯，並需排放一些輔助桌以放置酒杯。至於餐檯的設置不僅須配合宴會廳的大小，還應設置在較顯眼的地方，一般以設置在距門口較近的地方，讓賓客一進會場就可以清楚看到。

2. 餐檯的設置要視菜單上菜餚道數的多寡來準備，不論過大或太小的餐檯都是不適當的設置，因此，餐檯設置前必須事先瞭解廚房所準備的菜餚分量及盤飾，以作為布置時的參考，有時亦需配合特殊餐具的使用來進行擺設。

3. 餐檯布置可藉由各種高低不同的壓克力箱、銀架或覆蓋著皺褶檯布的塑膠可樂箱來墊高低，使菜餚布置呈現出高低不同層次的立體效果。

4. 雞尾酒會會場除了設置餐檯及酒吧檯之外，尚需設置一些輔助用的小圓桌（直徑42吋）或雞尾酒高腳桌（直徑35吋，高45吋）。小圓桌中間可擺放一盆蠟燭花，並將蠟燭點燃以增添酒

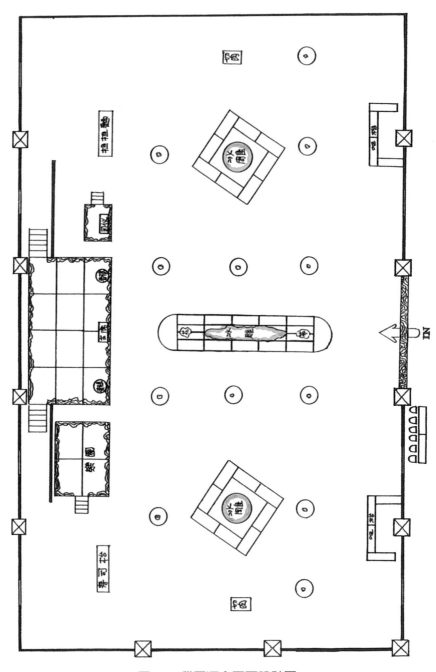

圖7-1 雞尾酒會平面設計圖

圖7-2　雞尾酒會舞台設計圖

資料來源：胡木源提供

圖7-3　雞尾酒會會場設計圖

資料來源：胡木源提供

會會場之氣氛。

5.小圓桌上可放置一些花生、洋芋片、腰果及蔬菜條等食物,供賓客取用。同時,小圓桌也具有供賓客擺放使用過的餐盤、酒杯等功能。

6.雞尾酒會會場不需使用太亮的燈光照明,畢竟雞尾酒會的氣氛維持非常重要,而微暗的燈光恰可提供酒會合宜的氣氛。如果雞尾酒會中採用調整燈光的裝置,則整體的燈光亮度適合設定在三段至四段之間;但若酒會場地有舞台及餐檯的布置,則舞台及餐檯的燈光應比舞台周圍的酒會場地要亮,必要時可用投射燈來照明,以凸顯舞台及餐檯的布置。此外,冰雕等裝飾也可藉燈光技術以增加效果,而冰雕的投射燈需以有色燈光來襯托其美感,因為適當的燈光投射往往能恰如其分的增添冰雕裝飾的質感與感染力,更能彰顯冰雕的存在意義。

7.雞尾酒會中若要使餐檯看起來更有氣氛,可以使用透明的白色圍裙來圍餐檯,並在餐檯下分別放置各種不同顏色的燈光來照射,如此一來便可使酒會更添浪漫唯美的氣氛。

8.雞尾酒會中如果只有少數一、兩個餐檯,菜餚便可以不按照自助餐的擺設方式進行布置,而只需擺設出層次感,使菜餚呈現高、低不同的視覺效果即可。但如果餐檯為數眾多,則可依照菜餚類別分區擺設,比如分成冷盤區、熱食區、切肉區、小點心區、飲品區等不同的餐檯以示區別。

9.酒吧檯的擺設以儘量靠近入口處為原則。如果參加雞尾酒會的人數眾多,應盡可能於會場最裡面另設一個酒吧檯,並將部分賓客引導進入該吧檯區,以疏解入口處人潮擁擠的狀況。

七、餐具之準備

1.準備6～7吋骨盤,平均放在餐桌各個角落。骨盤的設定數量約爲參加人數的2.5～3倍。

2.準備點心叉或餐叉，其數量爲參加人數的2～2.5倍。

3.將服務匙及服務叉放置在餐桌之服務盤上，供賓客取用。

4.準備餐巾紙，分散放置於每一個餐檯及小圓桌上，並隨時補充。

5.所有盛裝配料、調味料之器皿下方須放置底盤座，並墊上花邊紙，同時將茶匙置於底盤座上，以方便賓客取用又不失美感。

6.有些pass around之類的食物必須準備迷你叉或小餐叉供賓客使用。

八、酒吧檯之準備及擺設

1.雞尾酒會時，酒吧檯皆採用臨時性活動吧檯，由飲務單位負責準備。如果與會賓客眾多，則可直接採用宴會桌（banquet table）來當酒吧檯。

2.杯子的數量約爲參加人數的3倍左右，其中必須包括紅、白酒杯、白蘭地杯、果汁杯、啤酒杯、黑灰杯、利可杯、雪莉杯、雞尾酒杯等。

3.供應賓客於雞尾酒會中飲用之酒水，在酒會開始前都必須清楚記錄，結帳時才不會有所遺漏。

4.雞尾酒會開始前，應請酒會主人先行清點所有準備用以供應賓客飲用的酒水數量，結束後仍須請其再清點一次，以確定實際的使用數量，避免結帳時的爭議（如**表7-3**）。

5.雞尾酒會的計費方式有以下兩種：

　(1)以實際消費量計價：以杯計價，此種方式需請酒會主人在事前及事後與飲務部負責主管一起清點飲料（如**表7-4**）。

　(2)一定時間內無限暢飲：宴客主人包下酒吧提供的酒水，使賓客能在固定時間內無限量暢飲。此類雞尾酒會通常會提供A bar及B bar供選擇，其中供應的酒單隨雞尾酒會價位的不同而有所差異（如**表7-5**及**表7-6**）。

宴會管理

表7-3　酒會領料及退料表

GRAND SHUN-LI HOTEL
BANQUET REQUISITION AND RETURN REPORT　　NO.005001

Name of Fuction　順利大飯店開幕酒會　　　　　　　　　　Date　12/12
Service Sation　_____　　Event Order No.　3456

料號 CODE NO.							品名 ITEM	數量 QUANTITY 領料 REQUI-SITION	退料 RETU-RNS	使用量 NET ISSUES	計價杯數 TOTAL DRINKS	單價 UNIT PRICE	總計 TOTAL PRICE	成本 COST
2	8	2	2	0	3	0	C/V Cabernet Sauigm	60	10	50		1600	80000	
		0	6	0	3	0	Beaujolais Naoureau	60	18	42		1600	67200	
		2	4	0	2	0	C/V Chardonnay	36	16	20		1600	32000	
2	4	1	1	2	1	1	Remy Martin X.O	3	0	3		5000	15000	
		0	3	1	5	0	J/W Black Label	8	2	6		3000	18000	
		0	3	0	4	0	Chivas Regal	5	1	4		3000	12000	
		2	3	0	1	0	Beefeater Gin	10	2	8		2500	20000	
		2	4	0	3	0	Smirnoff Vodka	10	4	6		2500	15000	
		2	6	0	1	0	Barcadi Rum	8	3	5		3000	15000	
		0	3	2	5	0	White Horse	10	4	6		2500	15000	
		1	5	0	5	0	Tequila Sauza	5	3	2		2500	5000	
		0	2	0	1	0	Campari	5	1	4		3000	12000	
		0	2	0	2	0	Doubonnet	2	1	1		3000	3000	
		0	2	0	6	0	Sweet Vermouth	3	1	2		2800	5600	
		0	2	0	4	0	Dry Vermouth	2	1	1		2800	2800	
		1	7	0	3	0	Bailey's	3	1	2		2800	5600	
		1	7	2	8	0	Kahlua	2	1	1		3000	3000	
		1	7	1	5	0	Cointreau	2	1	1		3000	3000	
		0	4	0	2	0	Jack Daniel's	2	0	2		3000	6000	
		0	4	0	3	0	Jim Beam	4	2	2		3000	6000	
2	2	0	1	0	3	1	Coca Cola	120	40	80		150	12000	
		0	1	0	7	1	Sprite	120	44	76		150	11400	
TOTAL													364600	

_____　　　_____
REQUISITIONED BY　　　　　　　UNUSED STOCK RETURNER BY

第一聯　成本控制室

288

（續）表7-3　酒會領料及退料表

CODE NO. 料號							ITEM 品名	數量 QUANTITY			TOTAL DRINKS 計價杯數	UNIT PRICE 單價	TOTAL PRICE 總計	COST 成本
								REQUI-SITION 領料	RETU-RNS 退料	NET ISSUES 使用量				
2	2	0	1	1	0	1	Tonic Water	96	12	84		150	12600	
	0	1	0	9	1		Soda Water	96	26	70		150	10500	
	0	1	0	8	1		Giner Ale	60	24	36		150	5400	
	0	2	0	3	1		Perrier Water	72	20	52		200	10400	
	0	2	0	1	1		Evian Water	48	28	20		160	3200	
2	4	3	3	0	1	0	Taiwan Beer	96	24	72		200	14400	
2	5	0	1	0	1	2	100% Orange Juice	144	24	120		300	36000	
1	5	1	1	0	3	1	Tomato Juice	36	12	24		240	5760	
TOTAL													98260	

GRAND SHUN-LI HOTEL
BANQUET REQUISITION AND RETURN REPORT　　NO.005002

Name of Fuction　順利大飯店開幕酒會　　　　　Date　12/12
Service Sation　　　　　　　　　　　　　　Event Order No.　3456

REQUISITIONED BY　　　　　　　UNUSED STOCK RETURNER BY

第一聯　成本控制室

表7-4 雞尾酒會計價表

雞尾酒會計價表 COCKTAIL PARTY CHARGE BY CONSUMPTION	
ITEM	**PER DRINK NT$**
WHISKY 威士忌	
Scotch Standard	250
Scotch Premium	300
Bourbon Standard	250
Bourbon Premium	300
Crown Royal	300
Canadian Club	250
GIN 琴酒	**240**
VODKA 伏特加	**240**
RUM 蘭姆酒	**240**
COGNAC 法國干邑	**360**
X.O.	420
Cordon Bleu	360
Napolen	360
V.S.O.P.	300
APERITIFS 開胃酒	
Bitter Campari	240
Sherry	240
Port	240
Vermouth	240
Dubonnet	240
LIQUEUR 香甜酒	**240**
WINE 葡萄酒	**300**
TAIWAN BEER (L) 台灣啤酒 (大瓶)	**240**
IMPROTED BEER (S) 進口啤酒 (小瓶)	**200**
JUICE (8 oz) 果汁類	
Sunkist 100% Orange Juice (Box)	300
Fresh Orange Juice	200
Fresh Grapefruit Juice	200
Tomato Juice (Can)	180
Pineapple Juice (Can)	180
Guava Juice (Can)	180
Mango Juice (Can)	180
SOFT DRINKS 汽水類	
Sprite	150
Coca Cola	150
Soda Water	150
Tonic Water	150
Ginger ale	150
Mineral Water	160
Perrier Water	200
以上價格均需另加10%服務費 All Prices Subject to a 10% Service Charge	

表7-5　雞尾酒會時段計價表

Cocktail Party Charge by Hour依時段計價表 （本表僅適用100人以上之酒會）		
DELUXE BAR NT$	**STANDARD BAR NT$**	**JUICY BAR NT$**
1 Hour　　450+10%S.C. 1.5 Hours　540 +10%S.C. 2 Hours　620 +10%S.C. 2.5 Hours　700 +10%S.C. 3 Hours　780 +10%S.C.	1 Hour　　380 +10%S.C. 1.5 Hours　480 +10%S.C. 2 Hours　550 +10%S.C. 2.5 Hours　620 +10%S.C. 3 Hours　680 +10%S.C.	1 Hour　　300 +10%S.C. 1.5 Hours　350 +10%S.C. 2 Hours　400 +10%S.C. 2.5 Hours　450 +10%S.C. 3 Hours　480 +10%S.C.
Cutty Sark J.W. Black Label Jim Beam Jack Daniel's. Black Label Seagram's 7 Crown Canadian Club Beefeater Absolut Bacardi Rum Otard V.S.O.P Remy Martin V.S.O.P Hennessy V.S.O.P Bitter Campari Dubonnet Martini Dry Vermouth Martini Sweet Vermouth Dry Sherry Cointreau Drambuie Creme de Menthe Sparkling Wine Red Wine White Wine Rose Wine Fresh Orange Juice Fresh Lemonade Tomato Juice (Can) Sprite Coca Cola Soda Water Tonic Water Ginger Ale. Perrier Water Evain Water Taiwan Beer	J&B Rare White Horse Ten High Beefeater Smimoff Ronrica Rum Brandy Bitter Campari Dubonnet Martini Dry Vermouth Martini Sweet Vermouth Dry Sherry Drambuie Creme de Menthe Red Wine White Wine Rose Wine Sunkist Orange Juice Tomato Juice (Can) Sprite Coca Cola Soda Water Tonic Water Ginger Ale. Perrier Water Evain Water Taiwan Beer	Sunkist Orange Juice Tomato Juice (Can) Grapefruit Juice (Can) Pineapple Juice (Can) Guava Juice (Can) Mango Juice (Can) Coca Cola Sprite Tonic Water Soda Water Ginger Ale. Perrier Evain Taiwan Beer

註：1.以上所列之酒類如有缺料時，必須以同級酒類替代之。
　　2.酒會開始起計時，待時間到達時即不再供應。
　　3.酒會期間內賓客可隨意飲用所備妥之任何飲料酒水。
　　4.未含於該等級之飲料酒水如賓客需要仍可供應，另依酒價付費。
　　5.酒會時間屆滿時，未飲盡之酒水不得外帶。

表7-6 葡萄酒類計價表

WINE BAR CHARGE BY CONSUMPTION			
A GRADE	**BTL PRICE**	**B GRADE**	**BTL PRICE**
Moet & Chandon Brut-Imperial	NT$3,600	Sparkling Wine	NT$2,000
Chablis	NT$2,200	Liedfraumilch Gloria	NT$1,800
Pouilly-Fuisse	NT$2,000	Chardonnay Antigua Selection	NT$1,600
Bordeaux Superieur	NT$2,000	Torres Coronas	NT$1,600
Chateauneuf-du-Pape	NT$2,000	Carbernet Sauvignon Antigua-Selection	NT$1,600
Rose d'Anjou	NT$2,000	R/M White Zinfandel Rose	NT$1,600

WINE BAR CHARGE BY HOUR			
A GRADE		**B GRADE**	
1 Hour	NT$ 620	1 Hour	NT$ 480
1 1/2 Hours	NT$ 750	1 1/2 Hours	NT$ 580
2 Hours	NT$ 850	2 Hours	NT$ 800
Moet & Chandon Brut-Imperial		Sparkling Wine	
Chablis		Liebfraumilch Gloria	
Puilly-Fuisse		Chardonnay Antigua Selection	
Bordeaux Superieur		Torres Coronas	
Chateauneuf-du-Pape		Crabernet Sauvignon Antigua-Selection	
Rose d'Anjou		R/M White Zinfandel Rose	

※ 以上酒類如遇缺料時得以同級酒補足供應之
※ 凡是開瓶之酒類即整瓶收費

以上價格均需另加10%服務費
All Prices Subject to a 10% Service Charge

九、酒會服務工作之分配

由於雞尾酒會中賓客沒有固定座位，所以服務人員很難劃分服務區域，而只能用「分組」的方式來服務賓客。一般將酒會服務人員分成三組以進行服務工作，第一組負責pass around和餐檯，第二組負責酒類或飲料之服務，第三組則負責收拾空杯殘盤及整理會場。其工作細節分述如下：

(一)負責pass around和餐檯

協助廚房照料餐檯,並且通知廚房補菜、整理及補充餐檯上之備用物品。此外還需負責執行pass around的任務,亦即於酒會中協助端拿繞場服務小吃類餐食,於會場來回穿梭,服務賓客取用食物。

(二)負責酒類或飲料之服務

酒類或飲料服務方式依參加酒會的人數而定,人數少時,服務員應主動迎向剛到的賓客並問聲好,同時接受賓客點用酒或飲料。接受賓客點用酒水之後,服務人員再至酒吧拿取酒或飲料來服務賓客。服務時,服務員需使用托盤拿持酒杯給予賓客,並隨杯附上一張小餐巾紙。但若與會人數眾多,通常會由調酒員預先調好一些常見的酒類或飲料,而後由一部分服務人員以托盤連同小餐巾紙,上置各式飲品數杯,排隊站在入口處讓賓客自行挑選喜好的酒類或飲料;而另外一部分同樣置於托盤中,由服務人員端拿著穿梭於會場中,以隨時提供賓客飲品服務。在雞尾酒會中,若賓客找不到自己喜歡的飲料,可自行向服務員點酒。但須注意,一旦有賓客點酒,儘管服務員恰巧端盤在身,或不是負責服務酒類或飲料的服務人員,仍應儘速協助賓客前往酒吧檯點酒,並服務賓客。

(三)負責收拾空杯殘盤及整理會場

負責收拾餐盤的服務人員必須端持托盤穿梭在會場之間,一旦看到賓客手上的杯子已空,便可趨前詢問需不需要將空杯、盤收走。賓客有時可能會向此組服務人員點酒,遇到這種情況時,雖然點酒不在其服務範圍內,仍應和顏悅色地回應「請稍後,馬上請其他服務人員為您服務!」等言語,並儘快請負責人員進行服務。另外,第三組人員還要負責收拾擺在小圓桌上的空杯、殘盤及叉子等,若發現地上掉

有物品也應立即拾起，以隨時維護會場的場地整潔。

十、雞尾酒酒單材料

表7-7是兩種不同的雞尾酒材料供大家參考（約可提供80杯分量）。

表7-7 雞尾酒（Punch）酒單材料

Pina Canada	
1.Coconut Cream（椰子奶）	2 Tin
2.Bacardi Rum（蘭姆酒）	1 Btl
3.Pineapple Juice（鳳梨汁）	6 Tin
4.Grenadine（紅石榴汁）	1/3 Btl
5.Lemon Juice（檸檬汁）	1/2 Btl
6.Sprite（雪碧1,250ml）	3 Pet
7.Soda Water（蘇打水）	6 Can
8.Fruit Cocktail（水果罐頭）	1 Tin
9.Ice Cube（冰塊）	
Run Punch	
1.Taiwan Rum（Bacardi Rum）（蘭姆酒）	1 Btl
2.Pineapple Juice（鳳梨汁）	3 Tin
3.Orange Juice（柳橙汁）	3 Tin
4.Grenadine（紅石榴汁）	1/2 Btl
5.Sprite（雪碧1,250ml）	3 Pet
6.Lemon Juice（檸檬汁）	1 Btl
7.Passion Juice（百香果汁）	1 Btl
8.Fruit Cocktail（水果罐頭）	1 Btl
9.Ice Cube（冰塊）	

十一、酒會場地布置及服務實景

　　以下為一些酒會場地的實景及服務照片，並附有重點解說，供讀者參考。

一般酒會擺設

　　一般酒會的擺設，通常將餐檯中央部分架高，並加上主辦單位的標誌及冰雕以突顯酒會的主題。

一般正式宴會前簡式酒會或茶點擺設
圖片提供：台北文華東方酒店

　　此為一般正式餐會前，在宴會廳前廳區設置的簡式酒會餐檯，以高低不同的不鏽鋼餐桌擺設餐點，熱餐點並用保溫燈保溫，餐桌上以一些綠色花草襯托，餐檯後方右手邊準備雞尾酒缸（punch bowl）及雞尾酒杯；左手邊準備咖啡杯與咖啡壺及茶壺，由服務人員手持圓托盤端送服務賓客，也可適用一般茶點服務方式。

一般正式宴會前簡式酒會擺設
圖片提供：台北喜來登大飯店

此為一般正式宴會前，在等待區設置的簡式酒會餐檯，提供一些正式宴會前的冷盤開胃餐食供賓客自行取用，餐食可依主辦單位需求搭配成不同的中、西式組合，擺設上配合花卉素材營造整體的精緻美感，會場並設置小圓桌供賓客放置使用過的小餐盤或杯子。

正式酒會活動吧檯的設置
圖片提供：台北文華東方酒店

此為一般正式酒會的活動式吧檯設置，右手邊設置香檳吧檯，將一瓶一瓶的香檳酒放置在雞尾酒缸上，由調酒員開瓶後，服務人員手持圓托盤端送香檳酒服務賓客；左手邊設置活動式吧檯，吧檯上供應各式酒類供賓客點用，再由調酒員協助調製後供賓客飲用。

輔仁大學五十週年校慶餐會之擺設

此為輔仁大學五十週年校慶餐會，圖片為在學校利瑪竇大樓之現場擺設，餐檯部分圍以高質感的酒紅色圍裙，且採用銀架墊高使菜餚擺設有高低層次之分，而餐檯也放置適當花卉及新鮮水果作為裝飾，讓餐檯顯得更加溫馨。另外，更於天花板、牆壁以及地板四周以造型氣球作為點綴，替餐會增添活潑熱鬧之氣氛。

餐點擺設呈現出高低層次的視覺效果

此圖在餐檯之中央放置八層次不同顏色的馬卡龍點心作為主裝飾並補以花卉，兩旁架設高低有別之花卉。餐檯擺設也藉由高低不同的底座及各式不同形狀餐盤裝點心，使餐點擺設呈現出高低層次的視覺效果。

酒會中冷盤之盤飾

紅花需要綠葉陪襯，好菜更需要盤飾點綴。好的料理不只需注意到食材的特性與搭配性，甚至連顏色都是要注意的細節。最重要的是，必須在盤飾上下功夫，這也是考驗師傅功力的地方，巧妙精緻之盤飾使菜餚不再只是菜餚，更是一件藝術品。此圖中冷盤之盤飾，採用細膩刀工的精緻盤飾不僅達到美化與補強的效果，也將吃的氣氛提升至更高境界。

酒會中客家美食區搭配客家桌布顏色擺設

此圖為大型酒會室外客家美食區之餐檯擺設，餐檯桌布搭配客家傳統花布顏色以象徵著客家傳統文化的特色。也於現場裝置各色燈光投射於餐台上襯托其美感，餐桌上也提供各種菜餚的桌卡，讓賓客瞭解菜色。

酒會中現搾水果區擺設

酒會中切肉區之擺設

地方小吃融入國慶酒會中

　　圖為國慶酒會戶外之現搾水果區之擺設，此區主要提供賓客各種新鮮現打果汁，除了以喜氣洋洋的紅色圍裙來圍餐桌，也以各式各樣的水果來作為餐檯布置，增添餐檯色彩與豐富感，也彰顯台灣水果之美，更能象徵台灣水果的富饒多產。

　　此圖為酒會中之切肉區擺設，餐檯布置適當大方，除了麵包奶油，也提供各式醬料讓賓客自行挑選。而現切肉的優點除了新鮮、保留肉品之原汁原味外，更能藉由師傅現場切肉的方式呈現出一種表演的感覺，讓吃擁有不同的感官享受。另外，現切肉區經常採用燈光予以投射，增加食物之視覺效果，令賓客在享用前，就能夠擁有視覺的美好體驗。

　　圖為國慶酒會的現場將一些地方小吃融入酒會當中，讓國內外嘉賓品嚐到台灣的特色地方小吃之美食，也不失為台灣地方小吃做一個良好的行銷推廣。圖為藍家割包服務餐車，在國慶酒會中提供中外賓客品嚐。

地方名產融入國慶酒會中

國慶酒會的現場也將一些地方名產融入酒會當中，讓國內外嘉賓品嚐到台灣的特色美食，也不失為台灣名產做一個良好的行銷推廣。圖為百年老店──馬祖五木老酒麵線，以紅色背板為底，加上用古老推車方式，提供道地的馬祖老酒麵線供品嚐，別具創意。

穿著整齊制服的輔大同學在酒會門口準備迎接賓客

圖為國慶酒會負責在酒會門口準備迎接賓客的輔仁大學餐旅系同學，穿著合宜喜氣之制服，於門口等待貴賓之蒞臨，並提供最親切體貼的服務，讓中外佳賓對此次盛宴留下深刻之印象。

服務人員端著飲料在酒會門口迎接賓客

此圖為在大型酒會中，服務人員端著各式飲料在酒會門口迎接賓客，穿著整齊制服的服務員手持托盤，上面含有各類酒水飲料，供賓客自行挑選。在給予賓客飲料同時，也必須提供餐巾紙，方便嘉賓享用飲料，此種服務方式適合於大型酒會採用。

參與國慶酒會服務的輔大同學

國慶酒會由輔仁大學餐旅管理學系的同學協助台北君悅酒店進行服務,獲得許多中外嘉賓之讚賞。同學不僅能藉由此次服務一窺國宴盛況,更能增廣見聞,從中提升服務與應對技巧,可說是個相當良好的學習機會。

金門酒廠各種高粱酒之吧檯設置

宴會時,酒吧檯通常採用臨時性活動吧台,此圖為金門縣政府將國產酒金門酒廠出品的各種高粱酒及烈酒,在國慶酒會中以吧檯設置方式呈現,供應中外賓客品嚐金門各種高粱酒及烈酒的香醇味道。

第二節　自助餐會的擺設與服務

一、自助餐的由來

　　自助餐（buffet），是起源於西餐的一種就餐方式。廚師將烹飪好的冷、熱菜餚與點心等擺放在餐廳的長條桌餐檯上，由賓客自己隨意取食，可依照自己喜歡的菜色任意取用。目前流行於世界各地的自助餐是如何起源的呢？這可追溯自十七世紀的瑞典，當時擁有土地的仕紳習慣於用餐前聚在一起喝點伏特加，或吃些脆皮麵包、乳酪、鯡魚等食物以開胃。到了十八世紀，餐桌上的東西越來越多，本來只是餐前的點心逐漸變成正餐。而發展至十九世紀中，已經和今日的菜式非常類似，桌上擺滿各式各樣豐盛的食物。由於這種吃法規模很大，所以又叫做「海盜大餐」（smorgasbord）。smorgasbord是瑞典字，它的意思是在自助餐型態中有許多變化的菜色可供享受，此即為自助餐的由來。

二、中式自助餐之桌面擺設

　　一般自助餐的餐盤均擺設在餐檯上供顧客自行取用，所以桌面不擺設餐盤，只擺放口布即可，口布置於離桌緣約3～4公分處。

小味碟擺設於口布正上方8～10公分處，以能放上一個大餐盤而不碰到味碟爲原則。

匙筷架置於口布及小味碟中間右側約5公分處。

湯匙置於匙筷架內側。

筷子放入筷套，置於筷架外側。

水杯置於味碟正上方5～6公分處或置於筷子上方內側。

酒杯置於水杯右下方處，但必須在筷子內側。

《菸害防制法》施行後，桌上不擺設菸灰缸。擺設桌花時需注意花的高度，以不遮住對方的視線為原則。

三、中式自助餐菜單結構

1. Cold Item（冷盤類）。
2. Soup（湯類）。
3. Hot Item（熱菜類）。
4. Dessert / Fruit Plate（甜點水果類）。
5. Beverage（飲料類，中國茶）。

以下提供兩款中式自助餐菜單實例供參考（**表7-8、表7-9**）。

表7-8　中式自助餐菜單（Chinese Buffet Menu）（一）

COLD ITEMS	冷盤類
Pork's Ear Salad	紅油耳絲
Crispy Roast Duck	明爐烤鴨
Spicy Beef Tendon	五香牛腱
Fresh Shrimp Salad	鮮蝦沙拉
Taiwanese Style Kimchi	台式黃金泡菜盤
Squid with Five-Flavored Sauce	五味軟絲
Silver Anchory with Chili and Sesame	芝麻丁香魚
Cucumber and Chicken with Lemon Sauce	黃瓜檸檬雞
HOT ITEMS	**熱菜類**
Beef Steak Chinese Style	中式牛排
Diced Chicken with Black Bean Sauce	豉椒雞丁
Fresh Squid Sauteed with Sweet Beans	甜豆鮮魷
Pork Ribs with Sweet Sauce	京都蜜腩排
Braised King Prawns	干燒明蝦
Steamed Halibut Fish with Crispy Soybean	豆酥蒸比目魚
Stewed Oyster Mushroom and Loofah	杏菇燴絲瓜
Fried Broccoli and Mushrooms	花椰生香菇
Fried Noodles with Assorted Meats	什錦炒麵
Fried Rice with Diced Chicken and Salted Fish	鹹魚雞粒炒飯
SOUP	**湯類**
Beef Westlake Broth	西湖牛肉羹
Winter Melon and Sparerib Soup with Clam	冬瓜排骨蛤蜊湯
DESSERTS	**甜點類**
Assorted Chinese Sweets × 4	各式中式點心×4
Milk and Red Bean Jelly Cake	奶香紅豆糕
Seasonal Fruit Platter × 4	四種新鮮水果盤
BEVERAGE	**飲料**
Chinese Tea	中國茶
Juice × 3	三種果汁

表7-9　中式自助餐菜單（Chinese Buffet Menu）（二）

COLD ITEMS	**冷盤類**
Asparagus Salad	蘆筍沙拉
Cucumber Salad	涼拌黃瓜
Taiwanese Style Kimchi	台式黃金泡菜盤
Fresh Scallops in Four Flavours	四味鮮貝
Squid with Ginger Sauce	澎湖薑汁軟絲
Crispy Roast Duck	明爐燒鴨
Spicy Beef Tendon	中式牛腱
Taiwanese Style Chicken	台式去骨嫩油雞
Hot & Spicy Shank	椒麻腱子肉
HOT ITEMS	**熱菜類**
Deep Fried King Prawns	椒鹽明蝦
Braised Beef Sinew	紅燒牛筋
Crispy Suckling Pig	脆皮乳豬
Fried Chicken with Gingko Seeds	白果雞球
Fresh Squid Sauteed with Red Pepper	宮爆鮮魷
Dried Scallop and Fresh Mushrooms	瑤柱鮮菇
Stir-Fried Seasonal Vegetable	清炒田園四季蔬
Deep Fried Fillet of Garoupa	脆皮石斑魚
Cantonese Fried Noodles	揚州炒麵
Steamed Rice Cake with Sausage	臘味香米糕
SOUP	**湯類**
Shark's Fin Soup with Assorted Meats	三絲生羹
Chinese Herbal Soup with Pork Rib	黃金蟲草燉排骨
DESSERTS	**甜點類**
Assorted Chinese Sweets × 4	各式中式點心×4
Milk and Red Bean Jelly Cake	奶香紅豆糕
Deluxe Fresh Fruits × 4	各式水果×4
BEVERAGE	**飲料**
Chinese Tea	中國茶
Juice × 3	三種果汁

四、西式自助餐之桌面擺設

個別擺設圖

宴會擺設圖

一般西式自助餐不擺設墊底盤（show plate），而將餐盤直接擺設在餐檯上，所以餐桌上只需擺放口布即可，口布置於離桌緣約3～4公分處。

個別擺設圖

宴會擺設圖

餐刀置於口布右側，餐叉置於口布左側，兩者相距約11～12公分，以剛好能放置一個大餐盤的距離為原則，刀叉離桌緣約1～2公分。

個別擺設圖

宴會擺設圖

湯匙置於餐刀右側，離桌緣1～2公分。

個別擺設圖

宴會擺設圖

點心叉置於口布上方約5～6公分處，叉柄朝左，點心匙置於點心叉上方，匙柄朝右。

個別擺設圖

宴會擺設圖

麵包盤置於餐叉左側，離桌緣1～2公分處。

  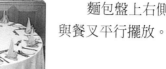

麵包盤上右側置奶油刀，與餐叉平行擺放。

個別擺設圖　　宴會擺設圖

咖啡杯（盤）及茶匙置於點心叉匙上方，並將咖啡杯耳及咖啡匙柄朝右擺設。

個別擺設圖　　宴會擺設圖

  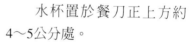

水杯置於餐刀正上方約4～5公分處。

個別擺設圖　　宴會擺設圖

將胡椒鹽及花擺設上桌即完成西式自助餐擺設。

宴會擺設圖1

宴會擺設圖2

五、西式自助餐菜單結構

1. Cold Item（冷盤類）。
2. Salads（沙拉類）。
3. Soup（湯類）。
4. Carving Board（切肉類）。
5. Bread（麵包類）。
6. Hot Item（熱菜類）。
7. Dessert / Fruit Plate（甜點 / 水果類）。
8. Beverage（飲料類，咖啡或紅茶）。

以下提供兩款西式自助餐菜單實例供參考（**表7-10**、**表7-11**）。

六、自助餐檯擺設之注意事項

1. 自助餐檯之設計通常會選定某一特定的主題來發揮。例如，節慶時以節慶為主題，或者是某產品的發表會即以該產品或其公司行號的標誌來布置餐檯。
2. 自助餐檯的設置要視菜單上菜餚道數的多寡來準備，不論過大或太小的餐檯都是不適當的設置，因此，餐檯設置前必須事先瞭解廚房所準備的菜餚分量及盤飾，以作為布置時的參考，有時亦需配合特殊餐具的使用來進行擺設。
3. 自助餐檯布置與酒會一樣，可藉由各種高低不同的壓克力箱、銀架或覆蓋著皺褶檯布的塑膠可樂箱來墊高低，使菜餚布置呈現出高低不同層次的立體效果。
4. 自助餐檯菜色擺放時有一定的擺放方式與酒會有些不同。一般先從冷盤、沙拉、熱食、點心及水果等順序排列，而切肉區可獨立

表7-10　西式自助餐菜單（Western Buffet Menu）(一)

COLD ITEMS	冷盤類
Smoked Salmon	極品挪威燻鮭魚
Goose Liver Mousse on Ice Carving	冰飾鵝肝慕司
Assorted Fresh Sashimi Platter with Wasabi	新鮮頂級刺身盤
Thai Style Mixed Seafood Salad	泰式酸辣海鮮盤
Roast Rib of Beef with Remoulade Sauce	烤牛肉片
Assorted Cold Cuts with Salami	法式火腿沙拉米
Ham Baked in a Bread Crust with Pickles	包焗火腿
HOT ITEMS	**熱菜類**
Roasted Chicken Thigh with Italian Seasoning	紐澳良嫩烤雞排
Ragout of Seafood Vol Au Vent	海鮮酥盒
Pomfret Fillet in Tomato and Butter Sauce	茄汁鯧魚塊
Lamb Stew Printaniere with Tarragon	茴香燜羊肉
Penne Pasta with Bolognese Sauce	波隆納肉醬筆管麵
Oriental Rice with Pine Seeds	松子飯
Assorted Seasonal Vegetables	各式季節生蔬菜
Steamed Halibut Fish with Crispy oybean	豆酥蒸比目魚
Salad Bar	**沙拉吧**
Assorted Green Salad × 8	各式沙拉盤×8
Taiwanese Style Vinaigrette, Blueberry Yogurt and Caesar Dressing	油醋醬／藍莓優格醬／凱薩醬
Parmesan Cheese Powder/Sliced Almond/ Raisins	帕瑪森起士粉／鑽石杏仁片／葡萄乾
Black Oliver/ Organic Pepitas/ Bacon /Croutons	黑橄欖／有機南瓜子／培根丁／麵包丁
CARVING	**現場切肉**
Fillet of U.S. Beef Wellington with Perigourdine Sauce	烤美國威靈頓式牛排附紅酒汁
BREAD	**麵包類**
Homemade Bread and Butter	手工麵包及牛油
SOUP	**湯類**
Clear Oxtail with Cheese Straws	燉牛尾清湯
DESSERTS	**甜點類**
Fresh Fruit Platter, Suchard Chocolate Mousse	水果拼盤、白巧克力慕司
Assorted French Pastries × 3	各式法式蛋糕×3
Black Forest Cake, Cream Caramel	黑森林蛋糕、焦糖布丁
Selection of International Cheese and Crackers	特選國際名牌乳酪
BEVERAGE	**飲料**
Coffee or Tea	咖啡或紅茶
Juice × 3	三種果汁

表7-11　西式自助餐菜單（Western Buffet Menu）（二）

COLD ITEMS	冷盤類
Classic Parma Ham with Melon	義式洋瓜冷肉盤
Smoked Scottish Salmon Roses with Caviar	魚子煙鮭魚玫瑰
King Prawn Pyramid with Brandy Sauce	明蝦塔
Terrine of Mallard Duck with Foie Gras	鵝肝鴨肉醬餅
Striploin of Beef with Asparagus and Pickles	烤牛肉片
Rack of Pork Forestiere	歐式香菇豬排
Japanese Sashimi and Nigiri Sushi with Wasabi	日式生魚片及壽司
HOT ITEMS	**熱菜類**
Roasted Fresh Scallop with Cheese	起士焗鮮貝
Salmon Escalope on Young Spinach Leaves	菠菜鮭魚塊
Lamb Rack Provencal on Bed of Ratatouille	蒜味烤羊排
Pork Fillet Medallions in Mustard Seed Cream	芥末豬排
Gratin Dauphinois, Pelaf Rice	乳酪洋芋、奶油飯
Vegetable Selection from the Morning Market	特選季節性蔬菜
Steamed Halibut Fish with Crispy Soybean	豆酥蒸比目魚
Salad Bar	**沙拉吧**
Assorted Green Salad x 8	各式沙拉盤×8
Taiwanese Style Vinaigrette, Blueberry Yogurt and Caesar Dressing	油醋醬／藍莓優格醬／凱薩醬
Parmesan Cheese Powder/Sliced Almond/ Raisins	帕瑪森起士粉／鑽石杏仁片／葡萄乾
Black Oliver/ Organic Pepitas/ Bacon /Croutons	黑橄欖／有機南瓜子／培根丁／麵包丁
CARVING	**現場切肉**
Roasted Beef with Choice of Black Pepper or Mushroom Sauce	爐烤牛排附黑胡椒醬汁或蘑菇醬汁
BREAD	**麵包類**
Homemade Bread and Butter	手工麵包及牛油
SOUP	**湯類**
Sweet Corn Chowder	法式玉米巧達湯
DESSERTS	**甜點類**
International Cheese Selection with Condiments	精選國際名牌乳酪
Honey Melon Cocktail with Fresh Mint	蜜瓜沙拉
Seasonal Fruit Platter × 4	季節鮮果盤×4
Chocolate Cream Cake, Assorted French Pastries	功克力蛋糕、各式法國蛋糕
Strawberry Mousse, Gateau St Honore	草莓慕司、聖安奶蛋糕
BEVERAGE	**飲料**
Coffee or Tea	咖啡或紅茶
Juice × 3	三種果汁

設置。如果宴會場地夠大，可再將餐檯細分成冷盤沙拉區、熱食區、切肉麵包區、水果點心區等，避免賓客冷、熱食混合取用。

5. 自助餐檯須設置於賓客入門即可容易看到且方便廚房補菜之處，另須考量其設置地點也應為所有賓客皆容易到達且又不阻礙通道為原則。

6. 在用餐人數眾多的大型宴會中，可採行一個餐檯兩邊同時取菜的方式。最好是每150～200位賓客就有一個兩邊同時取菜的餐檯，這樣才能讓賓客節省排隊取菜的時間，以免取菜排隊等候太久，如**圖7-4**所示。

7. 自助餐檯的燈光必須足夠，可用投射燈補助照射，否則擺設再漂亮的餐檯及菜餚也無法顯現其特色。尤其是冰雕部分更需要不同顏色的投射燈來照射。

七、補菜之注意事項

1. 負責補菜的服務人員必須妥善安排補菜的時間和分量，不可補得太慢讓賓客等待太久，也不能超量補菜造成浪費。例如，若還有很多賓客尚未用餐但菜只剩下一半時，就應趕快通知廚房準備補菜，尤其是需要時間炒的熱菜類。如果補菜速度稍慢，也應及時告知賓客稍等一下，菜會立即補上，不可讓賓客以為沒有菜了，避免賓客留下不好的印象。

2. 若餐宴中擺設有兩個以上的餐檯，當客人已吃得差不多時，就可以關掉其中一個餐檯，並把其餘的菜餚全部集中至留下的那個餐檯，如此可以控制菜量，減少不必要的浪費。不過必須事先告訴主人，讓主人瞭解情形，以免結帳時產生不必要的誤會。

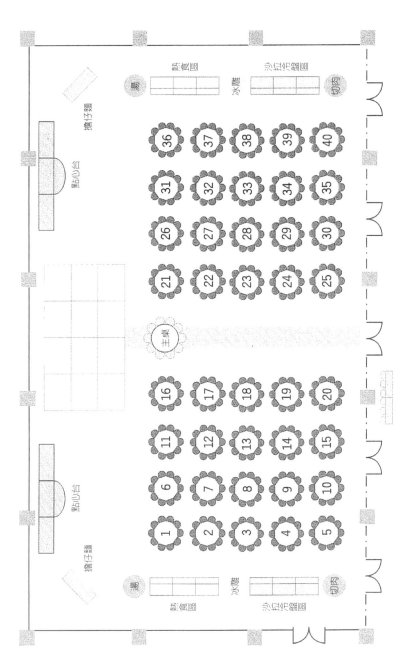

圖7-4 西式自助餐擺設法

八、如何享用自助餐

　　自從自助餐文化在台灣開始流行後，這種只需要付單一價錢就可以嚐到數十種菜色的吃法越來越普遍，地位也歷久不衰。從一般餐廳到五星級旅館，從正餐到下午茶及宵夜，都可以看到自助餐的蹤影，但如何以同等的價格享受到最高的用餐品質也逐漸變成消費者關心的議題。

　　在自助餐廳裡，不難發現一個奇怪且普遍的現象，就是很多人都抱著「撈本」的心態享用自助餐，不管吃得下或吃不下，總是要把餐盤堆得滿滿的才甘願，但卻又常因吃不完而造成食物的浪費。其實一般自助餐從開胃菜、湯類、麵包、沙拉、主菜到甜點，菜式多達數十種，用餐前不妨先到餐檯繞一圈，瞭解今天餐廳提供了哪些菜餚，如此一來，取餐的時候才能挑選自己喜歡的菜餚享用。反之，如果尚未瞭解有哪些菜餚就拿盤子取餐，最後勢必堆得整個餐盤都是菜餚，不但會降低自己的食慾，更造成食物的浪費。爲使讀者能瞭解正確且適宜的取餐方式，以下列舉六項享用自助餐時的取餐技巧及方法供參考。

1. 自助餐的取餐順序和吃西餐的順序沒有什麼差別，同樣是先從開胃菜開始，依序爲開胃冷盤→湯→沙拉→熱食→水果、點心→咖啡或茶。但有些人習慣先從自己喜好的食物開始取用，所以可能先食用水果甜點後才吃熱食，最後再拿開胃菜。這樣的吃法不但不健康，也辜負了廚師的廚藝，應儘量避免。

2. 自助餐的選擇性比較多，消費者往往不知從何下手，建議可以先到餐檯繞一圈看過所有菜餚，再配合本身食量挑選喜歡的食物，以「少量多元化」爲原則，第一次先取用一些品嚐味道，若覺得適合自己的胃口，可再前往取用。餐廳並不介意多清洗

一些盤子，但卻不希望顧客浪費過多食物。

3. 取餐時，千萬不能將不同的菜餚重疊置放在一起，以免品嚐不出每一道菜餚的味道。也不宜將冷食及熱食擺放一起，以免冷、熱混食造成腸胃不適。有些人用完餐後覺得肚子不適，大部分的原因都是由於冷、熱混食，而非餐廳的衛生問題。

4. 生食部分可依個人喜好來調配所需的醬料，有些醬料對於生蠔和生魚片等食物具有殺菌作用。不能食用或不常食用生食者，千萬不要勉強嘗試，以免吃壞肚子。

5. 飲品取用宜適量。許多人吃自助餐時喜歡猛灌飲料，這樣不但有礙健康，相對地也會因為喝太多飲料而吃不下其他的食物，這樣才真的是虧本！

6. 通常自助餐需要排隊取餐，再加上顧客很多而用餐時間有限的情況下，許多人擔心吃不到自己喜歡的菜餚，所以就一邊吃一邊觀望，以致無法專心享用美食。其實這些擔心都是多餘的，餐廳一定會準備足夠的分量供顧客取用，因此可以安心地用餐。

享用自助餐最大的樂趣在於品嚐多元化的美食，喜歡吃什麼就拿什麼，但即使是吃自助餐，也要有正確的觀念及應有的禮節，才不至於洋相盡出。若能謹遵上述幾點原則，相信在取用自助餐時，便能輕鬆自在地享用美食，也同時保有正確的用餐禮儀。

九、酒會vs.自助餐

一般人常誤以為酒會就是自助餐，其實不然，酒會和自助餐是有所差別的。到底酒會和自助餐有何不同呢？其差異性大致反應在舉行時間、菜色及價格上的差異。說明如下：

(一)舉行時間的差異

　　酒會一般比較適合在早上9～11點或10～12點之間、下午3～5點或4～6點之間舉行，自助餐則適合於午餐或晚餐用餐時間舉行。

(二)菜餚的差異

1. 酒會一般都站著舉行，鮮少排座位給賓客，所以在菜餚上會比較精緻，大多菜餚以手工為主，不須再經過刀叉切割即可入口，而且沒有沙拉和湯類菜餚，酒會所提供的菜餚通常並非以讓賓客吃到飽為目的，若是要舉辦可以吃到飽的Heavy酒會，必須提前向飯店說明。Heavy酒會的價格比較高，開菜單時也要特別注意。

2. 一般自助餐都會提供座位供賓客入座，所以在菜餚的製作上不如酒會那般精緻，每樣菜式的分量會比較大，並供應沙拉和湯類，以能夠讓賓客吃到飽為原則。有些自助餐是採站立式的（Standing Buffet），形式如同Heavy酒會，例如日本人的習慣，其自助餐大部分會採用站立式的，如採用這種方式必須事先告訴廚房，廚房在菜餚的製作上會有所不同。

(三)價格的差異

　　在餐食部分，一般酒會的基本起價會比自助餐稍低，因為酒會的餐點有一定的供應量，吃完便不再供應，如主人想繼續供應餐點，則必須另外計價。而自助餐則採取無限量供應，讓賓客可以隨意吃到飽，所以是以人頭計價。

Note

第8章

宴會菜單的安排與設計

　　菜餚是組成宴會中極為重要的部分，而宴會菜餚尚需藉由宴會菜單予以陳列與介紹，是以一場宴會的成功與否，宴會菜單是否設計合宜扮演著重要的角色。畢竟舉辦大宴小酌，要把菜單安排得有條有理、葷素得宜，並非一件可簡單完成的任務。此外，設計一份適當的宴會菜單，除了必須具備相當豐富的飲食知識外，舉辦宴會的經驗多寡，也是成功要素之一。有鑑於菜單在現代餐飲管理中具有關鍵性的作用，故如何編制一份既能滿足餐飲管理的需要，又可符合顧客需求之菜單，便成為一份既艱鉅又富挑戰的創造性工作。本章將分別就菜單的起源與重要性、宴會菜單的結構和設計原則，以及宴會菜單設計程序與實例等內容，概述宴會菜餚的安排，期使讀者能對宴會菜單設計有更進一步的瞭解。❶

宴會管理

第一節　宴會菜單的起源與重要性

一、宴會菜單的起源

　　菜單的英文「Menu」源於法文，引申有「小號的備忘錄」之意，而菜單的起源則有許多不同的考證。其中法國人認為菜單始自於西元1498年法國的蒙福特（Hugo de Montford）公爵，而英國人則認為菜單源自西元1514年英國的布朗斯威克（Brunswick）公爵。姑且不論菜單原創者究竟是誰，菜單的使用確實廣為流傳，逐漸成為餐桌上必備之物。直至十六世紀起，菜單儼然成為創造兼具藝術與均衡菜餚的推手，至此廚師可先於紙上作業，使菜餚與佐料保持最完美的和諧，避免重複出現。而後除了新食材不斷引進歐洲，大為改進當地產品之外，再加上文藝復興後的貴族、富商階級，乃至宮廷競相要求精緻且變化多端的菜餚，大排場的大菜單於焉出現。此款大菜單的菜餚需分成二至三梯次出菜，而每一梯次又齊出很多道菜，可謂極盡奢華之能事。這種情況一直持續到十九世紀中葉才逐漸簡化成一道菜出完再上另一道菜的「俄國式供應方式」，日後隨著時代的推演以及飲食習慣的進步，菜單才得以由繁至簡地變得更單薄、更簡短，方便設置在餐桌上提供顧客用餐時參考。

二、宴會菜單的重要性

　　宴會菜單可以說是預先設計好之固定菜單，如同說明書一般的用以向顧客介紹該宴會廳的宴會產品。同時，宴會菜單也可以由設計者先依據宴請對象、其消費標準以及顧客意見等，安排適合之餐點，而於顧客預定宴會時再根據其要求確定菜單內容。不容諱言地，宴會菜單在餐飲經營管理中有其重要性。它不僅是餐飲管理者經營理念與管理水準的體現，更是消費者與經營者之間最直接的溝通橋樑，因為要研究菜餚是否受歡迎，菜單內容即為最重要的改進資料。由此看來，菜單並非只是一張簡單的產品目錄，成功的宴會菜單設計也是一項藝術品，更為飯店經營的最佳宣傳品，堪稱為餐飲部門一切業務活動的總綱。因此，無論何種型式的菜單設計，都應要求設計者具備足夠的專業知識及適當的靈活性，才能應付顧客各種需求以妥善安排宴會菜單，以下將為讀者具體說明宴會菜單的重要性。

(一)菜單為宴會經營之計畫書

以略具規模的宴會廳而言，其營業額經常占餐飲部門營收的 1/3～1/2 強，可見宴會廳在餐飲部門所占的分量比重之大。既然如此，假若不對宴會經營作合理和有效之控制，勢必造成經營成本的增加甚至虧損。而宴會菜單便在整個宴會廳經營活動中具有計畫與控制作用，為一項重要的管理工具。整體而言，宴會菜單在餐飲設備、食品材料、廚師、服務人員以及經營成本等事項上，皆有相當程度的影響，說明如下：

◆宴會菜單對宴會廳餐飲設備購置的影響

宴會部門在選購廚房設施、設備、廚具及餐具時，無論其種類、規格，抑或品質、數量，皆取決於菜單的菜式種類、水準與特色。例如製作北京烤鴨需使用掛爐，而烤乳豬和烤羊肉串則經常使用名烤爐；上龍蝦需搭配龍蝦鉗（lobster cracker），上田螺則需搭配田螺夾（escargot tong）和田螺叉（escargot fork）；水杯可作為紅酒杯，紅酒杯可作為白酒杯，但卻沒見過使用飯碗裝盛雞尾酒。由此可見，每種菜餚都有相應的加工烹製設備以及服務餐具。菜餚種類愈豐富，所需設備的種類愈多；菜式水準愈高、愈稀奇，所需設備餐具也愈特殊。

總之，菜系及菜單是宴會部門選購廚房設備的指南與依據，它亦決定廚房和餐廳使用設備的數量、性能及型號等等，因此在某一程度上，可說決定了宴會部門的設備成本。當然菜單既能影響設備購置，有時亦有受限於設備之虞，由此可知宴會菜單跟宴會廳餐飲設備的不可分割性。

◆宴會菜單對食品材料採購及貯藏的影響

食品材料的採購和貯藏可說是宴會部門業務活動的必要環節，它們深受菜單內容與菜單類型的影響和支配。簡單來說，菜單內容規定採購和貯藏工作的對象，菜單類型則於一定程度上決定採購和貯藏活動的方法、要求以及規模。

◆宴會菜單對配置廚師與服務人員的影響

宴會菜單內容標榜宴會廳中餐飲服務的水準與特色，而為落實兩者，尚須藉由廚房烹調技術及餐廳服務來表現。一份菜單設計得再好，假如廚師無力烹調或服務人員不諳服務方法，亦屬枉然。

因此，宴會部門在配置廚房及宴會廳員工時，必須根據菜餚製作及服務要求，聘用具有相關技術水準的工作人員。若應徵者不熟練其工作，則應針對既定菜單內容對員工進行相關工作的培訓，使其能儘快符合技術水準上之要求。總而言之，菜單不但必須決定員工的服務水準，還須決定員工的職務及人數。所以，餐飲部門勢必需要擁有一支龐大且具備全方位技能的工作團隊，才能妥善服務中、西餐兼備的宴會菜單以及各幫名菜薈集菜單。

◆菜單與宴會廳經營成本的關係

菜單在體現宴會廳餐飲服務水準之際，亦決定宴會餐飲成本的高低。用料珍貴稀奇或材料價格高的菜式過多，必定會導致較高的食物成本；而精雕細琢、費盡心思的菜式太多，又會無端增加人力成本。

因此，各種不同成本的菜式，若能在品質與數量上維持一合理的比例，便有利於宴會廳之經營及盈利能力。以國際觀光旅館為例，南部宴會的平均食材成本宜保持在大約34～36％之間，北部宜保持在大約31～33％之間，較有利於宴會廳的經營成本。事實上，確定各式菜餚成本，調整不同成本菜餚的種類、數量比例，便是宴會成本控制的首要環節，意謂菜單設計實為餐飲成本管理的首要之務。

(二)菜單直接影響宴會經營成果

菜單為宴會工作展開的核心與基礎，因為包括宴會所需材料的採購、食材的烹調製作、所需餐具的備置，以及宴會服務安排等，皆須依賴菜單才得以進行。而一份合適的菜單，為菜單製作人根據餐飲部門的經營方針，並認真分析客源及市場需求所制訂出來的。也就是說，一旦宴會菜單制訂成功，宴會部門的其他工作也就能按照經營方針順利進行，並可吸引廣大的消費顧客。

(三)菜單為宴會服務人員進行服務的有效依據

在顧客根據菜單選擇餐點和飲料的同時，服務人員（或訂席業務人員）亦有義務和責任向顧客推薦菜餚及飲料，顧客和服務人員（或訂席業務人員）透過菜單開始交流，並進一步溝通協調。這種藉由菜單擔任媒介，進行「推薦」與「接受」的結果，可促使買賣雙方達成一致的共識。

除此之外，宴會進行時的餐飲服務方式亦視菜單而定，意即服務人員必須依據菜單內容，擺設不同的餐具與給予不同之服務。譬如面對一份中餐菜單，服務人員便需備置以筷子、骨盤為主的用餐餐具；但對一份西餐菜單的服務，便應擺設餐刀、餐叉、湯匙、餐盤等基本餐具，有時還需依不同菜式增設其他餐具；而若面對中餐西吃的菜單設計，同樣應配合需求作服務程序的調整。

簡而言之，中餐菜單服務注重菜餚的擺放藝術，而西餐菜單則偏

重於不同地區不同餐具的習慣性擺放規則。總之，菜單可謂顧客與服務人員溝通的重要工具。

(四)菜單為宴會工作之提要

舉辦一場宴會，舉凡菜餚的製作至宴會的組織服務，無一不是圍繞著宴會菜單進行。例如，國宴菜餚的製作與服務便需按照國宴菜單的要求開展，而雞尾酒會的配置與服務同樣應依照酒會菜單進行安排。宴會菜單，就好比各種工程建築的藍圖，主導整場宴會的發展。菜單不但為服務的依據，亦為廚師之備忘錄，重要性不容小覷。

(五)菜單為宴會推銷之利器

宴會廳宜擁有豐富的宴會菜單，並同時能根據顧客需求設計宴會菜單以供選擇，使顧客因菜單的陳述內容而產生強烈的消費欲望，成功達到推銷宴會之目的。透過菜單，宴會部門可以提供訊息向顧客促銷，並同時透過菜單的呈現，襯托出該部門的能力及形象。再者，菜單內容的編排、菜單上餐點和餐具圖片的展現，皆會影響顧客對菜餚的選擇，因而促進宴會中高利潤菜餚的銷售。

通常，宴會菜單可製作成各式漂亮精巧的宣傳品，並陳列在潛在顧客容易見到之處，譬如刊登在報章雜誌或直接郵寄給潛在顧客，以菜單設計的展現進行各種有效的推銷。而製作精美的菜單尚可作為顧客的紀念品，用以提示和吸引顧客再度蒞臨。

 ## 第二節　宴會菜單的設計

所謂宴會菜單設計，乃指對於組成一次宴會的菜餚整體以及具體每道菜所進行之設計工作。此類菜單通常專為某種社交聚會設計，具有既定之規格與品質，並由一整套菜品所組成。為顧及整體菜餚之適當搭配，設計宴會菜餚時應仔細考量各項因素，其中所牽涉的內容非常廣泛。儘管考量因素眾多，然而其設計核心要素仍應以顧客的需求為中心，並盡最大努力滿足顧客所需。為此，菜餚的設計須以宴會主題和與會賓客具體情況作為依據，充分衡量宴會的各項因素，使整體宴會氣氛達到理想境界。

一、宴會菜單特性

1. 宴會菜單應以外型美觀、雕工精細的菜餚為主，當然價格也較平常為高。同時，宴會菜餚的色、香、味、形各方面必須搭配協調，講求外型美觀且具節奏感。菜餚無論在材料選擇、烹調方式或口味搭配上皆需考量其協調性，儘量避免雷同或雜亂的口感，而要區分主輔、輕重，有層次地使宴會成為一個統一的整體。

2. 不同類型的宴會搭配不同的菜餚，一般習慣根據宴會各種費用層次設定幾套內容互異的菜單，再於每個層次中準備數種菜單供顧客挑選。在招徠生意時，宴會部門可採用菜單樣本，然後於菜色安排中留有一定的靈活調度空間，讓顧客依具體情況、用餐喜好、宗教、禁忌等需求進行調整。

3. 宴會菜餚宜搭配以裝飾菜、食雕等，並需配合適宜的器皿和餐具使用。合理巧妙的運用裝飾菜與餐盤，對菜品有點綴裝飾的襯托作用，使宴會更添美感，由於社會的進步，因此，菜餚上面的裝盤物宜以能食用的裝飾物為原則。

4. 宴會的菜餚名稱應講求優雅、好聽，以增添宴會氣氛及質感。但命名時宜儘量避免採用特異名稱設計菜名，譬如故弄玄虛或詞不達意的名詞，以免適得其反。

5. 宴會菜單的設計應求美觀漂亮，其色彩和設計需與宴會廳的裝

飾以及餐桌桌巾顏色相互搭配。另外，在宴會菜單上也應備註
飯店（餐館）名稱、地址、預約訂席電話號碼等資料，以便進
一步推銷餐廳，提醒顧客再度光臨。

二、宴會菜單的設計要領

傳統的宴會菜餚設計，偏向僅作宴會廳本身材料的供應情況，以
及顧客消費層次的考量，但這些考慮因素已不能滿足現代社會求新求
變之需要。宴會舉辦之目的及形式各有不同，伴隨以各類需求亦不足
爲奇。因此，爲設計出符合顧客需求的宴會菜單，便須先掌握數項要
點，包括對顧客心理、顧客特徵與喜好的瞭解，以及種種菜餚與其他
因素的考量，以下僅將宴會菜單設計要領歸納成八項，加以解說。

(一)分析顧客心理

在設計菜單之初，必須先分析舉辦宴會者與參加宴會者的心理。
比如有些顧客與會乃出自於好奇心，想體會該宴會廳獨特的宴會菜
餚；有些是爲了追求團聚氣氛，藉宴會形式作一些主題活動，達到娛
樂、團聚之目的；另外一些顧客則基於名望的心理，特地前來享受宴
會的美好氣氛。除了瞭解參加宴會者的出席心理外，還需分析顧客的
消費心態，因爲有的顧客注重宴會環境氣氛和層級，有的則著重於內
容是否經濟實惠。

總而言之，顧客不論參加宴會或舉辦宴會，皆可能有各式各樣的
動機，身爲宴會經營者便需進行深入觀察及分析，方能確切瞭解顧客
的消費心理，進而滿足其明顯及潛在的心理需求。換句話說，宴會設
計者在進行宴會菜單設計時，就應深入分析顧客對宴會菜餚的心理需
求，以顧客的需要爲導向，方能設計出賓主盡歡之菜色。

(二)瞭解顧客特徵與喜好

除了對顧客心理進行分析，宴會設計者在策劃宴會之前，尤其在與宴會主廚共同設計宴會菜單前，務必考慮到顧客的特徵與喜好。畢竟出席宴會的顧客各有不同的生活習慣，其對於菜餚味道的選擇勢必有不同偏好，而若能事先具體瞭解宴請對象的喜好，則有助於宴會菜餚食材與種類的選定。要如何掌握顧客的特徵，首先必須瞭解參與宴會者的年齡、性別、職業以及參加宴會的目的，其次還需瞭解顧客的飲食習慣、喜好及禁忌。譬如有些人不吃牛肉，有些人忌食豬肉，有些人則不吃雞鴨，也有人忌蔥、薑、蒜等，各式各樣的飲食偏好都可能會在與會者中出現。所以若能清楚瞭解這些情形，具體的工作便較有把握完成，而使菜單安排更能迎合顧客喜好。

(三)明確菜餚品質與宴會價格之關係

宴會菜單設計的基本原則，在於明確菜餚品質與宴會價格的關係。所有宴會都有既定的價格標準，而宴會價格標準的高低不但是反應宴會形式與菜餚的依據，更與菜色品質有絕對之關聯。儘管如此，價格標準的高低也只能在食物材料使用上有所區別，不能以價格影響宴會的品質和效果，而應在規定的標準內將餐點適當搭配，使賓主盡歡，這正是宴會菜單設計的巧妙之處。通常，在品質掌控方面，設計者必須依據宴會的價格高低，並在保證菜餚數量足夠的前提下，從菜色主料、配料的搭配上進行設計，以下有兩項規則可供參考：

1. 宴會層級較高者（價位較高者），應使用高級材料，並在菜餚中僅選用主料而不用或減少配料的使用；相反的，宴會層級低者（價位較低者），可使用一般材料，並且增加配料用量，以降低食物成本。
2. 在口味設計與加工做法上，應本著粗菜細做、細菜精做的原

則，將菜餚作適當調配。應使價格較高的菜餚材料層級提升，體現菜色精緻的效果而不求量多；至於價格低的菜餚，則以豐富的數量及口味呈現，不減宴會效果。

(四)宴會菜餚的數量應適中

宴會菜餚的數量，乃指組成宴會的菜餚總數以及其中每一道菜的分量，而適當的菜餚數量安排往往能使顧客滿意且回味無窮，可知宴會菜餚的數量控制實爲宴會菜餚設計的關鍵要素之一。

具體而言，宴會菜餚的數量應該直接與宴會層級以及顧客特徵成「正比」，也就是說宴會的層級愈高，菜數總量相對愈多，每份數量則相對愈少。但若客人舉辦宴會的目的以品嚐爲主，則菜餚需求的整體數量便需相對較多，而分量需求則較少，其他一般宴會尚需注意，菜餚種類少的宴會，每道菜的量應多些，而種類多的宴會，每道菜的量便可減少。

基本上，宴會菜點的數量應與參加宴會者的人數一致，其在數量上以平均每人能享用到500公克左右的淨料爲原則。以台北地區而言，顧客菜餚數量掌握在每人400～500公克的範圍內，而南部地區則以500～600公克作爲設定範圍，意即南部的菜餚數量設定應較北部多，由此可知南部經營宴會的食物成本較北部爲高。

(五)菜色內容應配合季節性做調整

一個經營成功的宴會廳，其菜色必須與季節密切配合，儘量採用當季的食材或應景的菜式，不能只滿足於具備數個層級但千年不變的套菜式菜單，而應在原有的菜餚基礎上，結合季節性食材，設計出一些符合時令的宴會套菜，才會給顧客一種新鮮舒適的感覺。

1.配合季節特徵設計宴會菜餚，不但可以結合季節的時令材料以反應時節特色，使顧客獲得變化上的滿足，也能及時取消固定標準菜單中因時節替換而使材料價格上漲的菜品，進而有效降低食物成本，並增加菜單的靈活性。

2. 結合季節特徵以設計宴會菜餚的口味。基本上，季節的變化會影響人的視覺及味覺，所以春夏宜出味道清新而顏色較淡的口味，秋季則偏向辛辣口味，冬季則出較油膩且色深的口味。

(六)注意宴會菜餚之色彩搭配

宴會菜單設計所需考量的因素不勝枚舉，宴會設計人員除了根據上述幾項要領，還需結合宴會廳本身的特色進行菜餚設計，以呈現出與眾不同、富含特色的宴會菜餚，增加宴會廳的市場競爭力。其中，宴會菜餚的色彩搭配合宜與否為衡量菜餚好壞的首要標準，因為一道菜餚上桌，首先映入賓客眼簾的便是其顏色所引領的視覺效果，所以宴會菜餚的色彩設計不容小覷。

所謂菜餚的色彩設計，便是合理巧妙地運用食材及調料的顏色，並配合點綴物的色彩、器皿顏色等進行搭配，襯托出菜餚的色澤，使菜餚顏色賞心悅目。通常在宴會主題與風格確定之後，便應先考量整體宴會菜餚的主色調和協調色調，而後每一道菜餚更應考慮利用調料、配料去襯托主料，使其色彩風格獨具，而不應借助於色素的使用，或是追求色彩鮮艷而採用口感欠佳的生料作為菜餚的裝飾品。

(七)強調菜餚之變化性及不重複出現

一份安排得宜的宴會菜單無論在材料挑選、烹調方式或是菜餚味道上，都應講求變化，才能呈現豐富多變的菜餚，成就口感上的多樣化享受，進而滿足賓主的美食要求。

1. 首先要使宴會菜餚的材料各不相同。一般而言，材料互異，所表現的味道便不同。因此，變換各種食材的採用，不僅是菜餚風味多樣的基礎，也是提供多種營養素的來源。

2.在中餐調理過程中，尤重烹飪方式的多樣化。因為一種做法
只能使菜餚呈現出某一特點，故若一場宴會自始至終只採用
一種烹調方式，其菜餚就會顯得枯燥、平淡，甚至使人發膩，
食慾全無。由此可見菜餚做法上的變化，對菜餚味道有直接的
影響。因此，一套經過精心設計的菜單，務必考慮每道菜在
做法上是不可重複的，而應採用多種烹調方式，如蒸、燒、
烤、炸、炒、拌、滷、焗等變化，使宴會上所有菜餚在口味上
有濃淡之分，在色彩上有深淺之別，在汁芡上有帶汁及抱汁的
不同，也有紅汁和白汁等的互相結合，使賓客的味覺能保持敏
銳，真正體會出享用美食的樂趣。

3.為了考慮菜餚的整體性及美觀性，在刀法、做法、材料及顏
色、裝飾品等均不能重複出現兩次，例如前面出過蛋的材料，
蛋就不可出現於其他菜色中。

4.菜餚口味需多樣化。任何一道菜餚都應具有其獨特的風味，譬
如甘甜、酸辣或酸甜等，或輕或重都應採用，以區別各個菜餚
的口味。簡而言之，一套宴會菜單的設計，應根據客人需求，
合理安排各種不同口味的菜餚，豐富口感的變化，而不應全部
採用同一種口味。

(八)考慮製備及服務的可能性

材料貨源狀況、廚房設備、菜餚製備時間及服務員的服務能力等
也是設計菜單時需考慮的重要課題。可從下面幾點來探討：

1.在宴會菜單設計的同時，需考慮到材料貨源的狀況。對於材料貨
源不穩定或是沒把握時，儘量不要列入菜單的設計，以免在宴會
時發生缺貨問題。

2.設計菜單時也需考量到廚房設備及廚師的製備能力，例如平常十
桌菜單，不一定適用於一百桌，所以在設計菜單時，某些菜餚需

限制於一定桌數以內。

3.設計菜單時，菜餚準備的時間及服務員的服務能力也需做評估，在大型宴會時，不適合設計菜餚準備及服務時間太長的菜單。

三、宴會菜餚之設計方法

宴會菜餚的設計不同於一般用餐時的餐點設計，而必須以宴會為中心，並以宴會為一切要件的引導，進行菜餚設計。宴會菜餚設計有以下幾項要點：

(一)營造並突顯宴會主題

宴會菜餚形式所指的是構成宴會之菜餚種類、造型、結構、名稱以及服務方式等，而宴會主題不同，其菜餚形式也就隨之改變。所以，菜單規劃一切皆需以宴會主題為依歸，設計出適宜的宴會菜餚以突顯宴會主題。目前，以婚宴為例，大多數婚宴形式都過於僵化，幾乎皆採用所謂「十二道菜餚」的方式，即「一大拼盤、七大菜、三點心及一水果」，共計十二道菜。這種菜餚形式的供應形式已慢慢難適應人們對餐飲業不斷增加的綜合需求。既然如此，合宜的宴會菜餚設計應根據設宴的目的，安排具有一定「主題」並帶有美感的餐點，以增加宴會氣氛。為營造和突顯宴會主題，以下列舉兩個方法提供參考：

1.設計專題宴會以吸引顧客。所謂專題宴會是指宴會中所有餐點，均圍繞某一主題發展。譬如中國的名著甚多，其中有不少涉及飲食的陳述，例如「紅樓菜」便是起源於《紅樓夢》中講述的賈府飲食，所發展出來的一系列菜餚。又如「迎春花宴」便可以「花卉」入菜，或以插花表演的形式鋪展宴會主題。

2.設計以單一食材為主題的宴會。此類宴會即以一種材料為主，利用各種烹調方式與材料結合，再輔以各種配料，形成不同風

味的菜餚。如每年舉辦的中華美食展都有一主題，如百合宴、豆腐宴、長魚宴等設計。

總之，任何專題宴會，都必須注意從宴會形式上突顯出宴會主題。事實上，營造並突顯宴會主題的方法不勝枚舉，上述兩個方法只是拋磚引玉，旨在促使讀者受到啓發並能舉一反三，自行研發創造出更別出心裁的宴會主題。

(二)宴會菜餚應具獨特性

宴會菜餚不論從整體上，或是單品設計上，都應具有獨特性，否則在今日競爭激烈的餐飲市場中，很難靠其菜餚內容吸引顧客。所以，宴會菜餚設計必須能突顯特色，以表現出本宴會經營單位在宴會設計中的特性及時代特徵，使賓客能在享受宴會之餘，亦能得到文化藝術之薰陶，下面僅簡單介紹幾項創造性設計宴會菜餚方法：

◆結合時代背景以創新菜餚

現代人參加宴會皆抱持著各種不同的心態，比如好奇、開闊視野、尋歡作樂或求名等。因此，設計宴會時便應將這些時代背景影響下的消費心理納入考量，設計出能讓人獲取知識與啓發靈感的宴會。將時代背景與宴會主題相結合，進而設計創新的菜單。利用宮廷宴設計一系列菜餚以瞭解當時宮廷裡的生活情況，都不失爲設計創造性宴會菜餚的佳作。

◆改良傳統宴會菜餚

爲了發揚傳統宴會的特色並結合時代的要求，設計菜單時應針對傳統宴會作一深刻的分析，找出傳統菜餚的優點，取其精華再加以提煉，並於此基礎上進行改良與創新。意即同時採取繼承與發揚結合的模式，將傳統宴會菜餚加以創新、改良。舉滿漢全席爲例，其傳統制式的宴席方式在台灣、香港及日本都曾進行若干程度的改良及創新，而使其受歡迎的程度遠勝於傳統滿漢全席，這便是結合傳統繼承與發揚的例證之一。

(三)菜名應具情趣及文化性

宴會菜餚的命名十分重要，不但應讓人一目瞭然，又需促使顧客產生聯想力及食慾，對菜餚本身頗具畫龍點睛之妙。更有甚者，菜餚名稱尚能為一道不起眼的菜增添不少價值感，確有化腐朽為神奇之效。以下為宴會菜餚命名時，一般所採用的方法：

◆一般命名方式

1. 在主料和主要調味品間標出烹調方法的命名方式，如蒜茸蒸龍蝦、雞汁燒排翅等。
2. 於主料前加人名、地名的命名方式，如東坡肉、紹興醉雞、無錫脆鱔等。
3. 於主料之前加烹調方法的命名方式，如生炒帶子、煙燻鯧魚、白灼龍肉。
4. 於主料前加色、香、味、形、質地等特色的命名方式，如金銀烙餅、蒜香牛小排、脆皮琵琶鴿等。
5. 主輔料之間標出烹調方法的命名方式，如香梨燉官燕、魚脣燒刺參等。
6. 以主輔料配合的命名方式，如瑤柱金錢瓜、虎掌鴛鴦參等。
7. 於主料之前加調味品的命名方式，如蜜汁叉燒、蒜泥白肉等。
8. 於主料前加上烹製器皿或盛裝器具的命名方式，如首烏全雞盅。

◆特殊命名方式

設計宴會菜餚時，除了上述基本方法的運用外，還可結合宴會特點為菜餚命名。譬如運用以富有情趣和具文化性的詞語，將菜點的特

色表現出來，既不落俗套，又能突顯宴會主題，營造特殊之氣氛。例如：

1. 突顯婚宴氣氛的菜餚可以命名爲「百年好合」、「雙喜臨門」等新婚賀詞的恭賀語。
2. 適合開市大吉的宴會菜餚可以命名爲如「雪裡埋金」、「拌金銀條」等寓意招財進寶的名稱。
3. 適合於全家團圓聚會的宴會菜餚可以命名爲「全家福」、「子孫滿堂」等具團圓涵義的名稱。
4. 適合於高陞或升學的宴會菜餚可命名爲「鯉魚躍龍門」等祝賀高中的名稱。

當然，以上幾個搭配宴會方向所發展的菜名只是提供命名思考的方向，尚具許多發揮空間。如何設計出一份令顧客眼睛爲之一亮並熱切盼望品嚐的菜餚名稱，端賴設計者的創意及想像力，相信若能掌握上述命名方式或確切配合宴會主題進行命名工作，一份令人期待的菜單便能成功展現。

四、宴會菜餚設計之注意事項

設計宴會菜餚時，設計人員最主要的注意事項在於宴會廳本身的設備、材料儲存、技術以及市場材料供應情況的考量。以下幾項具體的陳述，可供宴會設計者及主廚參照，但不可過於死板的照單全收，而應熟練掌握以下原則並靈活運用，才能設計出顧客喜歡的宴會菜餚。

1. 設計時應考量宴會廳本身獨有的烹調設備、技術及材料儲備狀況，以運用既有的獨特優勢，設計出匠心獨具的菜餚。
2. 菜餚設計必須根據飯店廚師的實際技術能力而定。爲了確保餐飲品質並體現該宴會廳的特色，應當選定廚師群最拿手的菜品，作爲宴會菜餚。

3. 應考量時令和當時市場供應情況。由於一年有四季的季節變化，因此，在烹調上所使用的材料也因應季節性而有所不同，譬如有些材料像大閘蟹、鮮冬筍、草莓等便具有特別突出的季節性效果；而如火鍋、涮羊肉、涼麵等菜餚亦有很明顯的季節性。職是之故，唯有充分瞭解宴會廳本身以及市場的供應情況、品質和價格，方能確保宴會食材物美價廉，並能有效避免菜單完成設計卻苦無貨源供應的窘境。所以，爲了滿足顧客需求，設計宴會菜單前，應先瞭解市場供應情形以及應時季節的變化，再選用合適的材料，製作出應時應季、符合貨源供應並能滿足顧客口味變化等實際情況的菜餚。

宴會管理

註　釋

❶薛明敏（1995）。《餐廳服務》。台北：明敏餐旅管理顧問有限公司。
　萬光玲、賈麗娟（1996）。《宴會設計入門》。台北：百通圖書股份有
　限公司。
　施涵蘊（1997）。《菜單設計入門》。台北：百通圖書股份有限公司。

第9章

觀光旅館餐飲部門的外燴服務

　　提到外燴，一般人的印象大多停留在路邊常見的婚喪餐會或流水席。事實上，這種俗稱「黑松大飯店」的餐會，的確是道道地地的外燴方式。然則這種路邊餐會常因處理食物的環境受制於有限的設備，無法確實保證餐飲衛生，乃成為造成集體食物中毒的最大禍源。因此，台北市政府早已通過禁止舉辦此類路邊餐會的法令，而其他邁向國際化的城市也將隨之跟進，逐漸淘汰此類不符合衛生安全需求且有礙市容觀瞻的傳統外燴餐宴。由於這勢在必行的外燴趨勢，各大飯店外燴的經營也將隨著路邊宴會的告終而漸漸嶄露頭角，目前民間也成立了很多的外燴公司，提供大大小小的外燴服務，一般餐廳也有提供外燴服務，可見外燴服務目前也是餐飲業占很重要的一塊大餅。

　　在大部分的外燴案例中，飯店對其外燴宴會品質的要求尚且更為嚴苛。外燴的場合包羅萬象，而目前，最常聘請飯店進行外燴的單位多為企業集團或一般較大型的公司行號。雖說外燴服務除地點的差異外，實同於飯店內所舉辦之宴會，但畢竟外燴場地及設施等大多無法像飯店宴會設備般齊全，所以在安排外燴時，更需小心謹慎地籌備策劃每一外燴細節，俾使外燴工作臻於完善，本章節將以國際觀光旅館的外燴服務為例，來說明籌備策劃外燴的一些細節。

第一節　觀光旅館外燴之服務流程

　　觀光旅館外燴服務流程與旅館內所舉辦的宴會相同，從籌備到結束，皆需按照之前介紹的「宴會十二步驟」，一步一步進行安排。形式上，外燴不限於中餐或西餐，但最常見的仍為雞尾酒會、自助餐、茶會或中式酒席。以台北市為例，一般婚宴採用外燴的機率很少，除非是某些大公司少東的婚宴，因為這些人通常已自備有足夠寬敞的場地，例如公司的招待所或大禮堂等，否則一般結婚喜宴多選擇在旅館宴會廳內舉辦。但近年來外燴尾牙越來越夯，甚至成為觀光旅館外燴的主力，以往分部門吃尾牙的大企業，看準有場地可以租，尾牙也改合辦，讓飯店單場二十到三十桌的尾牙場逐漸消失，得另闢新戰場。以大型外燴尾牙來說，一桌約七千到一萬元，可以衝高營業額（器皿與桌椅大部分都用外租），但在觀光旅館宴會廳尾牙，一桌從一萬二千到二萬元都有。目前遇到年終尾牙時大場地夯，如五股工商展覽館、南港展覽館及世貿展覽館必須一前年就得預約。儘管如此，選擇採用外燴方式多少仍會因場地空間或設備的不足，在規模上有一定限制。此外，由於旅館宴會廳外燴的安排尚需包括運輸、餐飲器具、設備及人力等費用，成本費用較旅館內開銷為高，因此，一般皆訂有最低收費標準，以確保外燴的收益。

　　另外，台北市觀光旅館業者也須注意，台北市政府衛生局105年3月9日依據《行政程序法》第154條第一項及《台北市食品安全自治條例》第14條及第19條發函：台北市營業的觀光旅館（含國際觀光旅館及一般觀光旅館）及二十桌以上中式筵席餐廳業者，若辦理二百人以上外燴餐飲時，必須在三天前向衛生局或餐飲公會報備，須提供宴席的委辦者、承辦者、辦理地點、參加人數及菜單等資料，向衛生局或餐飲公會報備，衛生局會事前審查菜單，預防生熟食交叉污染，並在宴席當天派員到場衛生稽查，同時西式外燴也將於107年3月納入向衛生局或餐飲公會報備，若業者是違規沒報備的累犯，該局會開罰業者一萬元以上十萬元以下之罰款。

一、外燴事前之準備工作

1. 在外燴費用上，負責接洽之宴會業務訂席人員必須事先與客戶進行溝通，以免事後結帳徒增困擾。一般除餐費外，可能還有一些手續費用（handling charge）的計算方式或其他相關費用之收取，皆應事先讓客戶清楚瞭解並取得共識。

2. 安排外燴時，宴會業務訂席人員需陪同外場主管及主廚先到外燴場地進行勘查，瞭解現場的狀況，以採取適切的因應措施。例如廚房設備的不足，主廚需如何克服，或某些場地地形特殊，導致搬運器材成本提高，此時便須事先與客戶溝通酌收額外搬運費之可能性等。

3. 勘查外燴場地之器材設備亦屬必要，若外燴現場已經具備某些器材，便不需要重複運送這些器材，以避免運輸及人力的浪費。

4. 外燴現場的器材設備也將影響外燴菜單的設計。例如，中式餐食的準備需備置有快速爐，而該外燴場地是否具備，是否需從飯店搬運過來，抑或能否架設此類爐具，都須事先確定。若有設備無法配合之困難，便應斟酌調整菜單內容。以往曾經發生在某大廈中架設快速爐，卻因通風不良而觸動火警警鈴的問題，可知外燴宴會前須對場地及設備進行仔細之勘查。

5. 一般小型外燴宴席，應由與客戶接洽之宴會業務訂席人員負責場地勘查；當舉辦大型宴會外燴時，便須請廚房人員、美工人員及餐務人員會同宴會廳主管到場勘查。廚師可對場地設備特性有一定瞭解，作為開設菜單的參考；美工人員可針對場地情

況，事先規劃場地布置事宜；餐務人員則可瞭解場地以應付臨時狀況，例如，若餐具不夠使用，需要清洗餐具時，便可就先前已知道的場地位置，及時加以利用。

二、外燴之菜單設計

由於外燴需以舟車往返於旅館及外燴場所之間，為確保食材的衛生及新鮮度，宴會菜單便應以不易腐敗的食材及菜色為主，比如生蠔或生魚片等食材就比較不適合於夏季採用。而場地的設施及器材等條件，對於菜單內容與餐點準備方式亦具有關鍵性的影響力。例如，點心的製作需要繁複的手工及特殊烘焙器具，比較不適合為了外燴而外派點心師傅及另行搬運烤箱，因此多在飯店內完成後再送出，除非外燴場所有這些設備，就可以派出點心師傅。

此外，外燴的舉辦形式對菜單設計也有一定的影響，例如，湯類的菜單在賓客大多站立食用的自助餐上，就較不適合。因此在設計菜單時，便須跟客戶充分溝通，配合其場地設施及其他各項條件，規劃出符合需求又最有效益的方式。畢竟外燴舉辦之場所不像旅館的設備那般齊全，因此，唯有配合外燴場地的實際情況來進行菜單設計，方能順利完成外燴工作的任務。例如，筆者曾負責過一次地點位於連江縣馬祖各港口的外燴個案，該場外燴為了在船抵達港口便能及時提供餐點，讓港口居民能上船參觀及享用美食，其準備過程備嘗艱辛。因為前往馬祖的航程當中風浪非常大，即使船上的烹調設備很完善，仍然無法進行熱食的烹調，以至於完全無法配合當時客戶所開出的菜單要求。幾經衡量，最後唯有順應環境，將菜色調整為冷盤及點心類，才順利解決餐點備製的問題。如果遇到大型的外燴，旅館也必須提供移動式保溫車、冷藏及冷凍推車或租用冷凍及冷藏車，才能保存食物的新鮮度，使外燴更順利的進行。

三、器具之準備與運輸

　　菜單設計完成後，外燴單位即可依菜單內容開設餐具需求單，向餐務部申請刀叉等餐具。廚房亦需根據宴會通知單（Event Order，簡稱E/O），向餐務部門開立餐具申請單，包括保溫鍋、銀盤等器材的種類及數量。外燴外場領班也應根據外燴場地需求，準備桌椅、檯布和其他相關物品，並將所有器材的尺寸及數量詳細標明。出發前，外場領班即可根據這些表格核對各項器具，作最後確認，確保無遺漏任何所需物品。畢竟遺忘物品而需返回旅館備置，不僅耗費時間，更無端增加運輸成本，假使外燴場地又與旅館有相當距離，後果更難以預料。上述外場外燴所需之表格請參考**表9-1**、**表9-2**、**表9-3**。

　　為求以最精準的數量預測，達到節約成本的要求，外燴主管必須根據每個外燴的不同需求，估計器材、設備與運輸車輛的數量。基本上，外燴場所若距離飯店三十公里以內，外燴所需之擺設物品與食物便可分兩次運送；而位在三十公里以外的地點，其擺設物品跟食物就必須同時出發，以避免時間的浪費。這些距離上及用具數量的考量，即決定車輛數目與運輸次數的需求。

四、外燴服務之要求

　　宴會部門一旦離開飯店為客戶進行外燴服務，便代表著飯店的形象。而顧客聘請飯店出去外燴，也希望能夠享受到有如飯店水準般的服務。因此，外燴服務之品質須與飯店內之服務品質相同，絕不因場地的變遷而有所差別。外燴服務人員不但應遵守包括服裝儀容在內的各項規定，甚至更加嚴格要求，以達完善的服務水準。

表9-1　外燴用品準備明細表

外燴用品準備明細表

E/O NO._____　　　　　日期：_____

名稱	數量	名稱	數量
長方桌30"×72"		咖啡壺	
長方桌18"×72"		咖啡、紅茶包、清茶	
四方桌30"×30"		咖啡保溫壺	
四方桌36"×36"		餐車或推車	
圓桌72"		投射燈	
小圓桌42"		蠟燭（白、紅、黃、藍）	
椅子及椅套		圓托盤	
檯布60"×96"（白、金、香檳）		冰塊、冰鏟	
檯布92"×92"（白、金、香檳）		壓克力或可樂箱	
檯布φ284cm（白、金、香檳）		白手套	
白檯布φ78"（白、金、香檳）		菜單	
粉紅檯布φ284cm		菜卡	
粉紅檯布φ78"		火柴	
報廢檯布		紅酒開瓶器	
口布（白、金、香檳、粉紅）		自助餐檯盆花	
圍裙（白、金、香檳、粉紅）		桌花	
口布紙9"×9"		延長線	
餐巾紙16"×16"		噴水器	
蓮花座		毛巾、毛巾盤	
檯布車		濕紙巾	
花邊紙		糖、奶精	
大頭針、圖釘		胡椒、鹽	
迷你叉		帳單、發票	
牙籤及牙籤盅			

檢查人_____　　　　準備人_____

表9-2 外燴西餐、酒會、茶會餐具申請單

外燴西餐餐具申請單

E/O NO.＿＿＿＿＿＿＿＿＿＿＿＿ 日期：＿＿＿＿＿＿＿＿＿

名稱	數量	名稱	數量
大餐刀（dinner knife）		高腳水杯（water goblet）	
大餐叉（dinner fork）		白酒杯（white wine glass）	
圓湯匙（bouillon spoon）		紅酒杯（red wine glass）	
點心刀（dessert knife）		香檳杯（champagne flute）	
點心叉（dessert fork）		直筒杯（highball glass）	
點心匙（dessert spoon）		啤酒杯（beer glass）	
魚刀（fish knife）		黑灰杯（old fashion glass）	
魚叉（fish fork）		甜酒杯（sherry glass）	
奶油刀（butter knife）		白蘭地杯（brandy glass）	
服務匙（service spoon）		紹興酒杯（shao-shing wine glass）	
服務叉（service fork）		墊底盤（show plate）	
茶匙（tea & coffee spoon）		大餐盤（dinner plate）	
小長匙（long tea spoon）		點心盤（dessert plate）	
龍蝦鉗（lobster cracker）		麵包盤（b/b plate）	
胡椒/鹽罐（salt &peppe shaker）		湯碗、盤（bouillon cup & saucer）	
糖盅/奶盅（sugar bowl & creamer）		咖啡杯、盤（coffee cup & saucer）	
起士刀叉（chess knife& fork）		冰桶（wine cooler w/stand）	
燭檯（candle holder）		紅酒籃（red wine bucket）	
調酒缸、匙（punch bowl）		蛋糕架（cake stand）	
大湯匙（soup ladle L）		冰桶及冰夾（ice bucket w/ tong）	
咖啡壺（coffee pot）		冰塊車、冰鏟	
水壺（water pitcher）		垃圾桶	
蛋糕鏟（cake server）			
小花瓶（flower vase）			
筷子（chopstick）			

核發人＿＿＿＿＿＿＿ 申請單位主管＿＿＿＿＿＿＿＿ 申請人＿＿＿＿＿＿＿

表9-3　外燴中餐餐具申請單

外燴中餐餐具申請單

E/O NO.＿＿＿＿＿＿＿＿＿＿　　　　　　日期：＿＿＿＿＿＿＿＿

名稱	數量	名稱	數量
中式墊底盤（show plate）		高腳水杯（water goblet）	
骨盤（side plate）		白酒杯（white wine glass）	
醬料碟（oval sauce dish）		紅酒杯（red wine glass）	
湯匙（soup spoon）		香檳杯（champagne flute）	
湯匙／筷架 spoon & chopstick rest		直筒杯（highball glass）	
湯碗（soup spoon）		啤酒杯（beer glass）	
魚翅盅（shark's fin bowl with lid）		黑灰杯（old fashion glass）	
筷子（chopstick）		甜酒杯（sherry glass）	
醬油壺（soy sauce pot）		白蘭地杯（brandy glass）	
醬油（醋）壺底盤座（soy sauce saucer）		紹興酒杯（shao-shing wine glass）	
醋壺（vinegar pot）		紹興公杯（s/w service glass）	
醬料盅／蓋（mustard bowl w/ lid）		冰桶及冰夾（ice bucket w/ tong）	
醬料底盤（mustard bowl saucer）		紅酒籃（red wine bucket）	
洗手盅（finger bowl）		牙籤盒（toothpick holder）	
大分匙（soup ladle L）		水果盤架（fruit dish stand）	
服務匙（service spoon）		橢圓魚架（大）oval dish stand	
服務叉（service fork）		雙耳魚翅架（大）（shark's fin soup casserole）	
點心叉（dessert fork）		垃圾桶	
茶杯（tea cup）		冰塊車、冰鏟	
果汁壺（orange juice pitcher）			
水壺（water pitcher）			
毛巾盤(face towel dish)			
圓托盤（round serving tray）			

核發人＿＿＿＿＿＿＿　申請單位主管＿＿＿＿＿＿＿　申請人＿＿＿＿＿＿＿

　　在外燴之前，負責外燴的主管一定要事先與客戶做最後的溝通，以確實瞭解客戶的需求或有無其他限制。並應於外燴開始進行前，召集所有外燴服務人員，提醒在宴會中所應注意的事項以及客戶的特殊要求等相關宴會事宜。而外燴結束後，則必須把現場清理乾淨，幫客戶將所有物品恢復原狀，包括移動過的沙發、桌椅等，都必須回歸原位，廚房也必須整理乾淨。場地的善後工作是外燴服務的最後一環，也將給予客戶最深刻的印象，此乃攸關未來生意的存續，因此要格外注意，不可功虧一簣。

　　宴會的十二個流程當中，最後一項工作就是存檔，而外燴也不例外。負責外燴的主管須將整個外燴流程清楚記錄下來，包括客戶場地特性、客戶的特殊習性及口味、客戶的滿意度等等，均須詳細記載以供將來再次舉辦外燴時參考。倘若客戶對外燴服務有任何抱怨，負責外燴主管回到飯店後也應向上級報告，讓上級主管致電客戶家中，瞭解情況並進行適當的處理。

五、其他注意事項

1. 員工的安全非常重要，所以飯店進行外燴服務時，必須替所有外燴員工投保意外險，以避免有任何突發意外發生。
2. 負責接洽的宴會業務訂席人員務必帶回客戶場地情況的詳細記錄，讓外燴的執行人員有所依據。
3. 最基本的外燴場地地址絕對不容出錯。
4. 負責外燴的主管出發前往該外燴場地時，應隨身攜帶客戶聯絡電話，以便有突發狀況時，可立即與客戶聯繫。
5. 負責外燴的主管安排外燴時務必注意時間的掌握，絕對不能遲到。行前應先仔細考量所有可能的因素，例如，在交通方面，包括可能塞車的時段及路段都得加以留意。
6. 外燴場地較偏遠時，宴會業務訂席人員可要求客戶提供地形簡

圖，甚至負責外燴的主管或司機也需準備地圖，以備不時之需。

7.注意外燴現場是否有可供利用之器材，例如辦公室的會議桌，或一般家庭的櫥櫃等。如果能加以利用，便可減少搬運器材的成本。

8.裝飾方面，應先考慮客戶家裡或該場地有無可供宴會裝飾的物品。例如，佛光山即擁有大量具有本身獨特特色的裝飾物品，在該場地舉辦外燴，若事先瞭解，便可善加利用而不需另行攜帶大量的裝飾物品。

 第二節　觀光旅館外燴之價位

　　觀光旅館之外燴必須提供與旅館內相同等級的服務，但由於服務地點不在旅館內之餐廳，所以從事前的規劃、場地布置、菜單的準備，以及當天外燴服務執行的安排，乃至於事後的善後工作，工作量都比旅館內的宴會服務還要繁瑣。所以承辦外燴之前，負責接洽外燴的單位便須先在各方面進行審慎之評估，然後再決定是否承接該場外燴宴席。外燴安排基本上有其人數限定及計價方式的特殊考量，本節將針對外燴服務的形式、價位、手續費（handling charge）的計算方式等做簡單介紹。

一、外燴形式

　　外燴的舉辦形式主要可分為酒席、西式套餐、中西式自助餐、酒會和茶會等五種。由於外燴成本比在旅館內餐廳的運作成本還高，基於成本回收之考量，不得不對外燴服務的對象做最低人數的限制（**表9-4**）。**表9-4**僅供參考，各外燴單位可考量本身條件，自行設定最低人數的限制。

表9-4 外燴形式與最低人數的限制

外燴形式	最低人數的限制
酒席	1桌以上（10人）
西式套餐	20人以上
中西式自助餐	50人以上
酒會	50人以上
茶會	50人以上

二、外燴價位

　　觀光旅館之外燴就營業成本而言，因其所提供的餐食及服務等皆比照旅館宴會廳辦理，應與旅館內舉辦之宴會相同，故宴會價格也相同。但除外燴的宴會費用外，外燴服務尚須加收手續費，以支付工作人員的超時費用及運輸費用，所以外燴價位一般仍較旅館內宴會廳為高。此外，為確保外燴收益，外燴價位也應設有最低限制（**表9-5**）。**表9-5**僅供參考，各外燴單位可依本身旅館的價位情況設定底限。

表9-5 外燴形式與外燴價位

外燴形式	外燴價位
酒席	每桌25,000元起（10人）
中或西式套餐	每客2,500元起
中西式自助餐	每客中午1,200元，晚上1,500元起
酒會	每位1,000元起
茶點	每位600元起

三、手續費（handling charge）的估算方式

何謂handling charge？由於觀光旅館之外燴服務工作繁重，從準備工作、搬運器材上車、運輸、卸貨、擺設、服務，到事後的回收和歸位，所需人力的工作量約為平常旅館內宴會的2倍左右。再加上搬運器材和設備時可能發生的損失，以及租用外燴車、卡車、冷藏車、計程車等的交通費用，所以整體說來，提供外燴服務的成本相當高，也因此才會在餐費費用外，有所謂handling charge的收取。其計算方法依筆者經驗，可歸納成下列公式：

$$\text{handling charge} = 租用車程的支出 + （人事支出 \times 1/2）$$

例如：一場外燴人數五十人的市區自助餐外燴，須派出一部外燴車、一位領班、三位服務員、一位師傅及一位餐務人員。則其handling charge的計算方式如下：

一部外燴車每趟2,000元，來回兩次：

NT$2,000元×2＝NT$4,000元

工作人員總計有六位。14:00準備出發到23:00回到飯店，共工作九小時，每小時150元，較在飯店多出1倍的工作時間。

NT$150元×9×6×1/2＝NT$4,050元

所以，handling charge＝4,000元＋4,050元＝8,050元

意即在外燴的餐會外另行收取8,050元的handling charge。而對於一些較高營業額的餐費，有些旅館會採用原一成服務費外另再加收一成服務費的方式來替代handling charge的收取。handling charge的訂定可依路程的遠近及搬運器材桌椅的多寡，而由宴會業務訂席人員與客戶報價達成協議即可。

第三節　觀光旅館承辦外燴之經驗談

　　外燴安排，如同前兩節所述，牽涉眾多的考量因素，若不經過周詳的市場觀察及審慎評估，而貿然投入外燴工作，將承受相當風險。筆者曾服務於台北希爾頓飯店宴會部門（目前台北希爾頓飯店因三十年的合約到期，已由宏國集團收回自己經營，更名為台北凱撒大飯店），本節僅就該飯店發展外燴服務的實際經驗，介紹籌辦外燴安排應有的設備準備以及相關籌備細節。

　　台北希爾頓飯店在台灣提供外燴服務起源於當時飯店有許多居住在陽明山上的外籍顧客，經常於自宅中宴請貴賓，於是希望飯店宴會廳能派人到陽明山上提供外燴的服務。剛開始，其外燴的業務量並不大（不過這是三十五年前的情況），第一年每個月平均承辦之外燴次數僅有四至六次且多為小型外燴，營業額也不高，大約在十五萬至二十五萬元左右；第二年平均每月五至六次，營業額約為三十萬至四十萬元。第三年由於開始承辦國慶酒會頗受好評，打出一些名號，因而當時外交部、新聞局等政府單位，如有外賓來訪時，也都紛紛邀請當時的台北希爾頓飯店提供外燴服務。至此，該飯店每月平均的外燴營業額增加至近百萬營收。於是，第四年便開始正式採購外燴車，由宴會廳積極向外推展外燴業務。當時許多新開幕的公司行號或大型企業的招待所，也開始邀請飯店宴會廳的外燴業務，每月的外燴業績更激增至一百五十萬元左右。從第五年開始，飯店平均每年即有兩千萬元以上的外燴營收，至第八年開始外燴的年收入超過三千萬元以上，可說是飯店宴會廳的重要營收之一。目前很多觀光旅館的宴會廳也都開始擴展外燴服務，尤其對一些場地有限的宴會廳來說，更是其突破業績的重要來源。尤其近年來一些大企業年終尾牙或春酒改採聯合舉辦方式舉行，動輒數百桌以上，觀光旅館的宴會廳也都積極爭取

此項業務，有些旅館的宴會廳一年可接到幾千桌，可替飯店注入可觀的營收，當然這些大型的外燴，其桌椅、器皿等器材都以外租方式提供，飯店業者也必須租用冷藏車及冷凍車以確保食物安全。

一、外燴設備之準備

「工欲善其事，必先利其器」，為了提供最完善的外燴服務，當然事先在設備上就必須做好最妥善的準備。外燴服務所需準備的設備或器具，大致上可分為外燴車、桌椅、廚房器材、餐具等等。以下將以筆者多年來實際策劃與執行外燴服務的工作經驗，就各項外燴所需的物品分別做詳細之敘述。其中所有設備的設置數量可依各飯店之不同需求作調整。

(一)外燴車

1. 必須備有一部有車頂之中型卡車，用以改裝成外燴車。但須注意車型不可太大，否則很多巷道將無法駛入。
2. 外燴車中宜設計五至六個座位，以方便外燴工作人員乘坐。如為小型外燴之舉辦，便只需出動一輛外燴車即可，節省交通費支出。
3. 車內需安裝足夠的冷氣設備。
4. 車內需設有冷藏和保溫設備，防止食物敗壞或變質。
5. 車內需有能夠妥善收納桌椅的空間設計（桌子須用折疊式）。
6. 車中需具備三層鋼架來放置食物材料和餐具，以節省空間。
7. 外燴車必須裝設升降設施，方便設備、餐食及器材的上下車。
8. 外燴車的採購及改裝費用大約控制在三百萬至三百五十萬之間。
9. 需有一位持有大客車駕照的司機，負責駕駛外燴車和保養事宜，平日如沒有外燴服務，亦可協助飯店宴會廳內的工作。

10.另外宴會部必須與幾家擁有中型卡車的貨運公司長期合作，以便有外燴需要支援時，隨時能調配車輛支援，協助搬運等工作。

11.部分員工的交通工具，可向公司申請交通車支援或搭乘計程車前往，如遇大型宴會時可租用遊覽車接送員工前往外燴場所。

(二)外燴用之桌椅及檯布車

1.增購兩部配合外燴車收納空間的檯布車。

2.宴會桌可使用飯店所使用的折疊式圓桌或會議桌。

3.外燴用的桌椅主要以耐用、不易損壞為優先考量。

4.訂製各種高低不同的壓克力箱，用以增添擺設餐檯的立體感。

5.另須準備木製轉台，宜事先準備十個備用，如為VIP可使用玻璃轉台。

6.可增購一些與目前飯店宴會廳所使用的椅子同色系的折疊椅。若有VIP服務時，則可使用飯店宴會廳之椅子加椅套。

(三)廚房器材及設備

1.增購大蒸籠5組。

2.增購快速爐2座。

3.增購瓦斯桶2桶

4.增購小型三層推車2部。

5.增購移動式中型冷藏車2～3部。

6.增購移動式中型保溫車2～3部。

以上設備由餐務部保管，需要時由廚房再向餐務部申請。

(四)餐具

1.增購較為耐用的保溫鍋。

2.備置冰塊車和小型冰塊箱。

3.備置燒酒精膏或插電式的保溫湯鍋。

4.準備裝咖啡或茶的保溫大茶桶和小茶桶。

5.中式餐具可使用飯店內宴會廳現有餐具，包括廚房用的器皿。

6.西式餐具，如刀叉等器具，皆可使用飯店宴會廳內現有餐具。

7.建議另外添購一些比較耐用的西式餐盤，宜選用盤底和邊緣平整之餐盤，方便疊放與運輸。所需準備的外燴用西式餐盤數量如下：

(1) Dinner Plate：300個。

(2) Dessert Plate：300個。

(3) b/b Plate：300個。

(4) Soup Bowl / Soup Saucer：300個。

(5) Coffee Cup / Coffee Saucer：300個。

8.增購可疊放式大小塑膠籃各30個，以便裝放外燴用的器具及碗盤。

二、初期外燴業務之推展

在推展外燴業務之初，可以像台北希爾頓飯店先採用比較克難的方式來試探市場對此項服務的需求，然後再考慮是否應該擴充業務。以下為試探市場期間節省成本的方法和外燴服務必備的器材，供讀者作為參考：

1.外燴車可先以箱型車來替代，購車成本大約只要六十萬至七十萬元。

2.箱型車內需具備三層不銹鋼架來放置食物材料和餐具，以節省空間。

3.由於初期外燴業務量還不會太大情況下，外燴車司機可先借調飯店內跑機場接駁業務的司機來支援，可以節省人事成本。

4.與幾家擁有中型卡車的貨運公司合作，以便有外燴需要支援時，隨時能調配車輛支援。

5.廚房器材方面：

(1)增購大蒸籠3個。

(2)增購2部快速爐和瓦斯桶。

(3)增購小型三層車3部。

(4)增購可以放入箱型車中的保溫推車、冷藏推車各2部。

6.餐具方面：

(1)購置若干較為耐用之保溫鍋。

(2)燒酒精膏或插電的湯鍋2個。

(3)保溫大茶桶2個，小茶桶2個。

(4)小型冰塊箱4個；釣魚箱亦可。

(5)購買一些比較平整的餐盤，可減少搬運時破裂損壞之機率。

(6)增購可疊放式之大小塑膠籃各20個，以便放置外燴用之碗盤。

Note

第10章
婚禮顧問之職掌與任務

因人口結構變遷加上不婚族與恐婚族人口增加，結婚新人對數正逐年下降，然而隨著經濟能力提升與年輕人不甘於淪為婚禮中雙方長輩的傀儡花瓶，對於自身婚禮相關細節愈發重視。加上每位新娘都希望於自己的婚禮上成為萬眾矚目的女主角，然而每位新娘對「婚宴」既熟悉又陌生，對自身婚禮也存有無限嚮往，但實際籌備後卻發現枝微末節非常人所能想像，此時便會依賴婚禮顧問，一位能從頭到尾安心依靠的對象。

從專業婚禮顧問公司的資源整合，到個人工作室的別緻創意，婚禮顧問入行門檻低，看似輕鬆風光的背後隱含著高度細心、耐心與專業的知識性，新人、雙方家長、廠商與宴會場地的繁瑣溝通與選擇搭配，甚至心理層面皆是婚禮顧問必須面對的課題與挑戰。因此本章將就婚禮顧問這部分作進一步之說明：首先說明何謂婚禮顧問，而後分別介紹婚宴類型與場地的確認、結婚準備事項時程表以及婚紗與攝影之挑選，並概述婚禮活動規劃和婚禮中的MV與音樂，期使讀者能對婚禮顧問之執掌與任務有更進一步的瞭解。

 第一節　何謂婚禮顧問

　　因人口結構變遷加上不婚族與恐婚族人口增加，結婚新人對數正逐年下降，然而隨著經濟能力提升與年輕人不甘於淪為婚禮中雙方長輩的傀儡花瓶，對於自身婚禮相關細節愈發重視。在雙薪家庭比重攀升的同時，若能有人於新人工作忙碌時負責張羅相關婚宴細節且達到新人夢幻婚禮期望者，稱之為婚禮顧問，但相對地，此類婚禮預算費用將比傳統婚禮高出許多。根據內政部統計，若以每對新人平均花費在婚禮的費用預估七十萬元計算，結婚產值每年超過新台幣千億元；龐大產值引發市場激烈競爭，業者無不發揮創意，標榜精緻訂製設計、純手工與行銷年輕化，就是希望能吸引到新人目光，並於賓客之中產生口碑行銷。台灣婚禮顧問市場除了台灣本地消費者外，旅外華僑或外國顧客皆是潛在消費群。每位新娘都希望於自己的婚禮上成為萬眾矚目的女主角，但相對的每位新娘對「婚宴」既熟悉又陌生，參加婚禮過程中對自身婚禮存有無限嚮往，實際籌備後才發現枝微末節非常人所能想像，此時便會依賴婚禮顧問，一位能從頭到尾安心依靠的對象。從專業婚禮顧問公司的資源整合，到個人工作室的別緻創意，婚禮顧問入行門檻低，看似輕鬆風光的背後隱含著高度細心、耐心與專業的知識性，新人、雙方家長、廠商與宴會場地的繁瑣溝通與選擇搭配，甚至心理層面皆是婚禮顧問必須面對的課題與挑戰，必須讓新人與雙方家庭完全信賴才是成功的婚禮顧問從業人員。本章將針對婚禮顧問的職掌與任務，作進一步之說明：

　　1.確認婚宴類型。
　　2.確認婚宴場地。
　　3.結婚準備事項時程表。

4.婚紗與攝影之挑選。

5.婚禮活動規劃。

6.婚禮周邊商品。

7.婚禮中的MV與音樂。

 ## 第二節　確認婚宴類型

隨著新人對婚宴追求新鮮、與眾不同的腳步，婚宴類型不再僅侷限於傳統儀式完宴客如此般的單調，取而代之的是融合新人夢想、相戀代表元素、基本資料等因子的婚禮，跳脫傳統長輩、朋友單純餐敘模式，主題婚禮、海島婚禮等特色婚宴市場商機日增，在規劃新人婚宴類型時，除了考量新人需求外，另有婚宴預算、季節、地點、雙方家庭概念等因素也須列入考量，以下針對相關因素與婚宴類型作簡單介紹：

一、主題婚禮

主題婚禮是指新人找出婚禮中最想跟大家分享的感覺，也就是找出最能代表新人的重點，然後以背景、喜好的人事物、信仰、顏色乃至夢想、回憶等，結合新人甚至雙方家庭欲分享傳達的訊息，建構從新人與儐相的服裝造型、專屬Logo設計、喜餅、喜帖、現場布置（含花卉、背板、菜單、桌卡、相本桌與接待區等）、婚宴流程與活動、婚禮小物，甚至新人手作物品等，所有婚宴因子都圍繞此主題氛圍，即為時下新人展現創意與渲染幸福的主題婚禮。主題婚禮為了完整表達出新人欲分享的喜悅，往往有較多的大型布置物品與相關禮品，此時需考量地點為室內或戶外等，留意動線設計與整體設計和婚宴場地，才能完整營造出足以代表新人的主題氛圍。

主題婚禮常結合的元素為：

1. 色系：時尚黑、櫻花粉、Tiffany藍綠、奢華金、復古紅等。
2. 國籍：歐式皇家宮廷、日式和風典雅、美式隨性自然、中國傳統復古等。
3. 自然：森林童話、池畔villa、沙灘海洋、英倫花園等。

　　主題婚禮因加入新人獨特的需求元素，同質性較低，因此婚禮顧問本身需具備將抽象需求化為具體主題式婚宴的創意，在新人夢想與實際展現上取得平衡點又不失主題本身欲傳達的故事氛圍。

　　定調婚禮類型，除了上述考量因素外，雙方家庭是否認同、宗教信仰是否衝突、實際預算是否超出本身經濟能力負荷等，皆是新人需考量的因素，雖說一生僅此一次，每對新人皆希望能賓主盡歡，但婚禮畢竟是兩個獨立成長背景的家庭一起走向未來的開端，婚禮顧問需考量的遠比新人多更多，扮演著溝通橋樑的角色，替新人事先設想可能發生的情況與解決方案，才能從中得到新人的信任。❶❷

二、海島婚禮

　　碧海藍天搭配潔淨沙灘，至親好友祝福環繞下互許終身是許多女性幻想無數次的畫面，國外時興多年的海外婚禮近幾年在名人風潮帶動下開始盛行，但因宴客地點不在本島，籌辦一場海島婚禮的細節更有別於一般婚宴，新人及賓客除須擁有至少三至五天以上的假期外，相對婚宴事前準備工作與複雜度皆大幅提升，以下為婚禮顧問規劃籌辦海島婚禮時需替新人思考的面向：❸

(一)婚宴規模

　　因海島婚禮受限於交通與時間等因素，新人需先考量參與婚禮的人數，若力求低調但隆重，邀請至親好友見證即可，除了人數較好掌控外，準備手續亦相對簡化；若廣邀一般親朋好友至海外參加婚禮，相對注意細節與安排會繁瑣不少，且多會另舉辦一場融合當地特色或主題的婚後派對招待遠方賓客。

(二)地點

　　除了新人心中嚮往的夢幻境地外，是否有直達航班、簽證核發是否容易、是否為其他新人心目中的首選地點等皆是新人在定案海外地點時需考量的現實因素。

(三)季節、天候

　　四季如夏的島嶼首重防曬工作，雪舞紛飛雖浪漫唯美亦需留意保暖，部分國家有乾季、梅雨季節，甚至颱風季節都需納入考量，海島婚禮大多會使用到戶外場地，再微小的氣候變化皆會影響婚禮的進行。

(四)預算

　　海島婚禮的套裝行程從僅含婚禮當天儀式、宴客、拍攝到蜜月旅行皆有，會因地點、機票、住宿與相關費用等需求而有涵蓋範圍不同的專案內容，加上隱藏消費品項，價格波動幅度較大，建議新人考量婚宴需求亦須考量自身預算範圍，依人數搭配旅行社規劃之旅遊行程，若選擇地點較熱門也會因市場競爭而讓價格有較優惠的空間。

 ## 第三節　確認婚宴場地

　　部分新人會於確認婚宴場地後再尋覓婚禮顧問，亦有新人請婚禮顧問針對需求推薦適合場地，故婚禮顧問需對各式婚宴場地狀況與專案有一定程度的瞭解。一般會依新人需求搭配預估與會人數推薦適合場地，需考量內容與場地概述如下：

一、考量因素

(一)新人預算

　　婚宴專案價格從每席幾千元至每席兩、三萬元以上皆有，新人可考量自身預算後做初步場地挑選。

(二)預估人數

　　一般業者會依桌數安排不同場地，建議新人先初步預估與會人數，場地每席容納10人或12人亦為評估桌數的重要因素之一。

(三)專案內容

　　婚宴專案內含包套、菜單、是否有新娘休息室、婚禮企劃、主持人或新人需另外自費或準備的相關事項（樂團、音樂、影片……）或隱藏開支（加人加量加價、素食……）皆需詢問清楚。

(四)儀式場地

部分新人有文定或迎娶儀式的需求，場地可分業者提供或需另付費承租，此部分需與飯店業者事先溝通，說明清楚。

(五)交通便利性

與會賓客來自四面八方，大眾交通運輸工具或停車場等相關交通資訊需考量在內。

(六)會場環境

場地挑高、裝潢風格、會場動線等軟硬體設備支援性亦影響婚宴成敗，場地是否有使用受限（例如拉炮、彩帶⋯⋯）、是否提供戶外場地、戶外場地的雨天備案等皆是考量重點。

二、場地概述

(一)飯店

新人會選擇飯店一般考量點在於飯店本身的名氣與服務品質，但五星級飯店起桌價偏高，且飯店價格彈性不若婚宴會館及一般餐廳。

(二)婚宴會館

婚宴會館於近幾年如雨後春筍般成立，為了在飯店與一般餐廳中走出自己的風格，會較願意投資在會場硬體設備上，且專案通常會內含主持人、婚禮企劃等，也是另外兩種場地（飯店及一般餐廳）較無包含的，另外隨著投資金額提高，高檔的婚宴會館專案價格也漸與五

星級飯店拉近。

(三)一般餐廳

一般餐廳起桌價較低，價格彈性較高，但因非專業場地，布置與服務等軟硬體設施稍嫌不足。

(四)傳統路邊外燴辦桌

台北市因法令規定，路邊請客已走入歷史，但北部其他縣市及中南部因風俗民情，路邊外燴辦桌還是有其商機，尤其外燴辦桌為因應市場需求已非傳統路邊吵雜凌亂的畫面，取而代之的是趨向餐廳的服務與設備，椅套、桌巾、菜單甚至冷氣一應俱全。

 # 第四節　結婚準備事項時程表

每對新人婚宴準備期不一，婚禮顧問可依新人婚期長短提供婚宴準備時程表，讓每一對準新人在有時間點對照的情況下按預定排程進行準備，減少對婚宴陌生的恐懼感，以下列舉一般婚宴準備時程表（**表10-1**）。[4]

表10-1　婚宴準備時程表

時間	準備事項
六到十二個月前	・男方至女方家提親。 ・決定婚期（訂婚及結婚日）。 ・決定婚禮主題與形式。 ・選擇宴客場地。 ・編訂婚禮預算表。
六個月前	・選擇婚紗公司。 ・預定婚禮專業技術人員。 ・婚前健康檢查。 ・決定婚後住所，買新房、租房子或與父母同住。

（續）表10-1　婚宴準備時程表

時間	準備事項
四個月前	・試穿拍照禮服、新娘並須與婚紗公司確認拍照的造型、地點及婚紗攝影風格。 ・新娘開始保養皮膚並找出最適合自己的妝扮。 ・思考當日婚宴場地布置之主題。 ・選購婚戒及各種首飾配件。 ・選購喜餅。 ・安排蜜月旅行之行程。
三個月前	・確定證婚人、主婚人、伴郎、伴娘及花僮等人員名單。 ・決定喜帖印製廠商及草擬宴客名單。 ・辦理蜜月旅行簽證及護照。 ・安排婚禮拍攝紀錄或攝影。 ・雙方商談婚禮進行儀式。 ・拍攝結婚婚紗照。
一個月前	・確定婚禮工作人員，禮車車輛及駕駛者、伴嫁、收禮金者、總招待及招待等人員名單。 ・與婚禮攝影確認錄製流程及特別交代事項。 ・與婚宴布置廠商確認預算及布置圖。 ・完成喜帖選擇及印製。 ・預訂禮車。
三週前	・試穿並確認婚禮當天禮服。 ・寄發喜帖給親朋好友。
一週前	・確認待辦事項是否完成及準備紅包袋。 ・以電話確認出席者及人數。 ・在家中及新娘房張貼囍字。 ・準備蜜月旅行所需用品。
三天前	・訂購宴客當日所需的喜糖、酒、飲料、鞭炮等雜項物品。 ・與工作人員及雙方主婚人再度確認當日工作流程和內容。 ・從婚紗公司拿回結婚當日所需之禮服。 ・準備禮堂要用的結婚證書及所有文具。 ・備妥結婚當日所需紅包金額。
二天前	・確認新娘祕書化妝及美髮時間。 ・把婚戒、印章交給伴郎及伴娘。 ・檢查婚紗之配件。
一天前	・避免當天眼睛腫脹，少喝點水，早一點休息睡覺，保持體力並放鬆心情。 ・所有的禮服、首飾、配件及鞋子等就定位放好。 ・提領明天需要用的禮金和紅包。

資料來源：婚禮祕密（2017）。

 ## 第五節 婚紗與攝影之挑選

　　大多新人抱持著婚紗照是一輩子的紀念，因此婚紗攝影選擇之重要性不言可喻。婚紗照能真實記錄每對新人的永恆愛戀與親密互動，精緻的禮服與合適之造型能展現新人專屬之自信與魅力，而優秀的攝影可藉由各種細膩手法呈現婚紗照獨一無二的風格，更能捕捉瞬間氛圍成為永恆幸福。因此，婚紗照呈現出的風格與婚紗包套所含內容左右婚紗照的成敗，婚禮顧問除了要協助新人挑選想要的婚紗攝影風格，亦須讓新人瞭解如何選擇合適的婚紗包套內容，故婚禮顧問須對婚紗攝影有一定程度的瞭解，才能適時的提供資訊供新人參考。而婚紗攝影發展至今日，一般的婚紗攝影已不能滿足新人求新求變的需求，現在的婚紗照也已不再是雙方穿著禮服與西裝一起合照，而是融入更多創新元素，嘗試各種獨特造型與攝影風格，亦即在追求愛與感動之同時也力求婚紗攝影的無限可能性，將每份瞬間以神祕魔法創造出最璀璨的永恆。茲就婚紗攝影風格與婚紗包套內容分別說明如下：

一、婚紗攝影風格

　　每位婚紗攝影師擅長營造的意境與氣氛不同，透過不同的景點與拍攝手法，每張婚紗照都呈現各自的美感，以下共列舉五種較常見的婚紗攝影風格：❺

(一)另類前衛感婚紗攝影

　　另類前衛感的婚紗照是近幾年較為創新的攝影風格，不論造型或攝影手法都較為前衛，使照片呈現出的風格較為多元化，跳脫舊有的框架，利用小工具延伸空間設計，打造隱密國度；或是嘗試較神祕的構圖，揭開新人細膩與獨特之愛戀。

　　此圖有別於以往傳統婚紗攝影的形式，以照片破格的構圖呈現來增加張力，並採用一般較少使用的暗色婚紗讓整體感覺較為古典高雅，並讓女方靠在男方的胸膛之上，襯托出女方立體的臉龐，此種攝影手法不僅能展現出男方具備的安全感，更為此張照片增添一份神祕感。❻

　　此圖大膽地採用鏡子的反射效果，使一張婚紗照呈現出兩張的立體效果，更善用鏡子的特色呈現出雙方的正反面，象徵兩者相存相依的濃情密意。透過概念禮服搭配前衛造型，並以立體實景為場景，此類的新潮想法，將為婚紗攝影創造更多可能性。❻

(二)可愛俏皮派婚紗攝影

　　此種的攝影手法主要是表達新人簡單純眞的畫面，讓新人自然的互動完全表露於鏡頭下，儘量呈現新人最自然的一面。甚至在加入各種不同的道具與元素後，揭示畫面更多的想像空間，顯示出新人幸福的單純愛戀，每對新人都有段屬於自己的故事，帶著交往過程中對彼此具有意義的最佳配角作爲拍攝時的道具，回到每個曾經感動的時刻，讓拍攝過程中充滿最眞實的互動及最眞誠的笑靨。

　　圖中新人的造型休閒又不失正式，就服裝風格而言，女方以前短後長的婚紗搭配上舒適的休閒鞋，呈現出俏麗活潑的風采；男方則是以穩重的條紋襯衫配上休閒牛仔褲，另外兩者皆採用自然的藍色色調輝映出背景的綠意盎然，色彩搭配極爲巧妙。而此種自然又不失風格的攝影手法是目前極爲盛行的，跳脫舊有的制式婚紗攝影，讓新人走向戶外自由互動，在鏡頭前展現出最自然的一面，並以些許道具豐富整體感覺，表達出兩人幸福的純眞愛戀。

此圖藉由互相凝視以流露出雙方無盡的甜蜜愛意，並輔以牽手象徵對對方的信任，整體表情與動作既俏皮又可愛。構圖部分也恰到好處，把男女主角構成畫面的主要一角，另一角則以海邊為景，讓新人融入在波光粼粼的海景當中，勾勒出濃情似水的浪漫氛圍。❻

(三)情境式婚紗攝影

較不遵循傳統婚紗照的拍照形式，此種婚紗攝影風格主要是要傳達某種意識型態，讓經過美編設計後的婚紗照，不單單只是照片，更為一項藝術之展現。此種攝影手法善用一張張的照片組成一本故事書，述說著每一段幸福的愛情故事，而故事不僅著重在拍攝之瞬間，也嘗試延伸至未來想像的生活，象徵按下快門之剎那時間的轉移，將瞬間幻化成永恆，為婚紗照創造無限可能性。有故事性的照片最能吸引目光的停留；照片中的新人，勾勒出婚後兩人世界的小小藍圖，藉由寫實的手法娓娓道出最生活化的日常互動，來展現出兩人對於婚後平凡小幸福的期待。

此圖背景為房間拍攝，以白色襯托出潔白的氣質，採日常生活的穿著為主。由圖中能瞭解新人彼此之間仍懷有稚氣，像極了孩童之間嬉皮玩樂的氣氛。新郎新娘從起初彼此互不相讓的玩鬧，爾後新郎為新娘按摩與身體的微妙互動，至最後新郎以開玩笑的方式逗新娘開心，使新娘有機會將枕頭拋向對方，一連串的生活趣事凸顯了彼此感情深厚的相處模式。❻

此圖背景為房間拍攝，新娘以閱讀書報為主，展現文學氣質；新郎看似俏皮地在一旁看電視，凸顯出新人生活中最真實的一面。新郎新娘相親相愛的畫面，以及身體的微妙接觸，均能增加感情的熱度，所呈現的照片以溫馨的風格為主。❻

(四) 自然系婚紗攝影

　　此種攝影風格主要是在大自然拍攝，走出較制式的棚內攝影，讓新人沉浸在陽光、空氣與水的沐浴中，放鬆身心享受最浪漫之幸福。較常見的場景為海邊、草原、花海或山林，利用大自然獨一無二的美麗，襯托新人的幸福氛圍。碧海藍天、青青草原、燦爛花海，每一場景皆精心挑選，讓新人身歷其境，與大自然一同分享甜蜜之氣氛，編織出永生難忘的永恆愛情。

　　此圖背景為鮮明且具有風光明媚的景色，使新人能完全融入大自然的情景，並擁有親近藍天白雲的氛圍。站在飛行傘基地的至高點上，以魚眼鏡頭來融合綠地、山嵐、海洋及藍天，使構圖更為飽和及活躍。新郎的穿著為休閒款式，與大地、休閒互相映襯，和新娘婚紗裙擺飛揚產生對比。新娘的燦爛笑容與飛揚的裙擺顯示出新人彼此間洋溢幸福。天空以些許花瓣點綴色彩，彷彿也在祝福新人能擁有繽紛的生活。❻

此圖背景有如於潮間帶的拍攝，清澈的流水有如祝福新人展開新階段。水面以玫瑰花瓣點綴，象徵熱烈與浪漫的愛情，代表著幸福一生一世。新郎穿著襯衫，帶點休閒又不失新郎的品味，新娘的小禮服以水藍色為主，映襯著潺潺溪水的倒影，呈現出性感與亮麗的風采。新娘依偎於新郎肩上，綻放出幸福活力的風采，以水為婚紗背景好似在祝福新人永浴愛河。❻

(五)懷舊復古風潮婚紗攝影

近幾年開始流行懷舊復古婚紗攝影風潮，除了從造型與衣著上呈現復古感，更利用黑白色調或鮮豔色調呈現懷舊的美感。此外也善用修圖技巧與美術編輯，為婚紗照勾勒出多重之面向，創造無限想像。

此圖背景光影變化萬千，有如走進時空隧道般的感受，黑底襯托出典雅的風格，懷舊復古的變化造就出新人浪漫的情懷。新娘的莊嚴禮服猶如智慧的展現，圖

中新娘宛如於幻影中沉思，若有似無的感覺加上燈光的投射，更加引人入勝。底部的合照猶如新人嚮往著無限的未來，一同共創彼此的幸福生活。❼

　　下圖背景為暗色系，以花卉點綴出復古且時尚的情景，英文文字彷彿一封封充滿愛意的情書，顯示彼此對愛的忠誠。新人彼此牽著手，更代表著願意關心對方，共同白頭偕老。新郎的亮面西裝在以黑色為底的圖片中更顯得突出，與新娘的禮服金銀搭配，更顯得時尚有魅力。❼

二、婚紗包套內容

　　婚紗包套內容一般包含結婚當天、拍攝當天、相片組合及其他優惠費用四種項目，以下列出婚紗店常見的婚紗包套內容。

(一)結婚當天

　　提供白紗禮服1套、晚宴禮服2套、新娘捧花、禮服配件、伴娘服、花童服、禮車門把花、胸花、精緻結婚禮盒（含禮金簿、結婚證書、囍字等）。

(二)拍攝當天

　　提供新郎西服2～3套、新娘禮服4～5套、化妝與造型、外拍餐點。

(三)相片組合

　　相本、娘家本、檔案光碟、謝卡、簽名綢、相框、桌框。

(四)其他費用優惠

　　相片組數加選、拍攝當日外拍車與造型師跟拍、結婚當日攝影、結婚當日化妝與造型、新娘秘書。在其他費用優惠部分，新娘秘書與結婚當日攝影是許多新人都會選擇的項目，主要原因是希望婚宴當日能留下完美的身影與紀念，其次係因選擇婚紗公司專案搭配的新娘秘書與攝影較自行尋找優惠。新娘秘書受到新人重視除了主要工作是協助新娘造型外，亦可替身旁的親朋好友們妝點儀容，故新娘秘書必須確認結婚當天新人禮服的樣式，並與新娘事前溝通，確保配件與造型所營造的感覺，更重要的是當天能夠隨時留意新娘與相關人員需求，協助處理突發狀況，讓婚宴擁有最佳女主角與最佳女配角。❽

 ## 第六節　婚禮活動規劃

　　對新人而言，婚宴重頭戲莫過於婚宴擺設與當天活動，部分新人認為會場提供的現有擺設即足夠，部分新人則希望加入不同元素讓婚宴更加繽紛可期，故婚禮顧問須對新人期望營造出來的氛圍有全盤性之理解，並依會場支援性提供最可行的規劃，讓新人的夢想藍圖不再是紙上談兵。婚宴會場布置品項繁多，從大圖輸出、婚宴Logo設計、

會場花卉、迎賓區、菜單與桌圖等皆需符合整體感才不會顯得突兀，
會場布置請參閱第5章第四節之〈宴會舞台及餐桌布置實例說明〉。❾

一、會場花卉

　　部分婚宴專案內含簡易新鮮花卉布置，若新人要另外自費增加花
材需考量花卉季節性、花材是否須由國外進口、色系與原先提供花卉
是否衝突等。例如，海芋為年初季節花款，六月新娘需要僅能考慮國
外進口。

二、會場布置

　　婚禮現場的布置，需考量新人的預算、喜好與場地狀況等條件來
決定。像是造型汽球、相片區規劃、拍照背板尺寸、互動機台擺設、
燈光效果等，需考量現場動線設計、電源供給與場地進場施工限制。
例如，近年最新推出的婚禮互動投影設備，可以取代傳統紅地毯，但
需考量電力配給與動線設計是否完善。對於婚禮布置新人可以從主色
調、新人基本資料或是愛情故事來發想主題。討論時最好能提供設計
者圖片以確認喜歡的風格。與設計者討論後的風格，可延伸到婚禮
Logo、喜帖、背板、菜單與桌卡等。會場布置請參閱第5章第四節之
〈宴會舞台及餐桌布置實例說明〉。

三、會場主持

　　婚禮主持人是婚宴中極為重要的靈魂人物，透過主持人畫龍點睛
的串場帶動下能讓平淡無奇的婚禮成為新人與賓客永生難忘的回憶，
專業的主持人需要具備專業的婚禮知識也需熟知婚禮上的禁忌，更要
親自與新人討論喜宴流程、彩排、當日現場流程的引導、氣氛營造

等，主持人不但需掌握來賓的情緒，同時也必須精準掌控時間，並讓來賓及親朋好友有參與感，更甚者，還可以根據新人的年齡層與需求安排合適音樂，讓在場來賓與新人產生共鳴，然而主持人除了在現場盡情展現主持能力之外，還要記得風采不可搶過新人。另外，主持人是挑戰性很高的工作，必須具備高度的抗壓性與應變能力，因此具有豐富經驗的主持人，是婚禮能否完美呈現的重要一環。

四、會場互動

婚宴過程中的串場遊戲往往能豐富婚禮流程並帶動現場氣氛，但需考量與會賓客年齡層區間、活動時間長短、長輩喜好、是否與婚宴主題相關等，且若為大型婚宴較不適合進行過於動態的活動以免產生安全問題。例如，甜蜜熱線的遊戲係在儀式現場由婚禮主持人公布陌生手機號碼，現場賓客搶先撥打進指定號碼者即可獲得小禮品，適合與會賓客較多年輕人的婚宴。一般婚宴中進行互動遊戲的最佳時刻在第二次進場新人站在舞台上後，此時搭配適合的活動音樂，可與第一次進場大部分隆重溫馨的氣氛有所區隔。且精心設計的婚禮遊戲，不僅能增加賓客的參與感，也能讓新人與賓客留下較深刻的印象。

 ## 第七節　婚禮周邊商品

婚禮周邊商品包含的範圍極為廣泛，從婚宴前的喜帖、喜餅，至婚宴當日的新娘捧花、婚禮小物、謝卡等皆囊括在內，其中最受新人重視的為喜帖、喜餅與婚禮小物三類，加上隨潮流與新人需求日新月異，個性化與傳統婚禮周邊商品皆可適時提供新人建議才能降低新人籌備婚宴的無所適從。以下就上述三項分別簡述說明。

一、喜帖

　　喜帖是新人用來邀請親朋好友前來參加與分享結婚喜悅的一份傳遞工具，對新人來說具有非比尋常的意義。雖然現在通訊媒體發達，年輕人也可以以網路訊息等方式告知親友婚訊，但大多長輩還是希望能以寄送或親送喜帖方式來通知親友。從早期大紅喜氣的制式樣式發展至今，已出現精緻客製化型態。喜帖有分橫式與直式；在台灣大多喜歡紅色系，而西方可為白色或新人喜愛的顏色，而不論從紙質、顏色、尺寸等的選擇，抑或將新人婚紗照用來融合成喜帖樣式，皆為新人希望傳達自己獨一無二存在的證明。

二、喜餅

　　傳統禮俗上喜餅發送有著將新人結婚喜悅分送給親朋好友的用意，也有著傳遞幸福的涵義，除此之外，喜餅發送亦關係著新人與雙方父母的「面子」問題， 故喜餅向來隨著試吃品嚐等因素挑選期較長。隨著時代變遷，除了傳統的中式禮餅，現今西式禮盒亦成為新人考量首選。市面上喜餅琳瑯滿目，各有獨自的設計與風格，也都有其促銷方案，新人選擇時可依品牌、外盒包裝、內容物的製作方式與數量、口味、預算等來挑選符合需求與喜好的喜餅。但仍建議新人選擇喜餅時，最好能兼顧長輩和年輕人的喜好，且若有預算考量，選購時最好能直接挑選中西合併的喜餅。**表10-2**列出目前市面上較常見喜餅口味和包裝風格之特色與涵義。❿

表10-2　各式喜餅口味和包裝風格之特色與涵義

口味		顏色		樣式	
台式	傳統樸實	金色	隆重氣派	圓形	圓圓滿滿
日式	精緻細膩	粉色	濃情蜜意	方形	情深意厚
法式	浪漫	紅色	喜氣吉祥	心形	永結同心
歐式	大方	白色	純潔典雅	木盒	古樸大方

三、婚禮小物

　　傳統台灣婚宴並無送禮習慣，但隨著西式婚禮風俗導入，愈來愈多人嚮往西式婚禮的禮儀與氛圍，送出具有紀念價值的婚禮小物已成為現今婚宴中的另類傳統。常見的婚禮小物有迎賓禮、探房禮、姐妹禮、進場禮、活動禮及送客禮等，其中迎賓禮及送客禮係為了感謝來賓參加婚宴，故份數通常會依照參加人數準備，也因為賓客人數較多，故迎賓禮與送客禮大多數會以喜糖為主，讓客人沾沾喜氣；探房禮是新娘在親友至新娘房探視拍照時，贈予小禮物給前來給祝福的朋友；姐妹禮及活動禮僅特殊對象限定，因此份數通常會事先計算，活動禮能讓賓客更有意願參與現場小遊戲，讓氣氛更熱絡；進場禮通常為新人第二次進場時發送，主要是為了炒熱氣氛，數量大約準備賓客人數的1/3左右即可。大多數新人在準備婚禮小物時，都會希望具有特殊的意義，如此才能讓賓客印象深刻或覺得有紀念價值，**表10-3**列出幾項具有特殊涵義的婚禮小物。

表10-3　各種具有特殊涵義的婚禮小物

品項	涵義
湯匙	希望收到禮物之人能盛起幸福。
筷架	取其諧音，希望收到禮物的未婚女子快快嫁出。
小熊	象徵幸福，讓收到禮物的人感受到滿滿的溫暖。
香皂	淡淡的香氣，代表分享新人的喜氣。
鉛筆	象徵幸福就握在手中，希望收到禮物之人能珍惜身邊的幸福。
手帕	古人稱要好的女性友人為手帕交，收到禮物代表為新人相當重視之好友。
棉花糖	以淡淡的甜味，代表綿綿的情意。外表蓬鬆，內部軟綿，讓人一吃就有滿足感。

第八節　婚禮中的MV與音樂

　　在婚宴裡MV與音樂是營造氣氛最重要的一環，浪漫有情調的音樂能讓賓客在用餐中感到心情放鬆，MV的播放更能為婚宴適時創造出高潮，因此，許多新人在MV的剪輯及音樂的選擇上都耗費莫大心血僅為求吸引賓客注意力。且近年來科技發達，婚禮因此加入更多元化的多媒體資訊，讓婚禮更加熱鬧豐富，也能讓婚禮之回憶能更完整的被保存下來。婚禮MV類型有成長影片、愛情交往影片、謝親恩影片、求婚影片、婚紗影片、開場影片與特定活動影片。婚禮MV一般會在新人進場時播放，最常見的是以新人照片製成的成長MV與愛情交往MV，然而婚禮MV製作不僅費時耗工，某些地方更需專業軟體輔助，故現今出現許多專業的多媒體公司代為製作，隨著婚禮MV市場需求擴大，婚禮MV形式亦逐漸朝向多元化發展，目前已出現動畫MV、電影MV及情境式MV等各種不同的型態，甚至還能以客製化服務達成新人期待。而婚禮上除了利用各式MV來豐富整場婚禮之外，音樂更是營造氣氛的重要角色，若新人想營造溫馨氛圍，可以選擇令人放鬆的輕音樂或沙

發音樂；若想呈現熱鬧的感覺，就可以挑選節奏較快的音樂。然而整場婚禮的音樂絕不會只有一種氛圍，而是要搭配婚宴的流程活動及宴會中每個階段想營造的氣氛來安排適合的婚禮音樂。婚禮音樂中較被新人重視的則為進場音樂，進場時所搭配的音樂除了婚禮進行曲外，大部分新人都會選擇能象徵兩人甜蜜戀情的歌曲，除了進場音樂外，對婚宴氣氛極為重視的新人，更會將婚宴過程分為開始的約定承諾、中場的幸福洋溢、最後的廝守一生等來搭配音樂，精心挑選出最適合表達意境的歌曲，力求製造出婚宴過程中的浪漫氛圍。⓫

此外，新人亦可商請樂團現場演奏替代音樂，現場的樂團演奏除了可以省去新人費心尋找音樂的時間與精力，更能讓婚禮音樂更加多變與富有彈性，無論是古典樂、流行音樂、電影配樂、爵士樂或現場演唱等，各類型樂團都能夠達成新人需求，並因應不同樂器的選取營造出不同氣氛，因此也逐漸成為近年來新人的主要選擇之一。

以上乃針對婚禮顧問的職掌與任務作詳細之介紹，然而結婚象徵著人生新階段的展開，婚禮則將男女之愛情作更高境界的結合，且雙方所有的親屬關係、人際與各種權利義務亦從此衍生，這段關係將成為一切秩序的起源。因此結婚可說是人生一大要事，所以婚禮之籌備與規劃乃不可不慎，也須瞭解各種禮俗與其所代表的涵義，而傳統婚禮禮俗雖繁複，卻蘊含古人相傳的誠摯祝福，每一個禮俗與傳統背後都是對新人幸福的殷殷期盼，期盼新人能執子之手與子偕老到最終，新人與雙方家長因生長背景不同，對儀式的想法與重視程度亦不相同，從祭祖、文定至迎娶儀式，男方與女方家準備的儀式相關用品皆因中國傳統古禮與地方風俗不同而互異。

為因應現代忙碌與環境變遷，儀式有日趨簡化或以相關物品代替的趨勢，然而對長輩而言，儀式依舊是婚禮中不可或缺的一環，故婚禮顧問需有各種儀式與國情儀式差異的基本概念，輔以儀式過程需準備的物品或紅包所代表的意涵與變通替代品，提供新人簡約又不失習俗的儀式建議。例如，傳統文定儀式因主辦方為女方家，故會尊重女

方家習俗，六件禮或十二件禮由男女雙方家庭個別準備，但禮品品項會隨各地習俗不一，現代則多以實用物品或紅包寫字取代。❿

註　釋

❶凱倫愛婚禮（2012）。何謂主題婚禮，2012年3月20日，取自：http://tw.myblog.yahoo.com/jw!7YXREFSZGRzsTBQTITTk/article?mid=1134

❷veryWed非常婚禮（2012）。心婚誌，2012年3月12日，取自：http://verywed.com/magazine/vo5.html

❸美麗婚禮雜誌（2012）。海島婚禮，2012年3月25日，取自：http://www.weddingideal-tw.com/

❹婚禮秘密（2017）。結婚代辦事項，2019年3月30日，取自：http://twsecret.com/assist.php

❺朵莉情報小舖（2012）。婚紗攝影風格，2012年3月29日，取自：http://tw.myblog.yahoo.com/beauty-doit/article?mid=750

❻婚紗攝影風格照片由新郎楊昀尉、新娘許雅茜提供。

❼懷舊復古風潮婚紗攝影照片由新郎吳俊杰、新娘謝宜婷提供。

❽新娘妝點魔法師（2012）。新娘秘書的工作內容，2012年3月29日，取自：http://gucci.lib.com.tw/blog/article.asp?id=29

❾囍事周報部落格（2012）。2012年3月30日，取自：http://blog.chinatimes.com/wedding/archive/2006/11/09/126409.html

❿Marry99婚禮入口網（2012）。有哪些喜餅可以選阿，2012年3月30日，取自：http://www.marry99.com.tw/Discuss/Discussshow.aspx?showDoc=4617

⓫奇摩知識（2012）。推薦適合婚禮進場的歌曲或音樂，2012年3月30日，取自：http://tw.knowledge.yahoo.com/question/question?qid=1007052300789

⓬veryWed非常婚禮（2012）。魔法婚禮巧安排，2012年3月30日。取自：http://verywed.com/vwMagic/p5.htm

第11章
葡萄酒類之認識、開瓶及服務技巧

　　隨著餐飲業的蓬勃發展及社會經濟條件的改變，現在顧客的飲食習慣也隨之改變，用餐過程中搭配合適的葡萄酒類以增加用餐的氣氛，以普遍能為顧客所接受。在一般宴會中，敬酒是不可或缺的禮儀之一，而酒水不僅具開胃的作用，更具有增加宴會熱鬧的氣氛與助興的功能。由人們將參加婚禮筵席通稱為「喝喜酒」，便可窺見酒水在宴會中占有舉足輕重的地位。因此，身為宴會廳服務人員，便應充分瞭解葡萄酒品的相關知識並熟悉各種葡萄酒的服務技巧，視顧客需要為其介紹或推薦用酒，提供高品質的服務。一般而言，宴會用酒講究以酒佐食或以食助飲，而葡萄酒的種類不下千百種，各有其適當的服務方式與飲用方法。然則因為西餐宴會以葡萄酒為飲用大宗，加上其服務方式之相關禮節繁複，所以本章將就葡萄酒的保存方式、最佳飲用溫度、服務技巧等內容詳加敘述，並於第四節介紹品酒的基本步驟，期使讀者在瞭解服務葡萄酒等相關概念後，能推知酒類的概括性服務準則。❶❷❸

 第一節　葡萄酒之認識、保存及飲用溫度

　　人們常說：「葡萄酒是有生命的物質。」這句名言說明了葡萄酒如同人的成長一般，會隨著時間的發展而成熟；除此之外，葡萄酒也像人一樣，需要細心的照顧以及經常的關懷。既然如此，葡萄酒理當小心謹慎地被儲藏、保存，使其能夠在最佳狀態時供人飲用，讓人享受到她最原始的魅力。因此，為了使服務人員能夠認識葡萄酒，讓顧客能夠完全享受葡萄酒的美味，葡萄酒日常保存工作的實行，以及葡萄酒最佳飲用溫度的提供，便是酒侍在宴會中提供酒類服務時最重要的工作之一。

一、葡萄酒的基本認識

　　Wine一般指的是「葡萄酒」，是由葡萄釀製而成的一種釀造酒，可分為白酒（White Wine）及紅酒（Red Wine）；也可分為無氣泡的葡萄酒及氣泡酒（Sparkling Wine），而香檳（Champagne）就屬於氣泡酒的一種。依據文獻記載，早在西元六千年以前，在盛產葡萄的地中海區域、兩河流域的蘇美人及尼羅河流域的古埃及人，他們早就會釀造葡萄酒，之後由於東西文化互相的交流，葡萄酒的種植及釀造也漸漸普及各國，但真正對葡萄酒有所研究是近三十幾年來的事。我們都知道葡萄酒它是有生命的，在葡萄酒釀造過程的不同階段喝它，會有不同的味道，而且也會影響葡萄酒顏色的變化，還會因為種植葡萄品種的不同、氣候溫度的變化、葡萄產地的土壤、種植周邊環境的影響以及排水設施的好壞等，都會影響葡萄酒的品質和產量，另外，葡萄採收時間點、釀造過程中葡萄果皮和葡萄籽浸泡的時間、發酵時間的長短、葡萄酒熟成時間的長短、橡木桶的選擇、酒窖周圍的氣味及到最後的裝瓶，所有的釀造過程都會深刻的影響到這批酒剛釀好的味道。

　　葡萄酒在釀造的過程中，需依序經過：採收→搗碎→發酵→壓榨→裝桶熟成→裝瓶等幾個步驟。酒廠如何釀出白酒、紅酒和玫瑰紅酒等不同的葡萄酒，其關鍵就在調整取出葡萄皮和葡萄籽的時間點上。以釀造白酒為例，白或紅葡萄皮和籽是在發酵前就取出，因此白酒會呈現淡黃色、金黃色及琥珀色等不同的色澤，一般白酒會經過二至五年熟成，即可飲用；而紅酒是讓紅葡萄皮、籽和搗碎後的葡萄汁一起發酵，因此釀出的葡萄酒呈現出酒紅色，但由於葡萄品種不同，所以會呈現出鮮紅、淡紅及紫紅等不同色澤，一般紅葡萄酒會經過五、六年熟成，口感才會醇潤；另外玫瑰紅酒的釀造方法是介於白酒和紅酒之間，唯一不同的地方在於，發酵時提早將紅葡萄皮、籽取出，讓酒的顏色呈現淡淡的粉紅色。

二、葡萄酒的保存方式

(一)將酒瓶水平放置

　　通常，在儲存葡萄酒時，應該將葡萄酒酒瓶水平放置，使瓶中的葡萄酒能夠與瓶口軟木塞充分接觸。如此橫躺儲存，便能夠確實保持軟木塞的濕潤，以免在開酒時，軟木塞因為太乾燥而斷裂於瓶中，無法取出。此外，保持酒與軟木塞的接觸，還可防止空氣進入瓶中，有效防範外界異味被酒吸收而破壞酒原本的風味。

(二)維持儲酒場所的儲存條件

　　在儲存葡萄酒時，務必牢記酒是一種有生命的飲料，並且對任何刺激都很敏感。因此，儲酒場所必要條件的維持便是成功保存酒的關

鍵之一。其中，儲酒場所的溫度、亮度、濕度及氣味等將影響葡萄酒狀況之因素，尤應小心控制，以免影響酒的品質。

◆溫度

一般而言，儲酒場所整年都必須維持固定溫度，而不可以有太過劇烈的溫度變化，避免熱脹冷縮容易使葡萄酒滲出軟木塞外，加速其氧化。至於標準的固定溫度，則維持在10～12℃的理想溫度，大約低於室內溫度。

◆亮度

儲酒場所中的燈光也是保存酒的要點之一。太強烈的燈光照射應該儘量避免，譬如螢光燈便會因光線太強烈而穿透酒瓶，導致酒太早成熟並發育成不好的口感。因此，酒窖內通常保持黑暗，以確保酒的品質不會被光線干擾。

◆溼度

儲酒場所的溼度，則應維持在65～75%的溼度標準內。因為過度乾燥或潮濕都可能會導致軟木塞的乾裂或發霉，甚至進而影響到酒的品質；此外，一旦瓶上標籤因潮濕發霉而無法辨識，便會影響酒的外觀而增加酒侍向顧客展示酒時的阻礙。

◆氣味

由於葡萄酒很容易吸收外界氣味，所以務必禁止酒類以外的東西擺在儲酒場所附近，例如，汽油、柴油、溶劑、油漆及工業用油劑等等，避免酒因吸取其雜物的異味而影響酒的原味。

(三)避免搖晃酒瓶

由於酒是具有生命且對刺激相當敏感的物質，因此確保它免於被搖晃是很重要的。當然很輕微的震動對酒不會有所影響，但強烈的晃動便會攪動瓶底的沉澱物而使酒呈現混濁，甚至影響酒的口感。所以，一旦一瓶酒被放入儲存場所，在這瓶酒可以用來招待顧客之前，最好不要輕易移動。除此之外，酒侍在將酒送達至顧客面前的過程中，也應儘量避免劇烈晃動酒瓶，以確保顧客在品嚐酒時，不會因酒瓶瓶底沉澱物的干擾而影響酒的口感。一般長途運輸搬運的葡萄酒需經數日的時間才能穩定其品質。

(四)妥善處理尚未飲完之葡萄酒

至於已開瓶但尚未喝完的葡萄酒，則應將軟木塞再塞回瓶口，並且把未喝完的紅葡萄酒或白葡萄酒「直立」擺回冰箱。此外，如果有較小的瓶子，最好能先將剩餘的酒倒入小瓶子中，再擺進冰箱中存放。其中，直立擺置的目的在於減少酒與氧氣的接觸面、降低酒氧化的速度，並增長酒能夠儲存於冰箱的期限。儘管如此，大部分的白葡萄酒在開瓶過後，仍然僅能在冰箱中儲存大約一個禮拜；至於紅葡萄酒，就有較長的儲存期限，其中一些紅葡萄酒甚至可以保存在冰箱中大約三個星期，但若超過三個星期，不管再好的酒，味道難免都會變質。所以，不論是紅葡萄酒或是白葡萄酒，在開瓶後最好不要儲存在冰箱過久，應儘快將其飲用完，以免酒的味道變質，破壞酒原本的美味而不堪飲用。

三、調整酒溫

葡萄酒及香檳或氣泡酒，無論是要降低或提升溫度，均應以最自然的方法為之，紅葡萄酒過冰時勿以熱水溫之，白酒及香檳或氣泡酒不宜在杯中加入冰塊或放入冷凍庫冷卻，因為加冰塊會沖淡酒液，而急速冷卻會使酒失去芳香，若想儘快飲用時，可在冰酒桶中的冰塊加入粗鹽並降低水量，即可達到急速降溫的功能。

四、葡萄酒的飲用溫度

　　葡萄酒的「適當飲用溫度」在飲酒過程中，是相當重要的一門學問。若美酒當前，便迫不及待地想要馬上享用的話，沒有人會怪您心急，因為美酒的誘惑是難以抗拒的！然則，若能配合酒的最佳飲用溫度飲用，則更能讓人體會酒完整呈現的美味，並增添飲用者品酒的享受樂趣。一般說來，人們常認為白葡萄酒應該飲用冷藏過的，而紅葡萄酒則應以室溫為最佳飲用溫度，然則，到底什麼溫度才最適合各種酒飲用，而怎樣才最能以適當的酒溫來呈現酒最佳的美味呢？以下是一些關於酒擺在冰箱中降溫的建議：

(一)香檳酒

　　香檳酒中含有氣泡，所以在飲用時最好比白葡萄酒飲用溫度低。一般而言，3～6℃是香檳酒的適合飲用溫度範圍，而4℃則是最佳飲用溫度。至於香檳酒在冰箱中的擺放時間，則由於香檳的瓶子比一般酒瓶厚大約2倍，而且其瓶口也較紅葡萄酒和白葡萄酒大，所以香檳酒在一般的冰箱中，至少應放置三小時才夠冰涼。除上述方法外，將香檳酒擺放進裝滿冰塊和水的冰桶中達四十五分鐘，也可達到最佳的冰涼飲用溫度，完美呈現香檳的美味。

(二)白葡萄酒

　　白葡萄酒最適合飲用溫度為7～13℃，而12℃則為最佳飲用溫度。此外，白葡萄酒甜度較高者，飲用溫度應以較低為佳。要達到最適飲用溫度，只需將白葡萄酒放置在一般冰箱中約兩小時或放在裝滿冰塊及水的冰桶中三十分鐘即可。

　　通常，當一瓶酒在30℃的室溫下放入冰箱後，每小時約降溫

10℃。換句話說，經過兩個小時後，酒即可達到10℃左右。因此倘若將酒留置在冰箱中過夜長達一星期甚至一個月，也無須擔心，因為縱使酒已冰到5℃，但只要將白葡萄酒從冰箱中取出並倒入杯中，不久之後，酒溫便可以很快的上升至適飲溫度。

(三)紅葡萄酒

　　紅葡萄酒最合適的飲用溫度為15～24℃，而18℃則為最佳飲用溫度。大家總是說紅葡萄酒應在「室溫」時飲用，那到底是指在台灣的室溫或是阿拉斯加的室溫呢？其實人們所說的室溫是指當時十八世紀的法國，在沒有電熱器的時代，冬天時只有藉燒材取暖來維持的室內溫度：那時飯廳的溫度大約在18～20℃之間，這便是所謂的「室溫」。

　　該如何讓寶貴的紅葡萄酒達到此溫度呢？之前曾提過酒放置在冰箱中一小時大概可以降溫10℃，所以也就是說，在現今平均室溫為30℃左右的情況下，只需將紅葡萄酒冷藏在一般冰箱中約一小時即可。但是如果酒已經冷藏超過一小時，甚至冷藏了數天也沒關係，只要將酒倒入杯中並置於一般室溫下大約三十分鐘後，酒溫就會上升至18℃左右。

　　還有一點值得一提的就是，紅葡萄酒的最佳飲用溫度應該配合其酒齡、產地、葡萄品種等條件來決定紅葡萄酒的飲用溫度。譬如酒齡短者，其飲用溫度應較低為佳；而酒齡長者，就以一般正常最適飲用溫度18℃即可。此外，另有一種玫瑰紅葡萄酒，其適合飲用溫度比紅葡萄酒略低一些，大概在7～13℃，至於其最佳飲用溫度則在9℃左右。

(四)其他

　　台灣啤酒最適當的飲用溫度範圍為4～6℃，5℃為其最佳飲用溫

度；至於歐洲一些黑啤酒的最適合飲用溫度約爲12～14℃。而日本清
酒的最佳飲用溫度則在37.5℃左右，應先經過溫熱的步驟再飲用。至
於中式宴會中常飲用的紹興酒則如同香檳酒一般，適合搭配餐中所有
菜餚飲用。紹興酒通常以室溫飲用，但若加熱至35～40℃之間，則更
能顯其芳醇，爲其最適當的飲用溫度，所以紹興酒仍應以先溫熱再上
桌爲佳。然而在宴會中，因爲國人飲酒並未如此講究，所以服務人員
在接受顧客點用紹興酒後，應主動詢問有無溫酒之需要，避免不必要
的爭執並呈現周到的服務。

 # 第二節　葡萄酒與食物之搭配

一、葡萄酒與食物之搭配原則

　　由於食物以及葡萄酒都是變化多端的，所以在搭配食物和葡萄酒
時，往往有許多不同的組合方式可供選擇。一般而言，人們通常根據
其愛好以及預算來決定所飲用的葡萄酒，但除了偏好以及預算的考量
之外，應該還需注意到葡萄酒能「增進食物風味」的功能。餐廳中的
酒侍（sommelier）便常應顧客要求，負責提供佐餐酒的建議，幫助顧
客選用能增進食物風味的葡萄酒。一旦能適當地選用佐餐的葡萄酒，
便能恰如其分的增添食物的美味並呈現酒的絕佳風味。以下數點建議
可作爲顧客點酒，以及酒侍做酒類服務時選擇用酒的參考：

　　1.食用以某種葡萄酒調味的菜餚時，選擇佐以相同的酒。
　　2.採用某一地區的飲食風格時，選擇來自同一區域的葡萄酒飲
　　　用。
　　3.葡萄酒和食物的搭配必須符合兩者口味的強度，以使酒與食物

在口味上能充分協調，而不至於讓食物的風味被酒破壞或掩蓋。

由於菜餚在調味上錯綜複雜的變化（如調味料的濃度及成分），將影響菜餚而產生不同的滋味。所以酒侍必須非常清楚地瞭解其所服務的餐廳中，每一道菜餚的口味以及氣味，以確保能適當地選擇出既不會破壞或蓋過食物風味，並能恰當配合食物口味強度的葡萄酒。選用酒時，除了應注意以上幾點建議以增進食物風味外，酒在飲用時還有其他應留意的規則。通常在一頓飯中，除了開胃酒（餐前酒）以及餐後酒之外，不宜選擇太多種類的葡萄酒；當然，酒侍也不應該因為其販售酒的職責，而在一頓餐食中建議客人選用太多種類的葡萄酒。基本上，一瓶適合搭配主菜飲用的葡萄酒是必須的，但若有需要，尚可選用另一種酒來搭配另一道菜。倘若一頓飯從開始到結束，顧客有選擇多種酒類的需要時，以下有幾項規則可供參考：

1. 先飲用起泡的酒，再飲用無起泡的酒。
2. 先飲用清淡的葡萄酒，再飲用濃烈的酒。
3. 先飲用酸性的酒，再飲用口味較清淡的酒。
4. 先飲用酒齡較短的葡萄酒，再飲用長期成熟的酒。
5. 先飲用酒精濃度低的葡萄酒，再飲用酒精濃度高的酒。
6. 先飲用較低單寧酸含量的葡萄酒，再飲用高單寧酸含量者。紅葡萄酒的單寧酸含量較白葡萄酒高，所以可以選擇先飲用白葡萄酒，之後再飲用紅葡萄酒。所謂單寧酸是來自葡萄藤及葡萄果實的外皮。在葡萄酒年輕時，單寧酸具有收斂及任性的特質，而當葡萄酒成熟時，則能減輕上述單寧酸的特性並彰顯出一種平順、圓潤的口感。

綜合上述，飲用葡萄酒的順序有下列幾個原則可供參考：

類別	原則
氣泡	有→無
色澤	白→紅
濃度	淡→濃
甜度	低→高
酒精度	低→高
酒齡	年輕→陳年
價格	便宜→昂貴

二、葡萄酒與食物之搭配組合

其實，葡萄酒搭配食物飲用的規則不僅止於上述幾點，更因其所搭配食物的不同、調味料的區別，或食用乳酪或點心，都有不同的規則來選擇佐餐酒以幫助充分突顯食物的最佳風味，並且享受葡萄酒完美的口感。雖然葡萄酒是歐洲國家的產物，但其實有許多葡萄酒都很適合搭配亞洲食物享用。以下僅在眾多可能的搭配組合中，列出幾項包括葡萄酒與乳酪、點心以及幾項較著名的亞洲食物的搭配建議，作為酒與食物搭配時的導引方針。

(一)海鮮、龍蝦和貝類

海鮮、龍蝦及貝類食物以搭配香檳或甘甜濃厚型不甜的白葡萄酒最為合適。可以根據個人口味選擇清淡的Moet & Chandon、Muscadet、Sancerre，或來自Alsace的Macon-Villages、Chablis、Pouilly-Fuisse、Graves或Riesling以至於濃郁豐厚的Meursault、Gewurztraminer或Batard-Montrachet。總而言之，香檳搭配蠔、蝦、蟹等海鮮特別美味，也可以搭配不甜的白葡萄酒。

(二)魚翅

香檳是最好的搭配。當然在湯中還要加上一滴干邑白蘭地更能增添魚翅的美味，比加紅醋味道還好。

(三)生菜沙拉和涼拌類

夏季較清淡的食物如生菜沙拉、白肉醋、蒜頭、涼拌菜類及橄欖油加多的食物，可搭配清淡型玫瑰紅酒。

(四)雞肉和豬肉

這兩種肉口味細微，但也有一些變化。當使用清淡的調味料或快炒時，香檳和不甜的白葡萄酒是很好的搭配。但若豬肉被烤成「叉燒」，那麼搭配一瓶清淡的紅葡萄酒將會更好。

(五)鴨肉

如果是燻鴨或烤鴨，可以選擇比較清淡到中稠度的紅葡萄酒。

(六)麵或義大利麵

以海鮮或貝類爲主的麵可以選擇不甜的到濃郁豐厚的白葡萄酒，如果是廣東牛肉燴麵，則可搭配中稠度到濃郁豐厚的紅葡萄酒。義大利麵類若使用番茄肉醬汁，因番茄口味偏酸，宜選擇富果香味且不甜的紅酒；若使用重奶油醬汁，宜選用中度或重度口味的白酒，但果味及橡木味不宜太重。

(七)廣東點心

如果是油炸的點心，搭配香檳和清淡、微甜的白葡萄酒最佳。如

果是蒸的蝦子、豆腐皮、雞肉或豬肉，則可以搭配一瓶中稠度到濃郁豐厚的白葡萄酒。如果是燒鴨和其他肉類，那麼搭配紅葡萄酒較好。

(八)點心

　　葡萄酒與點心的搭配若要達到兩者口感上的充分協調，就必須配合彼此口味的強度。一般而言，微甜的白葡萄酒便很適合選作點心的佐酒。香檳酒是唯一可以當作開胃酒，也能搭配各種菜餚的葡萄酒，當然它也可用來搭配點心飲用。然則，縱使香檳酒可為搭配點心享用的佐酒，但最好避免選擇完全不甜的香檳酒，因為這種酒幾乎不含糖而且和點心的芳醇截然不同。所以在選擇搭配點心飲用的香檳或其他酒類時，務必留意酒與點心甜度上的協調，才能充分享受兩者口感結合的絕佳風味。

(九)乳酪

　　通常顧客在餐中食用乳酪時，都會飲用與先前食物相同的佐酒作搭配，然而這樣的選擇往往無法使顧客品嚐到乳酪的最佳風味。乳酪在法國與葡萄酒有著非常密切的關係，是以人們常說：「乳酪不但能顯出好酒的風味，更能去除次等酒的缺陷。」在法國以及其他歐洲國家境內的每個地區，葡萄酒與乳酪都有許多不同的製造方法和種類，所以兩者的搭配將比食物與酒的組合更多樣化。但基本上，葡萄酒在搭配乳酪飲用的選酒規則上仍和搭配食物的組合模式相同，以下大略列出數項選擇葡萄酒以搭配乳酪的參考規則：

　　1.食用某一區域性乳酪時，應佐以產自相同地區的葡萄酒。
　　2.葡萄酒與乳酪的搭配需符合彼此口味的強度。此外，紅葡萄酒通常是最適合搭配乳酪的；但是白葡萄酒除了硬乳酪外，也是乳酪合適的佐酒選擇。至於硬乳酪，因為其較長的成熟期而比其他乳酪更具有安定的風味；而紅葡萄酒在單寧酸成分與酸度的絕佳平衡，正是搭配硬乳酪安定口味的最佳選擇。

3.每種乳酪都有它的特性，譬如脂肪含量以及成熟程度上的不同，都會影響乳酪而使其各具風味。也正因爲乳酪這種風味變化多端的特性，而使各種乳酪都有不同的佐酒選擇。像清淡而具酸性的淡白葡萄酒便適合山羊乳酪；半硬的藍乳酪則適合搭配甜且溫和的白葡萄酒或濃郁而強烈的紅葡萄酒；至於法國產的軟質乳酪——Normandy Camembert，便適合搭配來自同一產區的蘋果酒而不適合佐以葡萄酒。

最後，綜合上述可擬出一個食物與酒搭配的原則，味道重的菜餚搭配味道重的酒，反之味道淡的菜餚搭配味道淡的酒。另外如果眞的不會點酒，也不清楚菜餚的口味，那麼最保險的方式就是選擇玫瑰紅酒，因爲這種酒的口味介於紅酒和白酒之間，非常的順口，相當適合各種口味的菜餚，當然也很適合大多數人品嚐。

第三節　葡萄酒類之開瓶及服務技巧

一、白葡萄酒之開瓶及服務技巧

把一瓶白葡萄酒放進裝滿80%冰塊的冰桶中，再將此冰桶擺在冰桶架上，倘若沒有冰桶架，可以把冰桶放在一個鋪著餐巾的大盤子上，並將其置於顧客的餐桌上或靠牆的服務桌上。酒侍拿持冰桶時，必須一手牢固地提著它，一手扶著它，使冰桶看起來安全穩固。酒侍在服務白葡萄酒上桌供顧客飲用時，可參照下列幾項步驟：

1.拔取軟木塞前，應將酒從冰桶中取出，以手拿持口布托著酒瓶，並將酒的標籤朝上，展示給顧客以確認其點用的葡萄酒正確與否。

2.在顧客確認後，酒侍需再度把酒瓶放入冰桶中，以手扶持酒瓶來固定酒瓶位置，再以開瓶小刀沿繞著瓶脣下緣切割瓶頸上的錫箔紙。

3.剝去瓶脣周圍（瓶脣下緣以上）的錫箔紙，而保留瓶頸部分的錫箔紙，以求美觀並維持該瓶酒的價值感。

4.除去錫箔紙後，應以服務巾（口布）擦拭瓶脣周圍。

5.將開瓶器的螺旋尖端放在軟木塞正中央，慢慢地轉動開瓶器，使螺旋針能筆直地旋入軟木塞中。接著應繼續不斷地轉動開瓶器直到觸及軟木塞底部為止，但要小心不要刺穿軟木塞，以免木塞碎屑掉進酒瓶中而影響酒的飲用。

6.將開瓶器尾端的手桿放在瓶脣下緣上，緊握手桿和酒瓶瓶頸，再慢慢地將軟木塞往上拉取出。

7.當軟木塞幾盡完全拔取出時，酒侍應左手握住瓶頸，右手持住開瓶器並扶住瓶脣，輕輕地將軟木塞從瓶中取出。軟木塞取出後，需嗅一嗅軟木塞氣味，以檢查並確保酒的品質。

8.再度以服務巾（口布）擦拭酒瓶瓶口，避免殘渣掉入白酒中。

9.將葡萄酒從冰桶中取出，並用服務巾擦乾
酒瓶。然後手持服務巾（口布）拿持酒
瓶，並使酒瓶標籤朝上，徐緩地將酒倒進
顧客的酒杯中。服務葡萄酒時須注意，不
可將酒瓶碰觸到酒杯，大約倒1/3或1/2即
可，每當服務完一杯葡萄酒之後，需輕輕
轉動手腕以改變瓶口方向，便能避免酒滴
落。假如倒酒之後，酒瓶上還留有些許酒
滴，酒侍必須以服務巾將酒滴擦拭乾淨，
以保持酒瓶的清潔與美觀，在服務完所有
的顧客之後，酒侍應再度把葡萄酒擺回冰
桶中以繼續維持白葡萄酒的冰涼。

二、紅葡萄酒之開瓶及服務技巧

　　酒侍在服務顧客紅葡萄酒時，必須很小心謹慎地照顧紅葡萄酒，
避免攪動瓶底的沉澱物。在服務紅葡萄酒時，通常將紅葡萄酒置於酒
籃中。若酒籃太淺，酒便可能從軟木塞已除去的酒瓶中自行流出，這
時，便可在酒籃底下放置一個盤面朝下的盤子，以稍微固定酒瓶以免
瓶身移位而使酒流出，酒籃較深時，則可省略此動作。紅葡萄酒的性
質和白葡萄酒不同，所以服務方法上也有些許不同。通常，酒侍在將
酒呈現給顧客確認並完成開瓶程序之後，應將紅葡萄酒先留置在酒籃
中一段時間，讓酒呼吸，然後才將酒倒給顧客飲用。服務紅葡萄酒的
程序，可以參照下列步驟：

1.將紅葡萄酒置於酒籃中，而酒籃中應備有服務巾（口布）以防止倒酒時酒滴滴落。在拔取出軟木塞前，酒侍應將酒的標籤朝上並置於酒籃中，展示給顧客以確認該瓶酒是否為其所點用之葡萄酒。

2.顧客確認無誤後，酒侍應在旁桌上，以手扶持籃中酒瓶以固定酒瓶位置，再以開瓶小刀沿繞著瓶唇下緣切割瓶頸上的錫箔紙。

3.剝去瓶唇周圍（瓶唇下緣以上）的錫箔紙，而保留瓶頸部分的錫箔紙，以求美觀並保持該瓶酒之價值感。

4.除去錫箔紙後，應以服務巾（口布）擦拭瓶唇周圍。

5.將開瓶器的螺旋尖端對準軟木塞正中央，並保持開瓶器螺旋的垂直，再慢慢地以順時針方向旋轉開瓶器直至螺旋隱沒部分在軟木塞中而觸及到軟木塞底部為止。但要小心不要刺穿軟木塞，以免軟木塞碎屑掉進酒瓶中而影響酒的飲用。

6.將開瓶器尾端的手桿尖部放在瓶脣下緣上，適當地以手握住手桿，接著緊握手桿以及紅酒瓶，慢慢拉高開瓶器的手把，將軟木塞向上拉取。

7.當軟木塞幾盡完全拔取出時，酒侍需以左手握住瓶頸，右手持住開瓶器並扶住瓶脣，輕輕地將軟木塞從瓶中取出。軟木塞取出後，需嗅一嗅軟木塞氣味，以檢查並確保酒的品質。

8.再度以服務巾（口布）擦拭酒瓶瓶口，避免殘渣掉入酒中。

9.把紅酒瓶放在酒籃內，標籤朝上地先倒少量約1oz（30ml）左右的紅酒給主人（或點酒者）品嚐並試酒。

10.主人（或點酒者）評定紅酒的品質後，酒侍便可將酒瓶由酒籃中移出，並仍然標籤朝上地握住酒瓶，依序服務所有顧客。亦可不將紅酒從酒籃中取出，而直接置於籃內服務賓客。

　　在服務顧客餐桌酒時，酒侍必須依照餐飲禮儀，在主人試酒並滿意後，先倒酒給坐在主人右方或對面的主賓，再按照逆時針方向依序倒酒，最後才替主人進行倒酒服務。倒酒服務時不可求快，宜慢慢地倒並小心注意別讓酒瓶碰觸酒杯，也不可斷斷續續地倒酒避免溢出。如同前所述之白葡萄酒服務技巧，每當倒完一杯酒之後，酒侍可輕輕轉動手腕以改變瓶口方向，以避免酒滴滴落。同樣的，假如在倒酒服務後，酒瓶上還留有些許酒滴，酒侍務必以服務巾將酒滴擦拭掉，以保持酒瓶清潔美觀。其餘細節，不論紅葡萄酒、白葡萄酒、香檳酒或其他種類的酒，都大同小異，可自行參考以上所提供的各項建議。

三、紅葡萄酒的換瓶

　　紅葡萄酒在國內換瓶的工作並不多見，但它是一種專業性的工

作。一瓶「充分成熟」的老酒（如來自波爾多或布根第高品質的陳年佳釀）必須經過「換瓶」（decant）的程序。所謂換瓶，就是將酒從酒瓶中倒進預先準備的大肚玻璃瓶（carafe）或其他換瓶容器（decanter）中，以使原來酒中的沉澱物留在瓶底，而不致於讓顧客在享用紅葡萄酒時因為沉澱物質的干擾而影響口感。

　　紅葡萄酒在發育成熟期間，酒中的單寧酸和色素這類雜質都會沉澱在瓶底而成為沉澱物。這些沉澱物一旦被攪動，這瓶酒便會顯得不清澈，並且使顧客在飲用之際，感受到因沉澱物干擾而產生的粗糙質感，而換瓶正好可以使紅葡萄酒免去這些不必要且具干擾性的沉澱雜質。然則，換瓶與否也頗具爭議性：有些人認為高品質的酒，在換瓶這種快速接觸空氣的情況下，會失去這些好酒優秀、上等的酒香；有些人則認為即使是新酒也可以換瓶，因為換瓶可以使酒在與空氣接觸的過程中有呼吸的機會，呼出其酒香而去除笨重的酒味。

　　現在有一種趨勢──宴客者若點用高品質的佳釀，在希望所宴請的賓客知曉其所點用的酒具高貴品質的前提下，大多不希望有換瓶的手續，以便其賓客能看到瓶身而彰顯酒的珍貴；反之，若宴客主人不想讓其賓客知道所點用的酒品質較不佳或具其他目的，便反而希望藉換瓶來達到他的需求。總而言之，顧客有時候會為了某一展示的目的，而選擇換瓶與否，但這些情況仍然需要在適當的條件考量下，方能完成。一旦有換瓶的需要時，酒侍必須輕柔地將顧客所點用的酒以酒籃裝盛，小心地從儲放酒的地方（如酒窖）取出。取出後，便按照上面曾經講述過的服務紅葡萄酒過程中第一個步驟，展示該瓶紅葡萄酒予主人確認該瓶紅葡萄酒是否為其所點用者。在顧客確認無誤後，酒侍便應當著賓客的面，做換瓶的動作。以下將敘述換瓶所需要的工具以及換瓶的方式。

(一)換瓶所需物品

1.一瓶裝在酒籃中的紅酒。

2.紅酒開瓶器。

3.蠟燭與燭臺。

4.大肚寬口玻璃瓶（decanting carafe, decanter）。

5.打火機或火柴。

6.服務巾。

(二)換瓶方式

1.假如酒中有沉澱物，需剝掉覆蓋在瓶頸上的錫箔紙；假使酒中沒有沉澱物，在拔出軟木塞後，便可將瓶中所有的紅酒倒入玻璃瓶中（所有開瓶步驟請參閱先前所述開瓶部分）。

2.倘若酒中有沉澱物，酒侍需將蠟燭豎立並且點燃，接著在拔除軟木塞的工作完成後，以右手握住酒瓶，左手拿著玻璃瓶，將瓶頸保持在蠟燭燭火上方，輕輕地讓酒沿著玻璃瓶內側流入瓶中。酒侍應謹慎地透過瓶頸的燭光，留意沉澱物的流向，務必在沉澱物達到瓶頸前，停止紅酒的傾倒。

四、香檳酒之開瓶及服務技巧

人們在飲用香檳時，通常喜好較為冰涼的香檳酒。所以，在香檳酒上桌供賓客飲用之前，酒侍必須先將香檳酒冰鎮在冰桶中大約四十五分鐘。香檳酒瓶塞與葡萄酒不同，所以開瓶的方法也不一樣，香檳酒的瓶內約有4～6個大氣壓力，因此瓶塞底部稍大，以便能塞得更緊些，同時瓶口還以鐵絲固定，防瓶塞飛彈，一般開香檳酒是不用開瓶器，直接用手開瓶，以方便控制其衝力，服務香檳酒的程序，可以參照下列步驟：

1.除去覆蓋在瓶口鐵絲線網罩上的錫箔紙。

2.小心謹慎地除去鐵絲線網罩。在拿掉鐵絲線時,必須以大拇指壓住軟木塞,並將酒瓶傾斜與地面成40°,直到大姆指上的壓力解除,以防止軟木塞砰然飛射。此外,還要注意瓶口方向,應儘量使瓶口朝向空曠無人或其他不會因軟木塞飛噴而導致任何危險的方位。

3.將酒瓶以某一角度拿持,並以一條服務巾(口布)包住並擦拭酒瓶,一手緩慢地就某一方向(左邊或右邊皆可)旋轉軟木塞,另一手則朝相反方向轉動酒瓶。

4.大拇指從鐵絲線網罩除去的那一刻起,便必須持續覆蓋在軟木塞上,以免香檳酒中豐富的氣體往上衝而突然將軟木塞由瓶中擠出,隨意飛噴而造成危險。有經驗的酒侍,在服務香檳酒時,除了持續壓住軟木塞外,還能輕柔地使軟木塞從瓶中緩緩釋出而不會發出巨大聲響。

第四節　如何品嚐葡萄酒

　　你知道要如何飲用葡萄酒嗎？首先，合適的酒杯選用是很重要的一門學問，一旦酒能與適當的酒杯相搭配，酒杯便能幫助酒以更明確呈現出酒的香味。因此品酒時，最好選用杯身薄、透明無色且杯口略爲收縮的高酒杯，以便酒香能聚集於杯口。如此重視杯口的寬窄，乃因杯口的寬或窄之設計，都是基於便利「嗅聞」酒香爲前提所提供的。

　　一般而言，鬱金香杯狀的高腳酒杯爲最理想的酒杯之選。選擇恰當的酒杯用以品酒之後，便需留意服務葡萄酒時的一些規則。通常在服務葡萄酒時，應服務至杯身最寬的部位爲止，一般恰好爲酒杯杯身的1/2。但由於國人喜好以「乾杯」的形式飲酒，因此，正式宴會中替賓客倒酒服務時，已逐漸趨向將葡萄酒倒至酒杯的1/3滿即可。此外，在倒酒服務時還需留意一個要點，亦即若有再次斟酒的需要時，最好宜先將杯中的葡萄酒先喝完後，再服務新的葡萄酒，以免杯中的葡萄酒因爲前後服務新、舊酒的混合，而使酒的美味產生變化。

　　此外，由於市面上的紅葡萄酒瓶底都免不了有自然的沉澱物結石，所以在倒酒服務時，若該瓶紅葡萄酒並未經過上述換瓶的步驟，便需更謹愼的儘量避免倒入全部的酒，避免倒酒時攪動瓶底沉澱殘渣而影響紅葡萄酒的品嚐口感。以上是在正式品酒前，選擇酒杯以及倒紅葡萄酒時應注意事項的提醒，接下來將介紹品酒的步驟。品酒可分爲幾個階段，包括欣賞酒的美色、嗅聞酒的氣味以及品嚐酒的口感。在品嚐一杯美酒之前，應先藉著白色的背景顏色並透過燈光來觀看酒的外觀、「欣賞」酒的美色；接著「搖晃」酒杯使酒能與空氣接觸而呼吸，以便「嗅聞」酒呼吸後所釋放出的酒香並享受酒濃郁的香氣；之後應含入適當分量的酒於口中，稍微轉動一下舌頭，使舌頭沾滿

酒，而讓酒液能充分在口中被感受到以呈現酒完整的味道；最後才將酒徐緩地吞入腹中，並感受酒遺留在口中的餘味。以下是較爲仔細的品酒過程，分爲三階段介紹：

一、欣賞葡萄酒之美色

在享用葡萄酒之前，應先欣賞酒的美色，意即酒在外觀上的顯示，其中包含酒的澄清度、顏色、色澤的深淺，以及酒的濃稠度的評斷。爲了能仔細觀賞到酒的美色，品酒者通常手持酒杯底部，並且面向燈光來觀察酒的外觀。接著再以桌上所鋪的白色桌巾作爲背景底色，並稍微傾斜的持著酒杯，進行評斷。其中，在拿持酒杯時，務必注意杯子的拿法應是以手握持住杯底，而不可用手直接握拿杯身——因爲在品嚐酒時，以手握住杯身會導致杯中酒的溫度因爲人體體溫而升高，而使人無法在最佳溫度品嚐酒的美味。欣賞酒的外觀時，評斷的重要內容有以下三項：

1. 澄清度：酒必須是清澈而且不具任何雜質。
2. 顏色及色澤的深淺：每一種酒都有其獨特的顏色。隨著酒齡的增加，酒的顏色也會有所改變，譬如隨著酒齡的增加，紅葡萄酒顏色會因而變淡，但白葡萄酒則會增加色澤。
3. 濃稠度：在攪動酒使其成漩渦狀打轉之後，若伴隨著酒滴的「腳」（是指在攪動酒的時候，酒杯內壁形成向下滑落的「淚滴」（tear），法文中稱此淚滴爲「腳」）沿著酒杯內壁緩慢向下滑落，即表示這瓶酒的酒精含量很高且濃郁、強烈。

除了以上所述一般在欣賞酒的美色時注重的三個要點之外，在此另舉香檳酒其特殊的觀察酒色方法。欣賞香檳酒的美色時，可藉由觀察適當冷藏過的香檳酒中，所含氣泡的大小以及持久性來判斷酒的優劣程度——酒中所含氣泡越小，酒的品質就越好；而一瓶好的香檳，酒中的氣泡會持久不變形，並且會上升到酒的表層而不會消失。

二、嗅聞葡萄酒之氣味

酒香是品酒之樂中最值得享受的步驟。首先應搖晃酒杯以攪動酒，使其成漩渦狀打轉，以便酒能夠與空氣接觸而呼吸、釋放出酒香。而後，用鼻子就杯口上方適當距離，深聞酒中源自葡萄的揮發性香氣以及酒本身在發育過程中自然形成的酒香。在未開始飲用前，酒香會提升你分辨酒的樂趣，因此多找機會用鼻子品聞餐酒的香味，一定能大為提高品質辨識的能力。

三、品嚐葡萄酒之口感

酒之口感可以藉著下述三個階段進行評斷：

1. 最初於口裡含入適量的酒。
2. 將酒含在口中，用舌頭「滾動」一下酒，使舌頭沾滿酒液而讓酒的香氣釋放在口腔中。
3. 將酒吞入咽喉之後（即「最後階段」）。在第二階段中，將酒留置在口腔內一段時間是為了鑑賞酒整體的味道，包括甜度、單寧酸、酸度、酒中不同成分的平衡度、酒精含量，以及酒的主體等等。

　　一般而言，在品嚐酒的口感時，應一口含入適當的酒量，不宜過少或過多，使有足夠的酒量能在口中打滾，並再慢慢品嚐以感覺酒中口味的細微差別，接著再重複幾次上述嚐酒步驟，便可藉由一次次口感的刺激而品嚐出酒的好壞。其中，將酒吞進咽喉的最後階段最被人重視，因為法國品酒專家認為，酒的餘味是品評酒優劣程度最重要的一項指標。

　　經由以上幾點品酒步驟的介紹，相信大家對如何品嚐酒的美味應有較完整的概念。所以，若想要充分領略葡萄酒之美，以上品酒步驟的掌握，將使人更能享受葡萄酒吸引人的美妙味覺世界。

註　釋

❶ Shizuo Tsuji, 1991, *Professional & Restaurant Service*. John Wiley & Sons, Inc.

❷ 游達榮、高淑品（2017）。〈飲料服務〉。《餐廳服務Ⅱ》。台北：五南圖書出版公司。

❸ 王淑媛、夏文媛（2017）。〈飲料服務〉。《餐廳服務Ⅱ》。台北：龍騰文化事業股份有限公司。

Note

第12章

餐飲禮儀

　　人與人相處，難免必須遵循既定規範。為使自己能大方、得體且充滿自信地面對所有繁文縟節，學習領會各種場合所需之禮儀乃成為非常重要的生活課題。尤其以社交聚會頻繁的現代社會而言，不論從事何種行業，都應對餐飲禮儀有所認識。在所有正式及非正式場合中，諸如國際會議、晚宴、國宴或一般聚餐等，餐飲禮儀都是不可或缺的，也唯有對相關禮節了然於胸，才能應付自如，從容愉快的享用美食並且得體地應對進退。本章首先從座位的安排以及用餐之禮儀開始介紹。

 第一節　座位席次的安排

正式餐會或宴會中在座位席次的安排上，無論是中餐或西餐的宴席都有一定的次序。尤其在正式宴客的國際禮儀上，賓客的座位更須細心的安排，一般可依照其社會地位的高低、長幼輩分的大小及賓客間彼此感情的親疏等，做適當合理的安排。在宴會中，座位的安排有中式「雙主位」與西式「單主位」兩種方式，而西式排法若用於長方桌又可細分成歐陸式和英美式。若無特殊需求，賓客座位一定採取成雙成對的安排方式，也就是第一男主賓的女伴必須排為第一女主賓，依此類推。

一、中餐桌次與座位席次之安排

(一)桌次安排原則

中餐酒席一般皆採用圓桌擺設，酒席桌數為2桌（含）以上者，即有尊卑之分，最尊者為主桌，酒席桌數較多時，桌與桌之間的排列，應講究主桌的位置，首席居前居中，右邊依次為2、4、6席，左邊為3、5、7席。桌席的左、右方式以主賓定位後作左右方向判斷，桌席的內外方向以與入口處遠近來看。一般桌次安排有以下三原則：

1.右大左小：係指橫向排列，桌數為偶數時，右側者為大，左側為小。
2.中間為大：係指橫向排列，桌數為奇數時，中間桌為最大。
3.裡大外小：係指距離入口處較遠的桌次為尊，較近的桌次為卑。

(二)中式圓桌排法

　　中式座位應以「雙主位」為安排準則。男女主人皆背對門而坐，男女主賓則面向門。就習俗觀點，中國人喜歡講求雙雙對對之意，尤其是喜宴時，新人一定得「成雙成對」。如果採用西式「單主位」的安排方式，將造成新郎坐一邊、新娘坐另一邊的情況。所以中式圓桌須以「雙主位」為原則進行安排，如此才能使座位坐起來顯得對稱好看（**圖12-1**）。菜餚應由男、女主人中間上桌，若為中式坐法、西式吃法，則和西餐上菜順序一樣，女士優先。

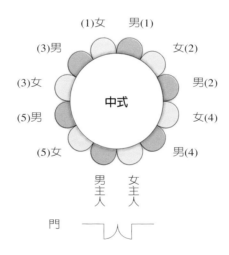

圖12-1　中式圓桌排法

二、西式座位席次的安排

(一)座位席次安排原則

◆尊右原則

　　女主人的右手邊為男主賓之位置，座位席次遠近以男女主人為中心，越靠近主人其地位越尊，依此類推，男女主人及賓客夫婦皆並肩而坐時，男性坐於左側，女性應坐於右側。如男女主人坐中間席面門而坐時，則右邊席為大，左邊席為小；其右邊賓客為大，左邊為小。

◆3P原則

　　3P是指賓客地位（position）、政治考量（political situation）及人際關係（personal relationship），賓客職位、身分地位越高者越尊，若職位相同，則依官職之大小定位，但需注意陪客身分地位不宜高於主賓；賓客若同時有政府官員、社會團體領袖及賢達人士參加時，其座位安排依序為：官員→社會團體領袖→社會賢達人士。若賓客涉及不同國家或政黨色彩不同時，安排座位席次時，也應基於政治考量，做適當的安排將座位或桌次區隔，以免影響餐會情緒；賓客之間的交情、關係及語言均應考量，安排健談之陪客照顧與會來賓，以免主人分身乏術使賓客受到冷落。

◆分坐原則

　　係指男女分坐、夫妻分坐及華洋分坐，如男女人數相等，每桌以6、10、14人為佳，可使男女賓間隔坐，也可使男女主人面對面而座。西洋人忌諱13人坐於同一桌，應予避免。

◆排序原則

　　男女主人右手邊分別為1號女主賓與男主賓位置，左手邊分別為2號女主賓與男主賓位置，依數字由小而大排列，表示地位重要之順序。

(二)西式圓桌排法

　　女主人坐在面向門的位置，男主人則背對著門而坐。女主人左右兩邊應安排兩位男賓，右邊為第一男主賓，左邊為第二男主賓。男主人左右兩邊也各為兩位女賓，右邊為第一女主賓，左邊為第二女主賓。其餘中間座位用以安排較次要的賓客。理論上，座位安排應為一男一女交錯而坐，但因男、女主人座位固定，所以將出現一邊為兩位男賓同坐，而另一邊則有兩位女賓同坐的情形。上菜及斟酒時，一律以女士為優先服務對象。從第一女主賓開始，依序進行服務，女主人最後。女主人之後緊接著服務第一男主賓，男主人則為最後。若是採西式坐法、中式吃法，在顧客沒有特別要求的情況下，將從第四和第五男賓中間上菜（**圖12-2**）。

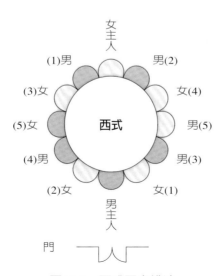

圖12-2　西式圓桌排法

(三)歐陸式長方桌排法

　　長方桌必須配合西式服務（西餐或中餐西吃）的採用。餐桌的擺設爲橫向，主人坐中間，女主人面向門，男主人背對門。女主人右邊爲第一男主賓，左邊爲第二男主賓。男主人右邊爲第一女主賓，左邊則爲第二女主賓。餐桌兩端安排較次要的賓客，如**圖12-3**所示。座位安排應由較長的桌緣開始，若空間不夠，則可再將其餘座位排於較短的桌緣。上菜時應先服務女士，從第一女主賓開始，依序進行服務。

(四)英美式長方桌排法

　　餐桌的擺設爲直向，男、女主人各坐餐桌的兩個頂端。女主人座位面向門，男主人則背對門，男、女主賓各坐於男、女主人的左右兩側。女主人右邊爲第一男主賓，左邊爲第二男主賓。男主人右邊爲第一女主賓，左邊則爲第二女主賓。菜餚上桌應先服務女士，從第一女主賓開始，依序服務（**圖12-4**）。

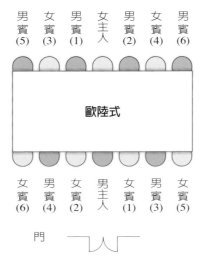

圖12-3　歐陸式長方桌排法

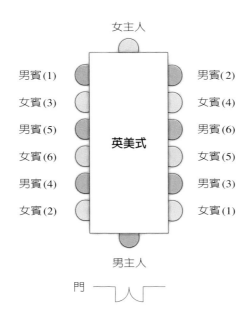

女主人

男賓(1)　　　　　　　　　　男賓(2)

女賓(3)　　　　　　　　　　女賓(4)

男賓(5)　英美式　男賓(6)

女賓(6)　　　　　　　　　　女賓(5)

男賓(4)　　　　　　　　　　男賓(3)

女賓(2)　　　　　　　　　　女賓(1)

男主人

門

圖12-4　英美式長方桌排法

第二節　用餐的禮儀

　　中西文化習俗不同，餐桌禮儀自然也存在相當的差異性。譬如西方人喝咖啡時必須以杯就口，而不可使用茶匙舀著喝或品嚐咖啡的甜度或溫度，更不應用嘴巴將咖啡吹涼，而此一禮儀便是習於飲茶的中國人所陌生的。如果不熟悉基本的禮儀，可能會為自己或其他共餐者帶來困窘而不自知。然而餐桌禮儀並非絕對的，它會因為時代、國家和地區的不同而有所差別。正確的餐桌禮儀有賴隨時隨地的觀察與學習，如此方能行為合宜，表現得體，而「入境隨俗」正是最貼切且有效的方法。以下為正式餐會時所需注意之基本禮儀，不可不知。❶～❹

一、入座

就座時，一律由椅子左邊入座，且男士應協助女士入座。若有服務人員幫女士入座，男士仍須等女士入座後才就座。然而在正式宴會時，必須先維持站姿，直至所有賓客都找到座位，由主人示意後，再行入座。

二、口布

原則上必須等全體就座後，配合主人的動作取用之，但若有餐前致詞的安排，則須等致詞結束後才取用。口布可用來擦拭嘴或手指，但絕對不能擦臉或頭髮。口布可摺成三角形置於雙腿上，餐中離座時可擺於椅子上，或以餐盤壓住口布一角，懸掛在桌緣，若將口布放置在桌上則表示已經要離席。用餐時應盡量避免打噴嚏、咳嗽、打呵欠、擤鼻涕，若有必要應以口布遮掩。用餐完畢時口布不須摺疊整齊，隨意置於餐桌上即可。

三、杯子

水杯是必備之物，水的主要用意是藉以沖淡前一道菜餚的味道，以便能充分享受下一道菜的滋味，故不宜一就座便喝水，即使口渴也應等開始用餐後才得以飲之。喝水（酒）前，宜先用口布擦拭嘴角，以免在杯口或水（酒）中留下油脂。應注意保持杯口的乾淨，以求美觀並避免破壞酒的風味。

四、餐具

　　正式餐會中，賓客所使用之餐具皆依據菜單上的菜餚內容以及上菜順序擺設而成。由前菜至點心、水果，餐桌上之刀、叉、匙等餐具擺設有數套，用餐時應由最外側的餐具開始按次序向內使用，用完後置於盤上，以待服務人員撤走。每上另一道菜，再由最外側之餐具開始使用。點心餐具則擺設在正上方，須由內往外（由下往上）使用。若發生餐具使用錯誤的情形，服務人員應同時撤下已用過及未使用之餐具，並補上新餐具。

五、調味品

　　試味後才調味是基本的用餐禮貌。縱使桌上已備好鹽和胡椒等調味料，但因每道上桌的菜餚都是廚師精心烹調的呈現，若在未試味之前就先調味，便是不尊重廚師的表現。在日本，一些高級餐廳甚至不將調味品預先擺設在桌上，而於顧客試味後仍需要，服務人員方另行遞上調味品。取用調味品時，不可伸手跨越鄰座共餐者。通常在正前方的調味品可自行取用，否則須請服務人員服務或請鄰座共餐者傳遞。

六、喝酒

　　在正式餐會中，口味較淡的菜餚，如魚、海鮮等，應以白酒搭配食用，而其他口味較重的肉類則搭配紅酒。通常於飲用香檳時敬酒，中國人常有乾杯之偏好，但在正式餐會中，千萬不可邀賓客乾杯。若是不打算喝酒，應先知會服務人員，讓服務人員將酒杯撤走，不可自

行將酒杯倒蓋。使用高腳杯飲酒時，應以拇指、食指及中指握住杯腳的地方。女士若不小心將口紅沾在酒杯上，宜若無其事地以大拇指擦拭後，再以餐巾紙拭去拇指上的口紅印。

七、用餐禮儀

1. 於非正式場合中，若在第一道菜上菜前，麵包已上桌，可先取而食之。但在正式餐會時，應等到第一道菜全部上桌，主賓動手後才可開始食用。無論坐圓桌或方桌，一律取食置於左手邊之麵包。許多人喜歡將麵包沾湯食用，例如以法國麵包沾著洋蔥湯吃，儘管這樣搭配很具風味，但在正式場合中卻是非常不合宜的舉動。在國際禮儀中，以麵包沾湯食用甚至被視為沒有教養的表現。此外，麵包也不能用手抓起來咬，一定要先用手撕成小塊後，再送入口中。麵包的功用和水一樣，都是用以沖淡前道菜餚的餘味，因此，麵包盤一般都在上點心之前才撤走。

2. 麵包須用手剝開，撕成小塊，抹上奶油後食用，塗抹奶油應使用奶油刀，並應將麵包靠近盤上，以防碎屑掉落，若沒有奶油刀，可用餐刀代替。此外，麵包可沾取菜餚中的醬汁食用，但須以叉子叉住以撕成小塊的麵包，再沾醬汁為宜。

3. 右手持刀，左手持叉，叉齒向下，邊切邊吃是英國的習慣，美國習慣切後把刀子放在盤邊，右手持叉取食，不管英式或美式皆可採行。用刀叉切食物時，應每次切一片或切一塊，不可同時全部切成小塊後，再一塊一塊食用。餐刀僅使用以切割食物，不可拿來叉取食物食用。吃麵食的時候，不可刀叉並用，而應該用叉子把麵捲起來，送入口中。

4. 湯太燙時，可用湯匙稍加攪拌，不可用口去吹涼，因此，喝湯時須先試溫度，並以湯匙由內往外舀取湯汁食用，不可發出聲音。湯快喝完時，可用左手將湯碗（盤）向外傾斜，以便取湯，湯匙可以入口，但喝完湯後須置於盤上，匙柄朝右，匙心向上與桌緣平行。

5. 通常，正式宴會的菜單須避免開出帶有骨頭的菜，假使菜餚中有骨頭，也不宜以手挑去骨頭。其他場合則可隨意為之，惟須先切去大部分的肉之後才可。

6. 茶匙不可放入口中，也不可留在杯中，應於攪拌後置於茶碟中。

7. 用餐中若欲喝水（酒）或離座，刀叉的擺設方式有三，如圖12-5所示。其中美國式為刀刃向外、叉子橫擺；英國式為刀、叉皆置於餐盤中央靠邊緣處；歐洲式則置刀、叉於盤中央。把刀子放在盤子邊緣，就是傳達服務人員「尚未吃完」之意。用餐完畢後，刀叉的擺設方式也應如圖12-6所示。美國式為刀叉併排，斜放在盤中央；英國式也是刀叉併排，但垂直放在盤中央；歐洲式則是刀叉平行放置在盤中央。

8. 用餐時坐姿要端正自然，並與餐桌保持約一至兩個拳頭的距離，雙肘不要擱置餐桌上。

9. 用餐中，若餐具不慎掉落在地，千萬不要自己去撿，應請服務人員幫忙拾起，並換置一套新的餐具。

八、餐會上之禮節

除上述七點用餐時應注意的餐桌禮節外，西式餐會還有一些須注意的禮節：

1. 至餐廳用餐前儘量先預約。而到達餐廳門口後，須等領檯帶位，不可自己隨意找空位坐下，以免坐到其他顧客已預定的座位。

(A) 美國式

(B) 英國式

(C) 歐洲式

圖12-5　食用中刀叉之擺放位置

(A) 美國式

(B) 英國式

(C) 歐洲式

圖12-6　食用後刀叉之擺放位置

2.餐中交談時應注意音量，不可大聲呼叫服務人員或喧譁嬉鬧。

3.用餐中不應只顧吃，應與左右共餐者交談，保持活潑的用餐氣氛，但交談時須注意所選的話題。正式餐會中最忌諱談論與政治或宗教有關的事物，此類話題不僅會破壞用餐的氣氛，甚至可能引起紛爭。

4.應配合全體用餐速度。原則上須同時開始，同時用畢，男士尤其不可比女士先用畢。當女士不打算再繼續用餐時，應出聲告知在座其他人，請其他人慢用。在人數眾多的宴會中，則以同桌或附近共餐者的速度為主。在正式宴會時，一定是等到大家都把刀叉放下後，才開始撤餐盤，全部撤完餐盤後才能上下一道菜。所以，不可以一味埋頭猛吃，也不可以滔滔不絕地與別人聊天而不進食，應適當掌握用餐速度以配合大家。

5.食物入口後應閉口慢嚼，避免吃出聲音，飲用飲料時亦忌牛飲。

6.口中有食物時不可開口說話，故入口量不可太多，吞下一口後再進下一口，以便隨時能開口說話。同理，他人口中有食物時，也不宜向人發問。

7.用餐中要喝飲料時，應先將刀叉放置在盤中後，再舉杯飲之，飲用前先須將口中的食物吞下。同理，不宜向正在使用刀叉或進食的人敬酒。

8.作客時，不要品評自己不喜歡的食物，如果端上桌的食物因故不能食用時，要有禮貌地謝絕。若是女主人親自烹調的菜餚，最好能予以讚揚一番。

9.口中如有魚骨或其他骨刺，可以用拇指與食指自口中取出，果核應吐在空心的拳頭內，然後放在骨盤裡，勿直接吐在餐盤或餐桌上。

10.用餐前，如果不知道是什麼食物，可先品嚐一小口，看自己是否喜歡。不要狼吞虎嚥，應慢慢品嚐以享受美食。

11. 用餐中如果不小心吃到過熱的食物，可以立即以大口的冰水來降溫，千萬不可以吐出來。

12. 台灣目前已實施《菸害防制法》，故在餐廳內禁止吸菸。若有需要，則必須到餐廳設定的吸菸室吸菸。

13. 英國人不供應牙籤於餐桌上，法國人則覺得可有可無。原則上若能不使用最好，使用時則應以手遮口。

14. 用餐中途最好不要離座，若不得已必須離座時，則應向左右共餐者道聲對不起。

15. 倘若不知道如何使用餐具，最好模仿女主人的動作。

16. 女士的皮包可以放在背與椅背座位中間或是椅腳邊，不可以掛在椅子上，放在服務人員站的服務範圍內會影響服務人員上菜。

17. 如果主賓有違反禮節的做法，最好如法泡製，以維持餐桌的良好氣氛。話說清朝總理大臣李鴻章曾在某次西餐宴會中，誤把洗手碗中的水當成飲料喝下去，主人看到之後，也將洗手碗端起來，喝下碗中的水，賓主盡歡。由此看來，好的用餐禮儀並不在於墨守成規，而是適切地用於實際狀況，並能隨機應變。

18. 用餐時宜保持優雅的吃相。

19. 女士不宜在餐桌上補妝、擦口紅，應向在座賓客致歉，再到化妝室補妝。

20. 用餐結束，男主賓應道謝並先告辭，男女主賓起立離座後，其他賓客才相繼隨行，並向男女主人握別。

九、其他注意事項

宴會中其他各種餐點的食用方式，通常也有其特定的習慣，最好能事先瞭解。例如，東方人常弄不清楚麵包或土司到底該咬著吃，還是撕成小片後入口。一般而言，土司要用咬的，而麵包則需用手撕成

小塊後再食用。以下是一些需要另外注意的小細節：

1. 通常每份早餐皆附帶二片烤過的土司，搭配奶油和果醬。食用時要用咬的，不可用手撕著吃，更不可把蛋夾在土司裡拿著咬，以免蛋黃流得到處都是，有失雅觀。

2. 蛋黃和蛋白要邊切邊吃，不可先吃掉蛋白，再將蛋黃一口吞下。蛋黃被切破事屬平常，可利用叉子及土司刮起來食用。

3. 三明治、漢堡或熱狗要用咬的，若用手撕著吃，裡面的肉片和配料會弄得滿手滿地都是。

4. 吃麵包、薯片或餅乾時，可以用手拿著咬，但麵包須撕成小片，塗以奶油或果醬後入口。

5. 顧客就座後送上桌的冰開水，英文就是water，不須刻意強調iced water。

6. A cup of coffee是指一杯熱咖啡，若需要冰咖啡必須指明iced coffee。

7. 餐桌上喝咖啡，只端杯子不動茶碟，喝完後再將杯子放回茶碟的小圓圈內。坐在沙發上或站著喝咖啡時，杯子和茶碟則須一起拿在手裡，以防灑落。

8. 在餐廳用餐時，脫下的大衣或外套應放在寄物處，不可放在餐桌上或掛在椅背上。

註　釋

❶薛明敏（1995）。〈餐桌禮節〉。《餐廳服務》。台北：明敏餐旅管理顧問有限公司。

❷卓美玲（1990）。〈西餐禮儀〉。《新餐廳英語》。台北：學習出版有限公司。

❸王淑媛、夏文媛（2017）。〈餐飲禮儀〉。《餐廳服務Ⅱ》。台北：龍騰文化事業股份有限公司。

❹游達榮、高淑品（2017）。〈餐飲禮儀〉。《餐廳服務Ⅱ》。台北：五南圖書出版公司。

Note

參考文獻

交通部觀光局委託（1992）。《旅館餐飲實務》。台北：台北市觀光旅館商業同業公會編印。

卓美玲（1990）。《新餐廳英語》。台北：學習出版有限公司。

施涵蘊（1997）。《菜單設計入門》。台北：百通圖書股份有限公司。

萬光玲、賈麗娟（1996）。《宴會設計入門》。台北：百通圖書股份有限公司。

薛明敏（1995）。《餐廳服務》。台北：明敏企業管理顧問有限公司。

Shizue Tsuji (1991). *Professional & Restaurant Service*, John Wiley & Sons, Inc.

Marry99婚禮入口網（2012）。有哪些喜餅可以選阿，2012年3月30日，取自：http://www.marry99.com.tw/Discuss/Discussshow.aspx?showDoc=4617

veryWed非常婚禮（2012）。心婚誌，2012年3月12日，取自：http://verywed.com/magazine/vo5.html

veryWed非常婚禮（2012）。魔法婚禮巧安排，2012年3月30日。取自：http://verywed.com/vwMagic/p5.htm

朵莉情報小舖（2012）。婚紗攝影風格，2012年3月29日，取自：http://tw.myblog.yahoo.com/beauty-doit/article?mid=750

奇摩知識（2012）。推薦適合婚禮進場的歌曲或音樂，2012年3月30日，取自：http://tw.knowledge.yahoo.com/question/question?qid=1007052300789

美麗婚禮雜誌（2012）。海島婚禮，2012年3月25日，取自：http://www.weddingideal-tw.com/

婚禮祕密（2012）。結婚代辦事項，2012年3月31日，取自：http://twsecret.com/assist.php

凱倫愛婚禮（2012）。何謂主題婚禮，2012年3月20日，取自：http://tw.myblog.yahoo.com/jw!7YXREFSZGRzsTBQTITTk/article?mid=1134

新娘妝點魔法師（2012）。新娘祕書的工作內容，2012年3月29日，取自：http://gucci.lib.com.tw/blog/article.asp?id=29

囍事周報部落格（2012）。2012年3月30日，取自：http://blog.chinatimes.com/wedding/archive/2006/11/09/126409.html

宴會管理——理論與實務

作　　者／許順旺
出 版 者／揚智文化事業股份有限公司
發 行 人／葉忠賢
總 編 輯／閻富萍
特約執編／鄭美珠
地　　址／新北市深坑區北深路三段 258 號 8 樓
電　　話／02-8662-6826
傳　　真／02-2664-7633
網　　址／http://www.ycrc.com.tw
　E-mail ／service@ycrc.com.tw
　I S B N ／978-986-298-293-8
初版一刷／2000 年 5 月
二版一刷／2012 年 8 月
三版一刷／2018 年 8 月
三版二刷／2022 年 3 月
定　　價／新台幣 600 元

國家圖書館出版品預行編目（CIP）資料

宴會管理：理論與實務 / 許順旺著. -- 三版.
　 -- 新北市 ：揚智文化, 2018.08
　　　面；　公分

　　ISBN 978-986-298-293-8(精裝)

　　1.宴會　2.餐飲業管理

483.8　　　　　　　　　　　　　107012982